Gestion circulaire des déchets de chantier

méthodes

Gestion circulaire des déchets de chantier

Aline Charles

EDITIONS
LE MONITEUR

Directrice des éditions : Claire de Gramont
Directeur éditorial : Thierry Kremer
Éditeur : Richard Deau
Édition et coordination des illustrations : Alain Bouteveille
Conception de la maquette et de la couverture : Catherine Lattuca
Réalisation de la couverture : STDI (Charlène Pineau)
Mise en pages : STDI (Nathalie Gautier)
Fabrication : Anne-Lise Gonnet

ISSN : 1255-1406
ISBN papier : 978-2-281-14732-2
ISBN numérique : 978-2-281-14733-9

Sommaire

Remerciements 7

Préface 9

Introduction 11

CHAPITRE 1 **Anticiper** 13

CHAPITRE 2 **Le réemploi au cœur de l'économie circulaire** 55

CHAPITRE 3 **Mieux connaître les déchets de chantier et leurs filières de traitement** 89

CHAPITRE 4 **Les outils de la traçabilité** 171

CHAPITRE 5 **Construire avec les différents acteurs un projet cohérent, performant et vertueux** 191

CHAPITRE 6 **Comment trouver son chemin dans la jungle des informations ?** 237

Index 285

Table des matières 289

Remerciements

« Dis-moi ce que tu jettes, je te dirai qui tu es ».

Cet ouvrage, étape d'un parcours fait de rencontres, d'échanges et de relations de confiance ouvre une petite fenêtre sur un cortège familier et prolifique : nos déchets de construction.

Ils sont les signes les plus visibles de notre désir de protection, de confort et de notre rapport ambigu à l'espace. Construire pour organiser la vie, et pourtant aussi abandonner, négliger, souiller ce qui nous entoure. Trouver l'équilibre, dépasser la facilité de la consommation irréfléchie, nous y parviendrons. Collectivement.

Je souhaite témoigner ma reconnaissance à tous ceux qui m'ont initiée et accompagnée tout au long de ce parcours.

Cyril Bolliet, Secrétaire Général de la Fédération du BTP du Var.

Sophie Midy, Chargée d'instruction Déchets de chantier, ADEME PACA.

Berhooz Bazargan-Sabet, Coordinateur de recherches, BRGM, Responsable adjoint du Mastère Spécialisé GEDE ; **Abdesselam Dahoun**, Professeur Université de Lorraine, École des Mines de Nancy ; **Anne Galausiaux**, Assistante administrative, École des Mines Nancy ; **Arian Kaltani**, Professeur associé-Responsable Mastère Déchets, ENGEES ; **Philippe Oudin**, responsable pédagogique Mastère GEDE École des Mines de Nancy / SEMACO Environnement (Gérant Fondateur) ; **Alexandra Père-Gigante**, Directrice des Études I2C – Maître de conférences, ENSIC ; **Charlène Ramand**, Continuous improvement Specialist EMEA Recycling, Indorama Ventures PCL ; **Philippe Sessiecq**, Directeur des Formations à l'ENGEES, Expert en Écologie industrielle, Analyse de Cycle de Vie.

Hervé Antonsanti, Directeur Valorisation et Traitement des déchets, Groupe Pizzorno ; **Emma Cristina**, Responsable administrative chez Envisan France ; **Rudolphe Ehni**, Dirigeant Bati Recyclages ; **Vanessa Gourdon**, Conseillère technique Valdelia ; Frédéric **Kurko**, Directeur d'agence, PAPREC ; **Jimmy Humphreys**, Directeur général Orion Group ; **Lilian Rahyr**, Responsable technico-commercial, Envisan, France ; **Frédéric Sclavo**, Directeur Développement, Groupe Sclavo.

Jean Amoros, Dirigeant Atelier acoustique ; **Magali Bagnol**, Chargée de relations entreprises FBTP83 ; **Pierre-Paul Bernardi**, Directeur Général Groupe Garelli ; **Karine Boulot**, Directrice Développement, QSE, SOMECA ; **Jean-Jacques Castillon**, Président de la FBTP du Var, **Ludovic Djendredjian**, Gérant SARL A. Djenderedjian et Fils ; **Martin Gleize**, responsable du service juridique FBTP83 ; **Antoine Gonzalez**, 3AG Recyclage, Président section TP FBTP83 ; **Franck Lapointe**, dirigeant Bob Groupe ; **Audrey Lepers**, Conseillère Formation ; **Jean-Philippe Li Vigni**, Dirigeant LV Bâtiment, Président de la section peinture FBTP83 ; **Fabien Piersanti**, Directeur général Groupe Piersanti, Président régional Pôle Habitat (FRB), Président FBTP83 ; **Lionel Picard**, Délégué Régional emploi-formation, FRB PACA (Batys Compétences) ; **Isabelle Reynaud**, assistante, FBTP83 ;

Sébastien Reynaud, Responsable de Secteur, Terrassement – Déconstruction – Recyclage, Groupe Garelli,

Lauriane Traub, Chargée de mission entreprises, FRTP PACA ; **Aniça Zabeur**, Directrice de filiale QUALITEL Formation, Groupe QUALITEL ; **Marie-José Zorpi**, Secrétaire Générale, UNICEM SUD PACA et Corse.

Barbara Cholley, Chargée de mission études et projets d'économie circulaire, Région Sud ; **Sylvain Dutoit**, Inspecteur de l'environnement, DREAL PACA ; **Florence Duverne-Colignon**, Conseillère formation, CNFPT PACA, **André Guiol**, Sénateur ; **Lucile Henriques**, Directrice Générale Adjointe, Ville de La Seyne/mer ; **Jean-Pierre Laborde**, Chef de l'UT83 DREAL PACA ; **Fabienne Niccoletti**, Directrice de la commande publique et des contrats publics, Ville de la Seyne/mer ; **Silvia Pelegri-Pedret**, Ingénieur en économie circulaire et développement durable, Nice Côte d'Azur ; **Doria Severy**, Directrice adjointe formation CNFPT PACA, **Gilles Vincent**, Maire de la Ville de Saint-Mandrier, Président du SITTOMAT.

Stéphane Charles, mon époux, pour son soutien indéfectible.

Préface

Il fallait bien toute la détermination d'Aline Charles pour s'attaquer à un sujet aussi tentaculaire que la gestion des déchets de chantiers. Il fallait aussi son opiniâtreté et ses aptitudes pédagogiques pour en faire la synthèse documentée qui suit.

Cet ouvrage sera utile à tous les acteurs de l'acte de construire car chacun a un rôle à jouer pour parvenir à une gestion vertueuse des déchets de chantier.

Il vise l'appropriation d'un socle commun de connaissances et de compétences pour faire émerger une saine gestion des déchets par toutes les parties prenantes du chantier : une maîtrise d'ouvrage et une maîtrise d'œuvre éclairées sur les enjeux techniques et financiers liés aux déchets, leur traçabilité et le coût de leur gestion. Des entreprises attentives à leurs pratiques de tri et qui doivent pouvoir valoriser leur gestion des déchets et en percevoir la juste rémunération.

C'est avec précision que l'auteure détaille les obligations des uns et des autres dans le cadre réglementaire partant du principe que la connaissance et les regards croisés contribuent au progrès collectif.

C'est d'ailleurs sur ce même principe, mis en œuvre lors de son passage par la Fédération du BTP du Var, qu'Aline Charles a largement contribué à construire le parcours de formation inédit intitulé #MonChantierMesDechets destiné à un public mixte issu du public et du privé pour progresser ensemble. Initiée dans le Var en 2019 par la Fédération sous l'égide de l'ADEME, de la région Provence-Alpes-Côte d'Azur et en partenariat avec le CNFPT et BATYS Compétences, les organismes de formation, cette action a connu un succès certain, au point d'être aujourd'hui en cours de déploiement au niveau régional avant le national.

Merci à Aline Charles pour cette action au long cours et son engagement à diffuser le savoir et les bonnes pratiques.

Cyril Bolliet
Secrétaire Général de la Fédération du Bâtiment
et des Travaux Publics du Var

Introduction

Nous prenons peu à peu conscience que nos ressources planétaires, bien qu'abondantes, ne sont pas infinies et deviennent plus difficilement accessibles.

En effet, notre économie fonctionne toujours massivement sur une base linéaire, à savoir : extraire, produire, utiliser, jeter.

Crise du sable, pénurie de certains métaux essentiels, diminution des sources d'énergies fossiles, inquiétudes sur la ressource en eau, pollutions diverses de nos milieux sont autant de signaux d'alerte qui nous poussent inéluctablement vers un changement rapide de paradigme. Il devient essentiel à la survie de notre modèle de s'engager sans tarder dans une démarche d'économie circulaire.

Tous ces matériaux qui menacent de nous faire défaut sont là, sous nos yeux, dans nos déchets, déchets que nous devons aujourd'hui regarder comme des ressources précieuses : les matières premières secondaires, ou matières premières recyclées.

Recycler nos déchets est complexe et coûteux, notamment en énergie, en transport, en équipements, en temps. Produire du déchet, même si on le recycle n'apporte aucune valeur ajoutée. Nous le savons bien « le meilleur déchet est celui qu'on ne produit pas ». Le premier axe d'économie sera donc d'éviter toutes formes de gaspillage, de gâchis et de nous engager sur la voie de la sobriété.

Pour loger confortablement une population mondiale en expansion, pour construire les infrastructures indispensables, les besoins en matériaux, en eau et en énergie, sont énormes.

Le secteur du bâtiment et des travaux publics a une forte empreinte environnementale, que ce soit en termes de production de déchets, de consommation de ressources primaires, de consommation d'énergie et donc de production de gaz à effet de serre. Les enjeux de gestion et de valorisation des déchets de chantiers sont extrêmement forts, du fait également de la complexité et de la grande diversité des matériaux employés.

Déchets ou ressources ? Réduire notre production de déchets ? Réemployer ou recycler ? Réhabiliter, rénover, déconstruire plutôt que démolir ? Ecoconception, cycle de vie, durée d'usage, réutilisation, matériaux biosourcés ? Changer les pratiques en maintenant un modèle économique viable ? Respecter les nouvelles contraintes réglementaires ? Décarboner, réduire l'impact environnemental ?

Gérer les déchets de chantier en s'inscrivant dans une démarche d'économie circulaire peut donner le vertige à tous les acteurs de la filière construction. Pour dépasser le simple stade du discours de greenwashing, et s'approprier pleinement les outils d'une gestion vertueuse et responsable, des solutions existent. Les avancées techniques, les progrès rapides de la R&D, l'innovation amènent des réponses concrètes, pragmatiques et efficaces à ces questionnements.

Les acteurs de la construction et leurs partenaires sont nombreux à formuler leur ambition de participer à l'effort général en faveur d'une industrie maîtrisée, de pratiques respectueuses et de matériaux de qualité. Chacun dans sa filière conduit un travail de réflexion qui fait écho auprès des autres maillons de la chaîne. Les informations peuvent parfois paraître redondantes, foisonnantes. Elles sont le signe de la vitalité d'un secteur résolument engagé dans l'action collective et la recherche de sens à son action.

Cet ouvrage a pour ambition, sans visée d'exhaustivité, de permettre à l'ensemble des acteurs de l'acte de construire, de s'approprier outils, références réglementaires, bonnes pratiques, connaissance des réseaux afin que chacun puisse aborder plus sereinement une gestion vertueuse et responsable de ses déchets de chantiers.

CHAPITRE 1

Anticiper

Anticiper

Économie circulaire ? Élémentaire !

FICHE **1.01**

Comment entrer dans une démarche de construction circulaire qui intègre à la fois le développement, l'usage et le réemploi des bâtiments et des infrastructures tout en préservant notre environnement ? Limiter le prélèvement des ressources naturelles, éviter tant que possible la pollution de l'environnement, réduire les impacts de toutes sortes sur les milieux et les écosystèmes tout en maintenant un niveau de confort et d'accessibilité à tous, voilà l'enjeu pressant des prochaines décennies.

Si le maître d'ouvrage intègre cette démarche dès la planification d'une opération il lui sera possible de mener à bien un projet, cohérent, performant et vertueux, sans forcément générer de surcoûts importants.

1 Définition

C'est l'article L. 110-1-1 du Code de l'environnement qui fixe le cadre de la transition vers l'économie circulaire :

« La transition vers une économie circulaire vise à atteindre une empreinte écologique neutre dans le cadre du respect des limites planétaires et à dépasser le modèle économique linéaire consistant à extraire, fabriquer, consommer et jeter en appelant à une consommation sobre et responsable des ressources naturelles et des matières premières primaires ainsi que, par ordre de priorité, à la prévention de la production de déchets, notamment par le réemploi des produits, et, suivant la hiérarchie des modes de traitement des déchets, à une réutilisation, à un recyclage ou, à défaut, à une valorisation des déchets. La promotion de l'écologie industrielle et territoriale et de la conception écologique des produits, l'utilisation de matériaux issus de ressources naturelles renouvelables gérées durablement et issus du recyclage, la commande publique durable, l'allongement de la durée du cycle de vie des produits, la prévention des déchets, la prévention, la réduction ou le contrôle du rejet, du dégagement, de l'écoulement ou de l'émission des polluants et des substances toxiques, le traitement des déchets en respectant la hiérarchie des modes de traitement, la coopération entre acteurs économiques à l'échelle territoriale pertinente dans le respect du principe de proximité et le développement des valeurs d'usage et de partage et de l'information sur leurs coûts écologique, économique et social contribuent à cette nouvelle prospérité. ».

Il n'existe pas de définition normée de l'économie circulaire, hors celle que propose l'ADEME :

« Système économique d'échange et de production qui, à tous les stades du cycle de vie des produits (biens et services), vise à augmenter l'efficacité de l'utilisation des ressources et à diminuer l'impact sur l'environnement tout en développant le bien-être des individus ».

Économie circulaire ? Élémentaire !

Le schéma synthétique des trois domaines et sept piliers est aujourd'hui familier :

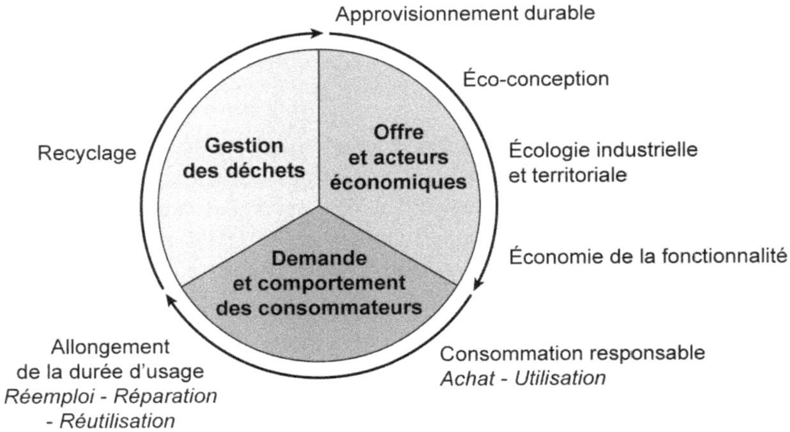

Fig. 1.01-1. Économie circulaire, schéma ADEME

2 Les obstacles à la démarche d'économie circulaire

Ils sont nombreux et de nature diverse mais peu à peu, les résistances au changement s'estompent. Les incitations financières, les contraintes réglementaires, la prise de conscience générale des problématiques environnementales, les progrès techniques et surtout les difficultés croissantes d'accessibilité aux ressources naturelles font évoluer les pratiques et les postures.

Tout au long de cet ouvrage, nous allons nous attacher à identifier les solutions potentielles aux problèmes rencontrés, à répondre aux questions les plus courantes et surtout à ouvrir des voies de réflexion et de recherche.

Tab. 1.01-1. Obstacles et freins à l'économie circulaire

Obstacles sociétaux
– Frilosité des MOA – Négligence, je-m'en-foutisme – Manque de culture du tri – Résistances politiques, individuelles – Image négative du déchet, de l'objet d'occasion – Craintes sur la qualité – Manque d'information – Rejet de l'industrie – Syndrome NIMBY – Freins psychologiques divers

Obstacles logistiques
– Gisements insuffisants ou diffus – Collecte mal organisée – Complexité – Maillage insuffisant – Besoin de place pour organiser le tri, le stockage – Beaucoup de transport – Massification nécessaire – Ruptures de chaînes – Foncier indisponible pour construire des plateformes.
Obstacles réglementaires
– Lourdeur de la réglementation et méconnaissance des textes – Statut du déchet – Contraintes et sanctions insuffisantes – Cahiers des charges contraignants pour la profession – Exigences contractuelles – Coût des diagnostics, études – Évolution des normes
Obstacles économiques
– Coût matière vierge inférieur au recyclé – Coût main-d'œuvre pour le tri, la réparation, l'entretien – Coût du transport – Le déchet génère toujours un coût – Manque de débouchés pour les matières premières recyclées – Manque de maillage industriel – Coût de la collecte – Lourds investissements nécessaires (matériel, changement de process) – Augmentation des coûts de l'énergie – Filières non opérationnelles – Temps d'évolution de l'industrie plus lent que les besoins.
Obstacles techniques
– Upcycling/downcycling ? – Besoin d'énergie – R&D, recyclabilité d'un déchet – Déchets générés par le traitement plus problématiques que le déchet d'origine ? – Qualité du déchet trié – Problème du multi-matériaux, multicouches – Écoconception à développer – Impact environnemental du recyclage par rapport à la matière vierge – Accessibilité des ressources – Techniques disponibles

3 Réduction, réemploi, réutilisation, recyclage

Les clés essentielles de cette démarche sont :

– de réduire drastiquement la production de déchets et le gaspillage ;

– de ne plus considérer le déchet ainsi que le décrit le Code de l'Environnement (article L. 541-1-1) comme « toute substance ou tout objet, ou plus généralement tout bien meuble, dont le détenteur se défait ou dont il a l'intention ou l'obligation de se défaire » mais comme une ressource potentielle, et notamment en mettant en œuvre la hiérarchie de traitement des déchets.

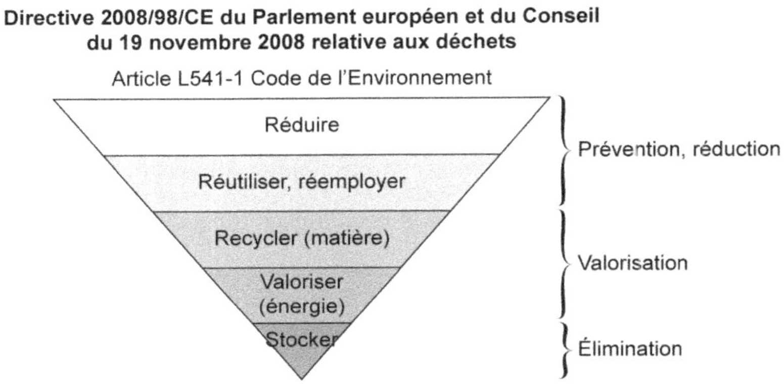

Fig. 1.01-2. Hiérarchie réglementaire de traitement des déchets

Une substance, matière, produit ou bien qui n'a pas acquis le statut de déchet peut être échangé, commercialisé, cédé, réemployé, transformé.

En revanche, lorsqu'il s'agit d'un déchet, c'est une autre réglementation, plus contraignante qui s'applique. Il est donc important, en matière de prévention d'éviter au maximum la production de déchet.

On comprend par réemploi, toute opération par laquelle des substances, matières ou produits qui ne sont pas des déchets sont utilisés de nouveau pour un usage identique à celui pour lequel ils avaient été conçus. Exemple : des radiateurs, carrelages ou poutrelles utilisés à l'identique après avoir été déposés soigneusement.

Lorsque ces substances, matières, produits ou biens sont tombés dans le statut de déchet, ils doivent subir une préparation en vue de la réutilisation, qui recouvre toute opération de contrôle, de nettoyage ou de réparation de ces déchets. En général, ces opérations sont effectuées dans une ICPE (Installation Classée pour la Protection de l'Environnement), avec une procédure identifiée comme SSD, Sortie de Statut de Déchet. Cette procédure est obligatoire pour que le déchet puisse être réutilisé une fois sorti de son statut. Exemple : la réutilisation de portes pour fabriquer des mobiliers.

Le recyclage ou valorisation matière, quant à lui, permet de réduire le prélèvement de ressources naturelles, de sécuriser l'approvisionnement de notre industrie en matières premières, et de diminuer ses impacts environnementaux. Il s'agit par diverses techniques, mécaniques, chimiques, organiques, selon les propriétés du déchet, de le valoriser pour produire une matière première secondaire (MPS) ou recyclée (MPR) qui sera réintroduite dans la chaîne de production en proportions variables.

L'incinération avec production d'énergie est considérée comme valorisation énergétique des déchets. L'incinération sans valorisation énergétique disparaît peu à peu en France. La valorisation énergétique est la deuxième source de chaleur et d'électricité renouvelables.

Recycler ou valoriser énergétiquement nos déchets nécessite toujours une dépense énergétique. Comme l'impose la hiérarchie de traitement des déchets, il convient de mettre tout en œuvre pour lutter contre le gaspillage, veiller à une plus grande sobriété dans la consommation de nos ressources afin de les préserver quantitativement et qualitativement, et d'atteindre les objectifs fixés par l'urgence climatique et environnementale.

4 Écologie industrielle et territoriale

C'est la loi du 17 août 2015 relative à la transition énergétique pour la croissance verte qui en fixe le cadre (LTECV).

« L'écologie industrielle et territoriale (EIT) est un levier pour mobiliser les acteurs de terrain en faveur de la transition écologique. Elle se concrétise par la mise en commun volontaire de ressources par des acteurs économiques d'un territoire, en vue de les économiser ou d'en améliorer la productivité : partage d'infrastructures, d'équipements, de services, de matières… En proposant des solutions territoriales, coopératives et innovantes de gestion des ressources, l'écologie industrielle et territoriale transforme les systèmes de production et de consommation en favorisant les fonctionnements en quasi-boucle fermée. Elle s'inscrit dans la démarche « réduire, réutiliser et recycler » de l'économie circulaire »(1).

L'EIT peut se décliner selon deux modalités :
– synergies de substitution : les différentes entités s'engagent dans la valorisation et l'échange de matières et d'énergie (ex : utilisation de chaleur fatale(2) pour séchage de plaquettes de bois, ou chauffage de serres agricoles) ;
– synergies de mutualisation : approvisionnements ou services en commun, partage d'équipements ou de ressources.

Les solutions de gestion des ressources coopératives territorialisées permettent de transformer les systèmes de production et de consommation en favorisant un fonctionnement en boucle semi-fermée, ce qui de toute évidence réduit les coûts, particulièrement ceux liés au transport.

Il est tout à fait envisageable d'intégrer une démarche d'écologie industrielle territoriale dans le cadre d'une opération de construction. C'est notamment le cas lorsqu'on a recours

(1) Source Ministère de la Transition écologique et de la Cohésion des territoires. Ministère de la Transition énergétique. www.ecologie.gouv.fr.

(2) La chaleur fatale est l'énergie thermique produite indirectement par un process industriel. Si elle n'est pas récupérée pour une utilisation secondaire elle est perdue.

au réemploi. Citons par exemple le projet *Chantier concerté* développé par L'Union Sociale pour l'Habitat.(3) Il met à l'honneur les projets visant à :
– initier une démarche de réemploi auprès de la maîtrise d'ouvrage HLM ;
– concevoir une résidence senior dans l'intention d'avoir une empreinte positive : démarche Cradle to Cradle® (4) ;
– réaliser une opération de déconstruction de grande ampleur ;
– développer une plateforme numérique mobilisable dans chaque région ;
– etc.

5 L'économie de la fonctionnalité

L'essoufflement de notre modèle de production de masse entraîne des difficultés pour répondre aux enjeux du développement durable, et aux attentes environnementales et sociales de notre société. Dans un tel contexte, comment une entreprise peut-elle développer son activité tout en préservant les ressources de la planète ? Comment réduire ses coûts tout en répondant aux besoins et exigences de ses clients ? Rentabilité et éco-responsabilité peuvent-elles s'allier ?

L'économie de fonctionnalité est une des solutions. Le prestataire reste propriétaire du produit et en donne accès au client suivant de nouvelles modalités contractuelles. Il s'agit, non de vendre un bien ou un produit mais d'en commercialiser l'usage.

De ce fait, la valeur ajoutée, la consommation d'énergie et de matières premières sont découplées. L'échange économique ne repose plus sur le transfert de propriété de biens, mais sur le consentement des usagers à payer une valeur d'usage.

Quelques exemples :
– Michelin : commercialisation de kilomètres et non de pneumatiques pour des pneus de poids-lourds éco-conçus. La durée de vie des pneus a été multipliée par 3,2, l'entreprise a augmenté sa marge alors que les coûts pour son client ont baissé de 36 % ;
– Nordaq « Fresh® » : la commercialisation de l'eau du réseau d'eau potable surfiltrée a eu pour effet une économie de matière première, d'espace de stockage, une réduction des emballages et du transport, ce qui permet de dégager des marges pour le prestataire et une économie pour le client ;
– Clarlight : commercialisation de lumière plutôt que des équipements(5).

Les champs à investir par les acteurs de la construction, dans cette démarche, sont nombreux : engins de chantier et équipements collectifs par exemple. L'entreprise n'ayant pas d'investissement à réaliser, le modèle économique est d'autant plus intéressant. Associée à une meilleure qualité de service, l'économie de la fonctionnalité permet également de créer de l'emploi.

---

(3) Développement de l'Écologie Industrielle Territoriale – L'Emploi de Granulat de béton upcyclé Chantier Concerté, rassemblement n° 3 octobre 2021 USH. https://www.union-habitat.org/sites/default/files/dossiers-cr/documents/2022-05/3_reunion_3_cc_eit_-_14_octobre_21_vf.pdf.

(4) Contrairement au recyclage conventionnel, la démarche Cradle to Cradle® maintient la qualité des matières premières tout au long des multiples cycles de vie du produit et de ses composants. Il s'agit d'un label qui repense notre manière de produire et de consommer.

(5) http://economiedefonctionnalite.fr/en-pratique/

Économie circulaire ? Élémentaire !

DOCUMENTATION

Commissariat général au développement durable, « Écologie industrielle et territoriale : le guide pour agir dans les territoires », Références, décembre 2014

Ce guide contient des argumentaires, à destination des collectivités locales et des entreprises, sur les intérêts de l'écologie industrielle et territoriale. Il présente un ensemble d'axes de travail pour déployer cette démarche ainsi des recommandations pour l'articuler avec les projets territoriaux de développement durable. Il propose un panorama sous forme cartographique de retours d'expériences et une dizaine de fiches détaillées sur des initiatives françaises. Le dernier chapitre contient un ensemble de ressources dédiées à l'écologie industrielle et territoriale (outils, sites internet et bibliographie).

https://www.ecologie.gouv.fr/sites/default/files/EIT%20-%20le%20guide%20pour%20agir%20dans%20les%20territoires.pdf

Commissariat général au développement durable, « Comptabilité des flux de matières dans les régions et les départements : le guide méthodologique », Références, décembre 2014

Ce guide, en s'appuyant sur l'initiative de la région Bourgogne, propose une déclinaison territoriale de la méthodologie d'Eurostat pour construire une comptabilité de flux de matières à un échelon infranational, des clés pour analyser les résultats de cette construction tout en reconnaissant les limites de cet exercice et donnant des pistes pour les dépasser.

https://www.ecologie.gouv.fr/sites/default/files/EIT%20-%20comptabilite%20des%20flux%20de%20matieres.pdf

Anticiper

FICHE
1.02 Le cycle de vie du bâtiment

1 Définitions

La notion de cycle de vie d'un produit intègre toutes les activités et les flux qui entrent en jeu dans la production/fabrication, l'usage, le transport et l'élimination de celui-ci. On représente généralement le cycle de vie comme une série d'étapes, depuis l'extraction et transformation des matières premières, jusqu'à la fin de vie par élimination ou valorisation.

L'analyse du cycle de vie (ACV) d'un produit, d'un service ou d'un process est la mesure des ressources nécessaires tout au long de son cycle de vie, complétée de la quantification des impacts potentiels de cet élément sur l'environnement.

L'ISO 14044-2006 et 14040-2006 définissent les exigences pour la réalisation de l'ACV :
– la définition des objectifs et du champ de l'étude ;
– la phase d'inventaire ;
– la phase d'évaluation de l'impact ;
– la phase d'interprétation ;
– la communication et la revue critique de l'analyse ;
– ses limitations ;
– la relation entre les phases de l'ACV et les conditions d'utilisation des choix de valeur et des éléments facultatifs.

Depuis le 1er janvier 2022, la réalisation d'une analyse du cycle de vie pour calculer l'impact carbone des constructions neuves est devenue la norme avec l'entrée en vigueur de la réglementation environnementale 2020.

L'impact carbone ou empreinte carbone d'un bâtiment, rend compte de la production de gaz à effet de serre (GES) mesuré en kg eq CO_2, tout au long de son cycle de vie.

2 L'ACV du bâtiment

L'ACV d'un bâtiment se compose de la somme des ACV des différents produits de construction le constituant, des impacts des consommations d'eau et d'énergie pendant l'exploitation ainsi que les impacts liés au chantier.

INIES, **base de données nationale de référence sur les données environnementales et sanitaires des produits et équipements de la construction**, met à disposition des Fiches de Déclaration Environnementale et Sanitaire (FDES) de produits de construction et des Profils Environnementaux Produits (PEP) pour les équipements du bâtiment. Ce sont les fabricants ou syndicats professionnels qui fournissent les ACV de ces fiches, au format des normes NF EN 15804+A2, (produits de construction) et NF XP C08-100- (équipements).

Le cycle de vie du bâtiment

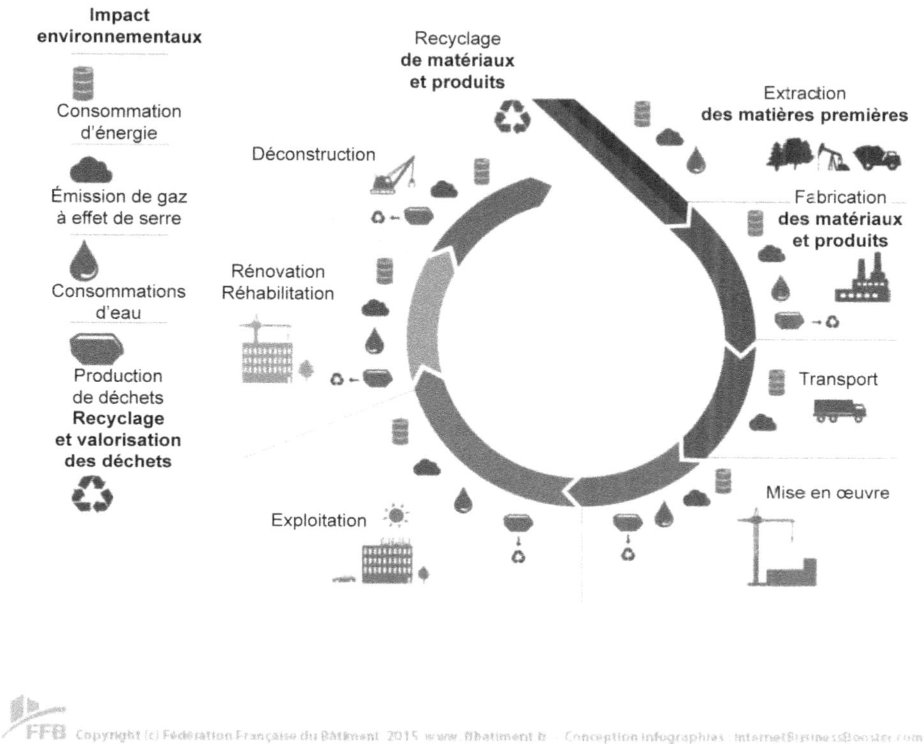

Fig. 1.02-1. Le cycle de vie d'un bâtiment. FFB

Il est ainsi possible d'utiliser les données contenues dans ces FDES et PEP pour réaliser l'ACV complète du bâtiment (cf. ci-après INIES).

Selon BBCA(6), 1 m^2 de bâtiment neuf construit émet 1,5 t eq CO_2 sur 50 ans (ensemble de son cycle de vie). La répartition des émissions de GES sur le cycle de vie d'un bâtiment se répartit comme suit :
– construction : 60 %
– exploitation : 40 %

Les matériaux de gros œuvre représentent plus de la moitié des émissions de carbone, les lots architecturaux de second œuvre 30 % et le second œuvre technique 20 %.

Réhabiliter un bâtiment permet de conserver les matériaux du gros œuvre et de structure, en économisant plus de 50 % des émissions liées aux matériaux par rapport à une construction neuve. Tout matériau réemployé, permet de ne pas émettre de GES supplémentaire. Cette démarche constitue la base du concept d'économie circulaire. Le réemploi, la réutilisation des matériaux ou équipements représentent autant de déchets qu'on ne produit pas, autant d'impacts environnementaux évités.

(6) Association Bâtiment Bas Carbone.

3 Comment réduire l'empreinte environnementale du secteur sur la durée du cycle de vie ?

Il est important d'agir sur chaque étape du cycle de vie pour minimiser les impacts. Le choix de la qualité des matières premières (primaire ou recyclées, renouvelables ou non), leur origine géographique (locale ou nécessitant des moyens de transport lourds), l'écoconception et les choix de produits de construction à faible impact doivent être la base de la réflexion préalable.

Les ciments et bétons bas carbone

Responsable de près de 3 % des émissions de CO_2 en France[7], l'industrie cimentière s'est engagée dans diverses actions de réduction de celles-ci. L'énergie représente environ un quart du coût de la fabrication du ciment. La filière pour objectif de réduire d'environ 80 % son empreinte carbone par rapport à 2016, c'est-à-dire de passer de plus de 600 kg eq CO_2/tonne de ciment produite à 130 kg eq CO_2/tonne. La moyenne mondiale est d'environ 1 000 kg eq CO_2/tonne.

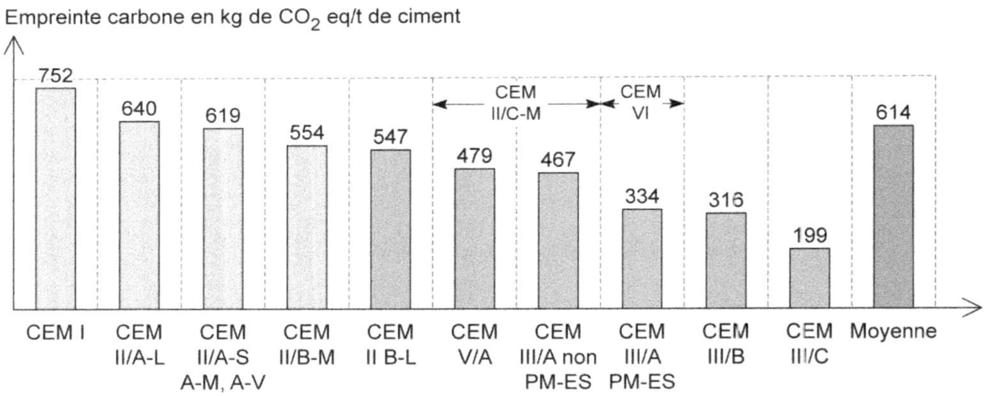

Fig. 1.02-2. Moyenne de l'empreinte carbone des ciments français. France Ciment[8]

La taxonomie européenne, dont l'objectif est d'orienter les investissements vers les activités dites vertes, propose un seuil pour le ciment vert de 498 kg eq CO_2/tonne.

Le clinker, base du ciment classique est composé de 80 % de calcaire et 20 % d'argile. Ce mélange est broyé puis soumis à une cuisson à 1 450 °C dans un four rotatif, en présence de silice, afin d'obtenir sa décarbonatation.

Les émissions de CO_2 générées par la fabrication ont deux origines :
– les combustibles fossiles nécessaires à la phase de cuisson du calcaire et de l'argile ;
– la décarbonatation du calcaire pendant la phase de pré-calcination dans le four[9].

(7) Il s'agit de 5 à 7 % des émissions de CO_2 au niveau mondial.

(8) https://www.france-ciment.fr/enjeux/ciments-bas-carbone/

(9) $CaCO_3$ (carbonate de calcium) → CaO (oxyde de calcium) + CO_2.

Les industriels cimentiers mettent en œuvre depuis plusieurs décennies des innovations visant à réduire les émissions de CO_2 lors de la production des ciments, en particulier :
– la substitution de combustibles alternatifs (huiles usagées, CSR, boues de station d'épuration, bois et plastiques non recyclables) aux combustibles fossiles (coke de pétrole, charbon, fioul lourd) ;
– la valorisation matière pour la fabrication des ciments de nouvelle génération.

La norme NF EN 197-5, en vigueur depuis mai 2021, traite de nouveaux ciments composés, CEM II/C-M et CEM VI, à teneur réduite en clinker grâce à l'ajout de composés cimentaires (calcaire, laitier de haut-fourneau, cendres volantes des centrales à charbon). Grâce à ce procédé, les émissions peuvent être réduites de 35 à 65 % par rapport aux ciments existants.

Les LC3 (*Limestone Calcined Clay Cement*) permettront, eux, de réduire de 40 % les émissions de CO_2. Ces ciments présentent une résistance physique supérieure à celle des ciments actuels[(10)].

Les fabricants de produits préfabriqués en béton et en béton coulé en place développent aussi des actions de valorisation matière dans leurs process de fabrication :
– substitution du ciment par des matériaux alternatifs normalisées (laitiers de haut fourneau, cendres volantes, fumée de silice) ;
– formulation des bétons à partir de notion de liant équivalent.

Le processus de décarbonatation lors de la fabrication du ciment est naturellement inversé par le contact du béton avec le CO_2 de l'atmosphère[(11)]. La carbonatation naturelle est un processus lent, qui selon Infociments est un « phénomène bénéfique du point de vue du matériau béton lui-même. »[(12)]. Il ne peut répondre à lui seul à l'objectif de stockage du CO_2.

En effet, la fabrication d'1 m^3 de béton émet en moyenne plus de 200 kg de CO_2. En cinquante ans de durée de vie, un bâtiment capte l'équivalent de 15 % du CO_2 émis par la fabrication du ciment ayant servi à le construire. Lors de sa démolition, qui accélère la carbonatation, on évalue à 25 % le piégeage de ce même CO_2. Les cimentiers recherchent aussi dans cette direction. On peut notamment citer le projet FastCarb démarré en 2018, dont le but est « de stocker le CO_2 dans les granulats de béton recyclé de manière accélérée, d'améliorer la qualité de ces granulats par le colmatage de la porosité et de diminuer finalement l'impact CO_2 du béton dans les structures. ».

Diverses recherches et innovations sont en cours en Europe pour atteindre les objectifs de réduction des émissions que s'est fixé la filière, l'utilisation de laitier, de matière première de recyclage y jouent un vrai rôle.

Il n'existe pas de norme définissant un béton dit bas carbone. L'impact carbone moyen du béton est d'environ 210 kg eq CO_2/m^3 (CEMII, C25/30). Le béton dit vert, selon les critères

(10) Sources : Infociment https://www.infociments.fr/ciments/les-ciments-bas-carbone, Techniques de l'Ingénieur https://www.techniques-ingenieur.fr/actualite/articles/emission-de-co2-lindustrie-cimentiere-mobilisee-pour-une-diminution-de-80-dici-2050-61299/

(11) Ca (OH)2 + CO_2 + $H_2O \rightarrow CaCO_3 + 2H_2O$

(12) https://www.infociments.fr/ponts-et-passerelles/la-carbonatation-un-phenomene-naturel-benefique-pour-le-beton

de la taxonomie européenne, équivaut à environ 174 kg eq CO_2/m^3 de béton (équivalent CEMII, C25/30).

L'utilisation de matière première secondaire issue de la déconstruction

La valorisation matière de déchets issus de la déconstruction a un impact notable sur la réduction des émissions de GES.

Dans l'étude « Empreinte carbone de la valorisation des déchets du bâtiment en France – Rapport technique »(13), le SEDDRe et la FFB mettent en avant les quantités de GES évités par la valorisation de divers déchets :

Tab. 1.02-1. Valorisation des principaux flux de déchets du bâtiment : facteurs d'émissions

Kg CO_2 par tonne collectée	Étape de tri/ regroupement	Étape de transformation liée à la valorisation	Production évitée grâce à la valorisation
Métaux	4,31	923,29	2 265,15
Bois B	5,12	116,71	497,28
Déchets non dangereux en mélange	22,04	64,79	176,66
Béton	1,21	24,83	52,89
Plâtre	15,69	36,61	3,7
Déchets inertes en mélange	5,58	7,66	2,31

D'autres ressorts peuvent également être activés efficacement et notamment l'écoconception qui prendra en compte la fin de vie des bâtiments (recyclabilité des matériaux, mise en œuvre des matériaux, dépose sélective, déconstruction).

Les matériaux bio et géo sourcés

Les matériaux biosourcés, également appelés biomatériaux sont issus de la biomasse, matière organique renouvelable d'origine animale ou végétale. Ils peuvent être utilisés comme matériaux de construction(14).

(13) https://www.seddre.fr/media/empreinte-carbone-de-la-valorisation-des-de%cc%81chets-du-ba%cc%82timent-en-france-rapport-technique-vd.pdf

(14) Arrêté du 19 décembre 2012 relatif au contenu et aux conditions d'attribution du label bâtiment biosourcé.

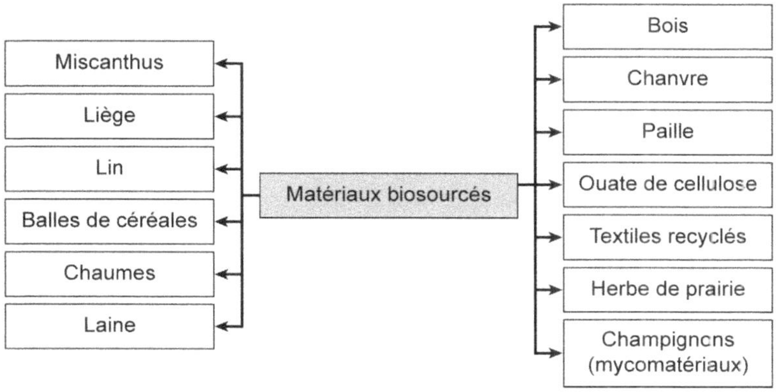

Fig. 1.02-3. Quels sont les matériaux biosourcés ?

De plus en plus utilisés, ils ont de nombreuses applications.

Tab. 1.02-2. Les applications des matériaux biosourcés dans le secteur du bâtiment
Source : MTES – Ministère de la cohésion des territoires et des relations avec les collectivités territoriales, « Les matériaux de construction biosourcés dans la commande publique »

Usage	Typologie de produits	Biomasses mobilisées[1]
Matériaux du bâtiment pour la structure (CO)[2] (RE)[3]		
Structure	Poutres, caissons…	Bois d'œuvre
	Bottes	Paille
Matériaux du bâtiment pour l'enveloppe (CO)[2] (RE)[3]		
Isolation rapportée (intérieure et/ou extérieure)	Vrac (fibres, granulats)	Produits connexes du bois, ouate de cellulose, coton issu de textiles recyclés, chanvre, paille (hors vrac), laine de mouton, paille de riz, liège, lin…
	Panneaux (rigides, semirigides) et rouleaux	
	Bottes	Paille
Isolation répartie (remplissage et insufflation)	Vrac	Produits connexes du bois, ouate de cellulose, coton issu de textiles recyclés, chanvre, paille, liège, lin…
	Béton, mortier et blocs	Chanvre, produits connexes du bois
	Bottes	Paille
Finition des façades	Enduits	Chanvre, terre-paille
	Bardage et panneaux de façade composites	Produits connexes du bois, chaume
Étanchéité de toitures terrasses	Membranes	Colza (huile)

Le cycle de vie du bâtiment

Usage	Typologie de produits	Biomasses mobilisées[1]
Matériaux du bâtiment pour le second œuvre et l'aménagement (CO)[2] (RE)[3] (RN)[4]		
Cloisons, dalles de faux plafond, panneaux acoustiques	Panneaux	Laine de bois, coton issu de textiles recyclés, lin…
Revêtement de sols	Sous-couches acoustiques	Fibre de bois, lin fibres, ouate de cellulose…
	Linoleum, dalles et lames, moquettes	Huiles végétales, farines de bois, liège…
	Lames de terrasse	Produits connexes du bois
Revêtement mural	Résine, peinture, lasure, colle	Huiles végétales, amidon de maïs, algues…

(1) Liste non exhaustive des principaux produits biosourcés concernés.
(2) Conseil valable pour des opérations de construction
(3) Conseil valable pour des opérations de réhabilitation et réutilisation
(4) Conseil valable pour des opérations de rénovation à neuf

Le ministère de la Transition Écologique et Solidaire, dans son guide « Les matériaux de construction biosourcés dans la commande publique » met en avant la forte valeur ajoutée de l'utilisation de ces matériaux. Ils représentent une alternative pertinente pour répondre aux défis climatiques et environnementaux du secteur. Ci-après les qualités des matériaux biosourcés :

– confort et performance : confort d'été et d'hiver. Excellentes performances d'isolation et d'insonorisation. Régulation de l'hygrométrie ;
– environnement et climat : stockage du carbone atmosphérique. Limitation de la production de déchets. Retour au sol de la matière organique (biodégradables en fin de vie) ;
– empreinte environnementale[15] : plus faible que de nombreux matériaux de construction traditionnels. Réduction de l'empreinte liée au transport (filières locales) ;
– impact économique sur le chantier : plus chers que les matériaux traditionnels mais plus longue durée de vie ;
– mise en œuvre : relativement identiques aux matériaux traditionnels. Respectent la réglementation en vigueur ;
– générations futures : matières premières renouvelables. Préservation des ressources menacées d'épuisement. Préservation des ressources fossiles ;
– territoires : coproduits agricoles et sylvicoles disponibles localement. Pas de conflit d'usage avec d'autres filières. Impact économique positif pour les filières agricoles et sylvicoles ;
– emploi : préservation et développement d'emplois locaux. Préservation des savoir-faire des territoires. Recherche et innovation favorisent le dynamisme économique ;

(15) Article 5 de la loi n° 2015-992 du 17 août 2015 relative à la transition énergétique pour la croissance verte (…) « l'utilisation des matériaux biosourcés concourt significativement au stockage de carbone atmosphérique et à la préservation des ressources naturelles. ».

– labels certifications[16] : Label Bâtiment biosourcé, Label Produit biosourcé, Label énergie positive et réduction carbone.

Le terme matériaux géosourcés désigne les matériaux d'origine minérale, utilisables avec un minimum de transformation. Il s'agit essentiellement de la terre ou argile crue, la pierre. Matériaux biosourcés et géosourcés sont quelquefois regroupés sous l'appellation écomatériaux.

La filière terre crue a de nouveau le vent en poupe pour l'habitat contemporain. Matériau écologique par excellence, elle nécessite très peu d'énergie dans son processus de fabrication. Sans aucun adjuvant, elle est recyclable à l'infini.

Les matériaux en terre crue présentent d'intéressantes caractéristiques d'inertie thermique, de régulation hygrométrique ou encore de confort acoustique. En outre, la fabrication de matériaux en terre crue, éminemment locale, est un bel exemple d'économie circulaire territoriale.

À l'occasion du chantier du Grand Paris, le projet de la SAS Cycle Terre, à Sevran, affiche comme objectif la production de matériaux de construction en terre crue à partir des terres excavées localement.

« Pour permettre à la filière terre crue en Île-de-France de changer d'échelle, **Cycle Terre propose aux aménageurs, maîtres d'ouvrages et concepteurs d'intégrer dès à présent** dans leurs projets **0,025 m^3** de matériaux en terre crue **principalement issus de déblais et sans ajouts de liants**, à l'exception de stabilisants biosourcés, **par m^2** de surface de plancher. Pour le logement, cela équivaut à une moyenne de 1,5 m^3 de matériaux en terre crue par logement. »[17].

DOCUMENTATION

L'ACV bâtiment. Base INIES

La Base INIES regroupe l'ensemble des FDES, PEP, DED et DES au format numérique permettant de réaliser des ACV bâtiments. Article consultable en ligne https://www.inies.fr/inies-pour-le-batiment/lacv-batiment/

Ministère de la transition écologique et de la cohésion des territoires. Ministère de la transition énergétique, Construction et performance environnementale du bâtiment, 14 octobre 2022

Article consultable en ligne. Il décline les enjeux, les principales actions entreprises par l'État, et propose des pistes d'approfondissement. https://www.ecologie.gouv.fr/construction-et-performance-environnementale-du-batiment

Léa Ordener, « Béton bas carbone : la clef pour réduire l'empreinte carbone du béton », blog Concrete Dispatch, application de gestion du béton, 5 octobre 2021

État de l'art de diverses innovations dans le domaine de la fabrication des bétons et ciments bas carbone. *Comment réduire l'empreinte carbone du béton ? Les différents types de béton bas carbone. Etc.* https://www.concretedispatch.eu/blog/beton-bas-carbone/

Béton les messages clés, Le Hub des prescripteurs bas carbone, IFPEB Carbone 4

« Tandis que le béton s'est hissé comme matériau incontournable dans la construction au XXe siècle, la filière ne peut échapper aux questionnements qui touchent désormais tous les modes constructifs à l'aune de nos transitions. La méthodologie de la RE2020 met en avant les qualités du bois et des biosourcés, il y a de vifs débats quant à la double comptabilité sur le béton dit « bas carbone » (les laitiers de hauts fourneaux), …l'encre n'en finit plus de couler sur le ciment « vert ». Comment la stratégie nationale bas carbone rebattra-t-elle les cartes de la filière ? Nous

(16) https://greenly.earth/fr-fr/blog/actualites-ecologie/materiaux-biosources-le-guide-pour-tout-comprendre-en-2022

(17) https://www.cycle-terre.eu/mise-en-oeuvre/les-amenagements/

Le cycle de vie du bâtiment

nous sommes attachés à mieux comprendre l'ensemble des solutions disponibles, leurs atouts et leurs faiblesses pour bâtir une vision objective et aider à une prescription éclairée. » Dossier téléchargeable en PDF https://www.ifpeb.fr/wp-content/uploads/2021/01/IFPEB-Carone4_Messages-cles_Brief-Filiere-Beton_210105.pdf

EGFBTP, TAXONOMIE interprétation des critères applicables aux entreprises de construction, octobre 2023

https://www.egfbtp.com/wp-content/uploads/2023/11/LB_Taxonomie_2023_BD-1.pdf

ASTERRE. Association nationale des professionnels de la terre crue

Association regroupant différents professionnels : ingénierie, architectes, BET, centres de formation et sensibilisation, artisans et entreprises de mise en œuvre. On trouve sur le site une carte répertoriant les professionnels de la terre crue, des ressources documentaires, notamment des guides de bonnes pratiques téléchargeables librement en PDF. https://www.asterre.org/la-terre-crue/ressources-documentaires/les-guides-de-bonnes-pratiques

Anticiper

Les chiffres du secteur de la construction

FICHE **1.03**

1 Production de déchets de chantiers

Les coûts de gestion des déchets de chantiers, supportés par la maîtrise d'ouvrage et le Service Public de Prévention des Déchets sont évalués par l'ADEME, en 2021, à environ 2, 2 milliards d'euros, hors coûts de gestion des dépôts sauvages[18].

L'étude conduite en 2017[19] par l'ADEME confirme que la production de déchets de chantiers d'un territoire donné est directement corrélée à des indicateurs d'activité du BTP. Le ratio moyen des déchets issus de chantiers est de 1,3 t/k€CA.

La France fait partie des trois plus gros producteurs Européens de déchets de chantier. En 2018, on comptabilisait 240 Mt[20] de déchets produits sur les chantiers de construction, rénovation, démolition, travaux publics, tous types de déchets confondus. En 2020, l'ADEME retient 226 Mt de déchets de construction pour la France, dans son édition annuelle de *Chiffres Clés* (2021).

Rapportons ces tonnages globaux à la population des trois plus gros producteurs européens.

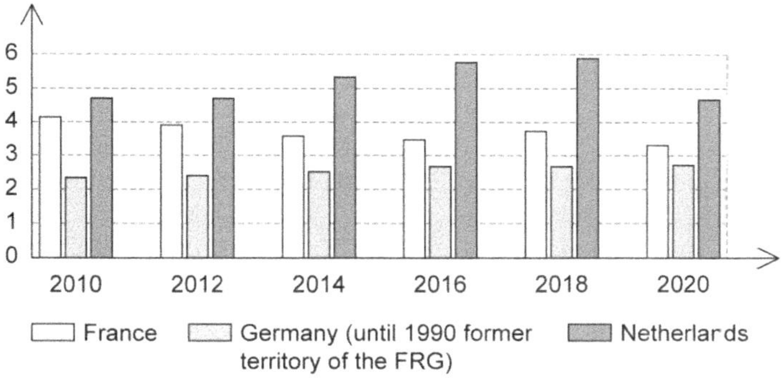

Fig. 1.03-1. Production de déchets de chantiers par habitant, en t

(18) ADEME, *Étude de préfiguration de la filière REP Produits et Matériaux de Construction du secteur du Bâtiment*, mars 2021.
https://librairie.ademe.fr/cadic/5534/Etude_de_pr__figuration_de_la_fili__re_REP_Produits_et_mat__riaux_de_construction_du_secteur_du_b__timen.zip

(19) ADEME, *Exploitation des états des lieux départementaux de prévention et de gestion des déchets issus de chantiers,* 2017. N'est plus disponible en téléchargement sur Librairie ADEME.

(20) Eurostat.

2 Une diversité extrême

Le dénominateur commun du secteur de la construction et des travaux publics est l'extrême diversité et c'est là que réside la grande complexité de gestion de ces déchets.

Les activités de construction, démolition, rénovation des bâtiments, privés ou publics sont regroupées au sein du secteur du bâtiment qui représente 94 % des entreprises du BTP. Le secteur des travaux publics, quant à lui, se concentre sur les chantiers d'aménagement et de création de voiries, d'ouvrages d'art ou de divers espaces. Taille, concentration, fréquence, types de chantiers sont divers. Une multitude d'acteurs interviennent avec des responsabilités de différents niveaux et ne partageant pas tous les mêmes enjeux.

Ajoutons à cette liste, le foisonnement entrepreneurial des entreprises du bâtiment. Du major du BTP, au petit artisan, la diversité des corps de métiers, les différents types de compagnons, dont certains, étrangers non francophones, un turn-over plus ou moins rapide des compagnons, les sous-traitants en cascade, ne facilitent pas la mise en place de démarches vertueuses et cohérentes.

L'extrême variété des matériaux utilisés sur les chantiers, en quantités très variables génère par conséquent une production de déchets diversement répartie dans le temps et l'espace.

De ce fait, les potentialités de recyclage ne sont pas toujours optimales. Le mélange des déchets pénalise la valorisation, les gisements trop petits ou trop dispersés ne sont pas toujours exploitables et les filières de valorisation ne peuvent pas toujours s'appuyer sur un modèle économique viable, les investissements sont lourds et les acheteurs pas toujours au rendez-vous.

L'état des lieux, réalisé en 2016 dans le cadre du projet *DEMOCLES, Les clés de la démolition durable*(21), identifie vingt-quatre catégories différentes de déchets de second œuvre. Pour être recyclés ou valorisés, ces déchets doivent pouvoir être séparés les uns des autres afin de ne pas se contaminer entre eux. Seize filières de valorisation ont été identifiées. Il s'agit, pour les déchets non dangereux :
- du PVC souple et PVC rigide, des plastiques durs PP/PE, du polystyrène expansé (PSE) ;
- de la moquette en dalle et moquette textile, laines minérales ;
- du polyuréthane ;
- du plâtre et briques plâtrières du plâtre ;
- du verre plat ;
- du bois ;
- du bitume ;
- des éléments d'aménagement ;
- des métaux.

Les déchets d'équipements électriques et électroniques (DEEE) professionnels, les lampes et les tubes sont également concernés. Ils appartiennent à la catégorie déchets dangereux.

Bien sûr, les déchets inertes, tels que la céramique, la brique et le béton, sont de longue date collectés et valorisés.

(21) DEMOCLES, Guide d'informations sur les filières de valorisation des déchets du second-œuvre, 2018 https://www.recylum.com/democles-valorisation-dechets-btp/

3 Répartition par nature selon le secteur du BTP

Deux sous-secteurs constituent le secteur BTP :
– le bâtiment : construction neuve, réhabilitation, démolition des bâtiments publics, privés résidentiels ou tertiaires ;
– les travaux publics : construction, maintenance, démolition des infrastructures de type routes, ponts, tunnels, voies ferroviaires et réseaux divers.

L'infographie éditée par l'ADEME [(22)] indique des pourcentages de répartition. Appliquons ces pourcentages sur les tonnages de déchets produits dans le secteur en 2020, soit 226 035 633 t[(23)].

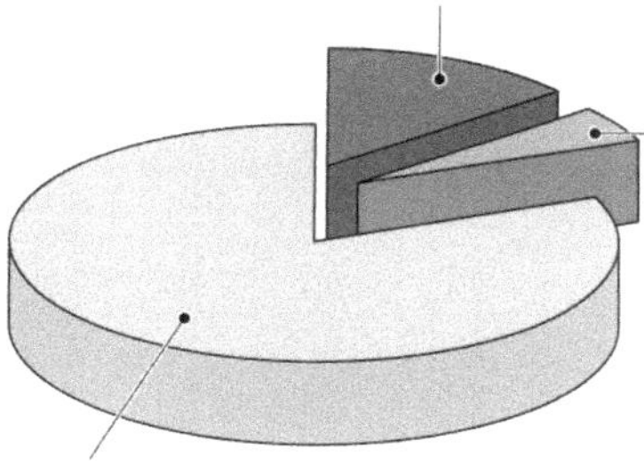

Fig. 1.03-2. Répartition des déchets de chantier par secteur d'activité (2020)

La production de déchets est différente selon le phasage des interventions sur chantier. Le gros œuvre contribue fortement à la production de déchets globale du secteur du bâtiment (73,5 %) avec une forte proportion de déchets inertes.

Le second œuvre quant à lui, reste le plus gros producteur de Déchets Non Dangereux Non Inertes (DNDNI), ce qui amène une plus grande complexité dans la gestion des déchets produits.

4 Le devenir des déchets non dangereux non inertes : un faible taux de valorisation

Seuls quatre flux sont couramment triés à la source sur les chantiers : les métaux, le bois, les déchets inertes et les « DIB ». Cette ancienne appellation (Déchet Industriel Banal) a toujours cours sur les chantiers et recouvre toutes sortes de déchets, en principe non dangereux, évacués en mélange dans une benne. C'est le cas de 90 % des déchets du bâtiment.

Or, les travaux de l'ADEME montrent que le taux de valorisation des déchets de ce secteur, réceptionnés en mélange sur les plateformes de tri n'atteint que 35 % pour les déchets inertes.

(22) ADEME, Déchets, chiffres clé, les essentiels, 2021.
(23) Eurostat.

Ils seraient de 80 à 90 % s'ils n'étaient pas mélangés aux DNDNI. En ce qui concerne les déchets non dangereux en mélange, le taux de valorisation se monte seulement à 15 %. Les mélanges pénalisent toujours la valorisation.

Pourtant, l'obligation de tri à la source des cinq flux (papier-carton, bois, métal, plastique, verre de boisson) est en vigueur depuis 2016. La loi AGEC a rendu obligatoire le tri à la source de sept flux pour le secteur du BTP depuis le 1er juillet 2021(24). Gageons que la mise en œuvre de la filière REP permettra de dynamiser le taux de valorisation, les acteurs étant contraints à un plus grand respect de la réglementation.

Les écarts constatés entre le taux de valorisation potentiel et le taux effectif traduisent les nombreuses difficultés rencontrées. Des déchets inertes contaminés par des déchets de plâtre ne peuvent plus être valorisés en remblaiement de carrière. La présence de verre cassé dans les bennes rend difficile et dangereux le tri. Non seulement le verre ne sera pas valorisé mais cela empêche aussi le recyclage du contenu des bennes. Autre exemple, il n'est pas possible de séparer la moquette et le PVC souple collectés en mélange.

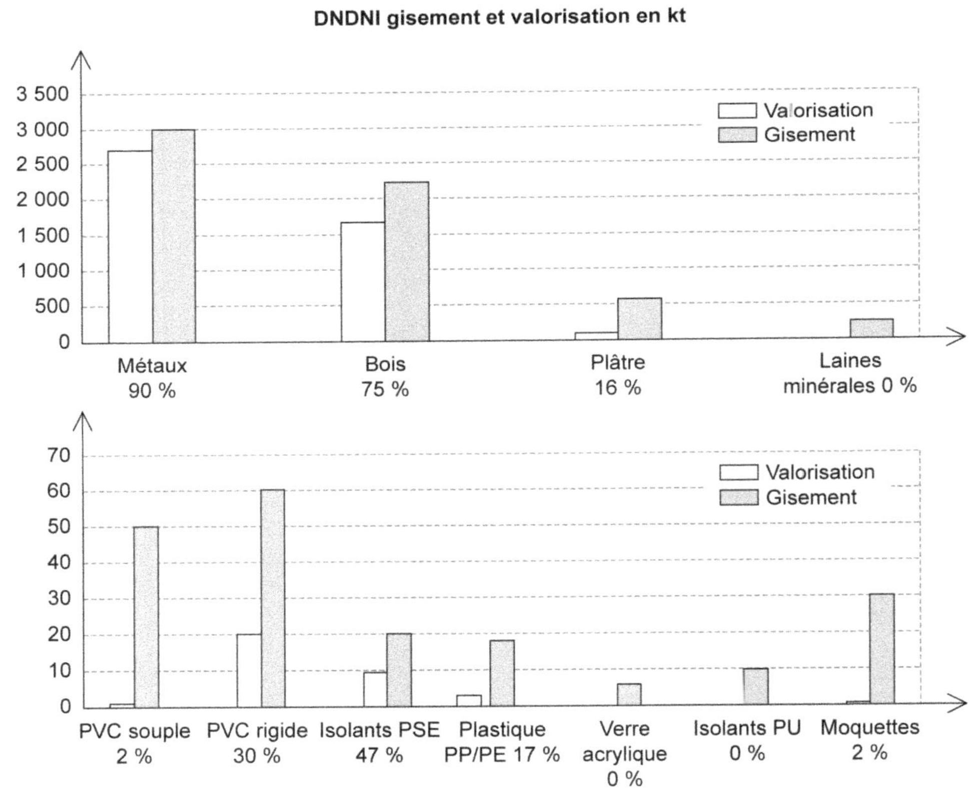

Fig. 1.03-3. Gisement et valorisation des déchets non dangereux non inertes

Étude collective FFB, 2019, p. 7

(24) Aux 5 flux déjà obligatoires se rajoutent la matière minérale ainsi que le plâtre et cloisons de plâtre.

5 Un secteur à fort impact environnemental

Gros consommateur d'énergie, de matières premières primaires et d'eau, gros producteur de gaz à effets de serre (GES) et de déchets, le secteur de la construction a une empreinte environnementale très forte.

En effet, il consomme l'équivalent d'environ 660 TWh/an, soit 1,7 fois le parc nucléaire français ce qui représente 43 à 44 % de la consommation nationale.

15 Mt de ciment sont utilisées chaque année en France, et l'on fabrique environ 1 m^3 de béton par an par habitant, activités ayant une forte empreinte carbone. Les émissions de GES liées à l'activité du secteur représentent près d'1/4 des émissions de notre pays, et correspondent à 2 t eqCO_2/an/hab.

L'utilisation de granulats s'élève à environ 400 Mt/an et seulement 5 % sont issus du recyclage. Or, le sable est la deuxième ressource la plus utilisée au monde, après l'eau douce. On assiste d'ailleurs à une véritable crise du sable : 50 milliards de tonnes de sable sont consommées chaque année dans le monde ce qui correspond à 18 kg/pers/jour.

Avec une production de déchets qui représente 70 à 75 % de la production de déchets globale de la France, soit 3,4 t/an/hab, c'est-à-dire près de six fois plus que la production des ordures ménagères de notre pays, le secteur est également très pesant.

L'ADEME(25) a montré que la construction d'une maison individuelle consommait en moyenne 1,2 t/m^2, soit environ 40 fois plus que la rénovation. S'il s'agit d'un bâtiment de logements collectifs ou d'un EHPAD la construction neuve consomme en moyenne 1,6 t/m^2, soit environ 80 fois plus que la rénovation.

En 2015, 51 millions de tonnes de matériaux de construction ont été consommés, dont plus de 80 % pour le secteur résidentiel. À l'horizon 2050, on estime un besoin de 1,3 milliard de tonnes pour le seul secteur résidentiel, dont 85 % uniquement pour les granulats, sable et ciment.

Les besoins en matériaux liés à la rénovation avec l'objectif 100 % BBC (Bâtiments Basse Consommation) sont évalués par cette étude à environ 74 millions de tonnes, dont plus de 80 % pour les maisons individuelles, horizon 2050. Environ 17 millions de tonnes d'isolants seront nécessaires pour la rénovation BBC de l'ensemble du parc de logements, plus de 85 % pour les maisons individuelles.

La pénurie prévisible de matières première primaires, dont nous commençons à ressentir les effets, nous amène à reconsidérer le statut des déchets de chantier, qui constituent une véritable mine de ressources de matières premières secondaires.

(25) ADEME, *La construction neuve beaucoup plus consommatrice de matériaux que la rénovation. [Étude]*, 2019. https://presse.ademe.fr/2019/12/etude-la-construction-neuve-beaucoup-plus-consommatrice-de-materiaux-que-la-renovation.html

6 Les objectifs de réduction et de valorisation des déchets de chantier

L'objectif de valorisation des déchets non dangereux de chantier a été fixé pour 2020, par la Loi de Transition Énergétique pour la Croissance Verte (TECV) à 70 % tous types de déchets confondus.

L'objectif général de réduction de l'élimination en installation de stockage de déchets non dangereux non inertes a été fixé à –30 % en 2020 et à –50 % en 2025, la base de référence étant la quantité de stockage de 2010.

Or, nous l'avons vu, si globalement, le taux de valorisation globale atteint bien 70 % et même plus, ce chiffre est loin d'être satisfaisant si l'on regarde de plus près les détails par type de déchet.

En 2020, le secteur a produit 226 Mt de déchets, dont 6 % sont des DNDNI, ce qui représente 13,56 Mt. 25 % de ces DNDNI sont valorisés, ce qui laisse 10,17 Mt éliminés en installation de stockage de déchets non dangereux (ISDND), ancienne appellation « décharge ».

En 2010, l'ADEME relevait pour le BTP, 10 Mt de DNDNI en décharge. L'objectif étant de réduire de 30 % ce stockage, on aurait dû seulement stocker 7 Mt de DNDNI.

Nous avons donc une véritable marge de progrès à réaliser. Espérons qu'en 2025, on parviendra, grâce aux diverses mesures prises, à n'envoyer que 5 Mt de déchets de chantier en ISDND.

Engagement pour la croissance verte

Afin d'accélérer la valorisation de ces déchets, les professionnels se sont engagés auprès de l'État, par filière, à des objectifs de réduction et de valorisation :
– l'industrie cimentière, en partenariat avec le SNED[26], le SR BTP[27], la FEDEREC palettes et bois[28] s'est fixé comme objectif d'atteindre d'ici 2025, 50 % de son approvisionnement en énergie à partir de combustion de déchets, et notamment de déchets de bois provenant du BTP ;
– le Syndicat National des Industries du Plâtre, KNAUF, PLACOPLATRE, SINIAT affichent pour ambition de porter à 250 000 tonnes de déchets de plâtre à l'horizon 2020 (contre 66 000 tonnes en 2014) ;
– FEDERC Verre et FEDEREC BTP, FFPV[29], SND, SRBTP ont également co-signé avec l'État un engagement posant comme objectif la collecte et le tri de 80 000 t de verre plat annuellement en 2025.

Les objectifs fixés aux éco-organismes

Dans le cadre de la création de la filière REP PMCB, le cahier des charges des éco-organismes fixe les objectifs suivants :

(26) Syndicat des Entreprises de Démolition.
(27) Syndicat des Recycleurs du BTP.
(28) Fédération Des Entreprises de Recyclage.
(29) Fédération Française des Professionnels du Verre.

Tab. 1.03-1. Les objectifs de collecte et valorisation fixés aux éco-organismes

Catégorie de déchets	Objectifs	2024	2027	Objectifs généraux
N° 1 (minéraux ne contenant ni verre, ni laines minérales ou plâtre)	Taux de collecte	82 %	93%	90 % de valorisation matière 45 % recyclage des déchets(1)
	Taux de recyclage	35 %	43 %	
	Taux de valorisation y compris le remblayage	77 %	88 %	
N° 2	Taux de collecte	53 %	62 %	Doublement de taux de valorisation matière énergie cf. *Étude de préfiguration de la filière REP ADEME*(2)
	Taux de recyclage	39 %	45 %	
	Taux de valorisation	48 %	57 %	
Objectifs pour certains matériaux	Béton	60 %	60 %	
	Bois	42 %	45 %	
	Plâtre	19 %	37 %	
	Plastiques	17 %	24 %	
	Verre	4 %	18 %	

(1) La valorisation de la matière englobe toutes les opérations de valorisation (préparation en vue du réemploi, recyclage, remblaiement).
(2) Téléchargeable à l'adresse ci-contre https://librairie.ademe.fr/dechets-economie-circulaire/4573-etude-de-prefiguration-de-la-filiere-rep-produits-et-materiaux-de-construction-du-secteur-du-batiment.html

DOCUMENTATION

Portail du ministère en charge de l'environnement, Notre-environnement

« notre-environnement propose un accès à une information claire, neutre, vérifiée et respectueuse des différents points de vue pour comprendre les enjeux environnementaux et du développement durable. Les informations présentées sont issues d'une base de connaissances scientifiques et s'adressent à tous les citoyens. Selon votre expertise ou votre parcours, vous trouverez des fiches, des actualités, des conseils… pour vous permettre de mieux comprendre et appréhender les grandes problématiques de l'écologie et du développement durable : climat, biodiversité, risques, santé, aménagement… https://www.notre-environnement.gouv.fr/donnees-et-ressources/ressources/organisme/article/institut-francais-de-l-environnement-ifen

ADEME expertises. https://expertises.ademe.fr/

Portail de l'Agence de la transition écologique (ADEME) permettant d'accéder à différentes données et informations et notamment, sur la question des déchets : https://expertises.ademe.fr/economie-circulaire/dechets/chiffres-cles-observation/chiffres-cles

ADEME OPTIGEDE

Centre de ressources économie circulaire et déchets. Cette page permet d'accéder à différentes rubriques concernant le secteur du BTP : Bâtiment et Travaux Publics, 2 grands secteurs d'activité / Déchets du bâtiment / Déchets des travaux Publics https://www.optigede.ademe.fr/btp

FICHE 1.04

Anticiper

Évaluer, estimer pour réduire et optimiser

1 Définir une stratégie d'économie circulaire

Le maître d'ouvrage se doit de définir une stratégie d'économie circulaire. Il pourra ainsi minimiser les coûts et l'empreinte environnementale de son opération, sur l'ensemble du cycle de vie du bâtiment. Tout élément qui n'aura pas été estimé au préalable nécessitera des modifications, coûteuses en temps, énergie, budget ou pèsera ultérieurement sur les charges de maintenance ou d'usage. Les conséquences des choix à moyen et long termes doivent être évaluées clairement et de manière détaillée, par des études préalables.

Tab. 1.04-1. Stratégie d'économie circulaire

S'engager dans la démarche globale
– Construction neuve ou réhabilitation ? – Démolition ou déconstruction ? – Matériaux recyclés, biosourcés, réemploi, filières locales ? – Écoconception, adaptabilité architecturale, durée d'usage ? – Techniques de mise en œuvre, préfabrication, filière sèche ? – Impacts environnementaux, empreinte carbone, biodiversité, enjeux climatiques ? – Gestion individualisée ou mutualisation des flux (déchets, eau, énergie, etc.) ?
Augmenter la durée d'usage, la durabilité du bâtiment ou de l'infrastructure
– Adaptabilité architecturale – Évolutivité – Modularité – Polyvalence – Démontabilité – Choix de techniques et de matériaux de qualité – Politique d'entretien, de maintenance à mettre en place – Intégration dans son environnement socio-économique, physique
Éviter, réduire la production de déchets
– Estimer précisément les besoins – Éviter les erreurs de commandes, le gaspillage – Éviter les malfaçons – Recourir à la construction hors site – Effectuer un calepinage – Réduire les emballages (fournisseurs) – Limiter la nocivité des déchets produits

Préserver les ressources
– Économiser l'eau et l'énergie – Utiliser des matériaux : • de réemploi *in situ* ou *ex situ*, • de réutilisation ; • de recyclage ; • bio ou géosourcés, renouvelables
Estimer, évaluer
– Caractériser les gisements de déchets/ressources sur chantier – Évaluer qualitativement et quantitativement les volumes de terres excavées et sédiments – Études préopérationnelles
Sourcing, connaissance de l'écosystème territorial local
– Acteurs engagés (Moe, entreprises, AMO) – Filières locales de matériaux de réemploi, de recyclage – Fournisseurs de matériaux durables – Espaces de stockage pour réemploi
Intégrer la gestion des déchets
– Dans l'espace et le fonctionnement du chantier (tri à la source) – Dans l'usage de la construction en fonction de l'évolution de la réglementation et des besoins spécifiques des usagers (tertiaires, résidentiels, industriels, infrastructure)

2 Caractérisation des sols, terres excavées et sédiments

La qualité des études menées et les choix qui en découlent entraîneront des conséquences majeures sur l'économie du projet. Une mauvaise option concernant le réemploi des terres amènera des surcoûts importants. Traitement non prévu, recherche d'un nouveau gisement, généreront coûts de transport des matériaux et dépassement des délais.

La norme GTR NF P 11-300 « a pour objet de définir une classification des matériaux utilisables dans la construction des remblais et couches de forme d'infrastructures routières au vu des critères représentatifs des problèmes posés par leur utilisation. »(30).

Le BRGM(31) a défini une méthodologie nationale de valorisation des terres excavées en trois phases :
– « L'entrée dans la démarche, à la suite d'une levée de doute sur le site producteur qui permettra de déterminer si les terres sont susceptibles d'être polluées,
– L'identification du guide d'application concerné et des filières possibles pour les terres,
– La validation et la finalisation du projet de valorisation par la bancarisation des données. »

(30) Exécution des terrassements – Classification des matériaux utilisables dans la construction des remblais et des couches de forme d'infrastructures routière. https://www.boutique.afnor.org/fr-fr/norme/nf-p11300/execution-des-terrassements-classification-des-materiaux-utilisables-dans-l/fa024714/10537.

(31) Bureau de Recherches Géologiques et Minières.

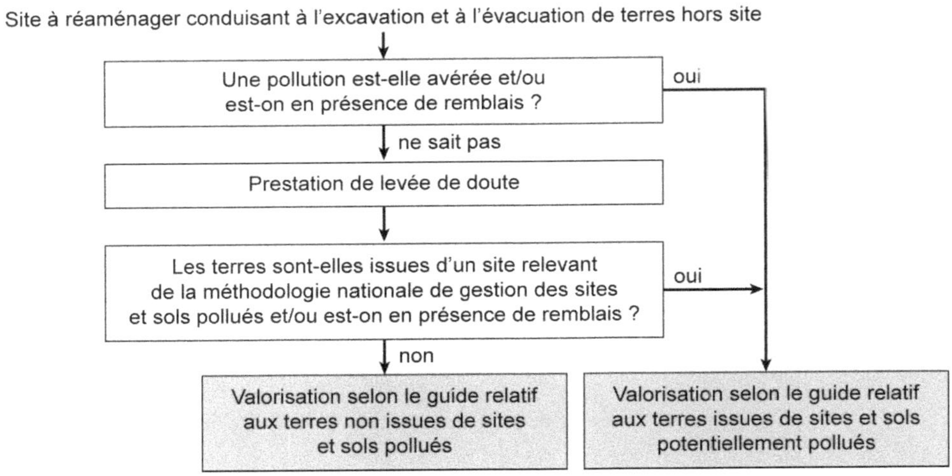

Fig. 1.04-1. Entrée dans la démarche de valorisation des terres excavées BRGM
Source : https://tex-infoterre.brgm.fr/fr/methodologie-guides/methodologie-de-valorisation-des-terres-excavees

Une vigilance renforcée sur les potentialités de valorisation est nécessaire pour les cas suivants :
– « Une valorisation au droit des établissements dits sensibles,
– La présence d'un puits sur la zone de valorisation,
– Les terres excavées provenant de zones d'anomalies géochimiques spécifiques,
– Les terres excavées provenant d'un site potentiellement pollué. »

Le décret du 1er avril 2021 relatif à la sortie du statut de déchet, l'arrêté du 4 juin 2021 fixant les critères de sortie du statut de déchet pour les terres excavées et sédiments ayant fait l'objet d'une préparation en vue d'une utilisation en génie civil ou en aménagement, encadrent désormais la procédure. Cette démarche favorise le déploiement de l'économie circulaire et permet de sécuriser l'utilisation de matière première secondaire.

La notion de « lot de terres excavées et sédiments » est définie par une nature et des caractéristiques physico-chimiques homogènes, que ce lot soit issu de la même zone d'un site producteur, ou qu'il soit élaboré dans une installation de traitement, de transit ou de regroupement.

3 Estimation de la production de déchets de construction

À partir de chantiers pilotes de construction neuve et de démolition, l'ADEME a réalisé une fiche réunissant les ratios de production de déchets. Les données sont un peu anciennes mais peuvent servir de base de travail pour constituer un outil d'estimation de la production de déchets.

Tab. 1.04-2. Ratios de production de déchets en construction de logements individuels et collectifs

Source : https://www.optigede.ademe.fr/sites/default/files/guide-estimation-production-dechets-chantier.docx

CONSTRUCTION NEUVE DE LOGEMENTS			
Déchet	**Logement**	**Ratio**	**Gamme**
		kg/m² SHOB	**kg/m² SHOB**
Inertes	Tous types	13,5	de 1 à 36
Métaux	Collectifs	0,45	de 0,1 à 0,9
	Individuels	0	
Bois	Tous types	1,3	de 0,5 à 3,2
Déchets non dangereux en mélange	Collectifs	5,7	de 1,5 à 9,5
	Individuels	7,7	de 0,8 à 12,7
Plâtre, cloisons	Tous types	2,3	de 0,75 à 2,6, majoritairement autour de 2,3
Cartons	Tous types	0,25	de 0,03 à 0,35
	Total collectifs	23,5	
	Total individuels	25,1	

En 2021, la FFB retient les mêmes ratios lorsqu'il s'agit de conseiller ses adhérents à la suite de l'obligation de la mention obligatoire sur les devis des quantités, coûts et modalités de traitement des déchets de chantiers.

Le simulateur de calcul mis au point par GUIDEnR HQE est un outil en ligne qui permet de calculer une estimation de la quantité de déchets produits lors d'un chantier de construction par typologie de déchets. C'est à partir des données environnementales des fabricants et de retours d'expérience de différents acteurs de la filière construction que ce logiciel a été conçu[(32)].

4 Suivi de la production de déchets

De manière à limiter au plus strict les coûts de gestion de ses déchets, la maîtrise d'ouvrage aura tout intérêt à effectuer un suivi de la production et du taux de valorisation des divers types de déchets.

Selon le niveau d'implication des acteurs, les ratios peuvent être très variables.

(32) http://hqe.guidenr.fr/cible-3-hqe/simulateur-calcul-quantite-dechets-chantier.php

Évaluer, estimer pour réduire et optimiser

Le bilan de fin de chantier de l'IRSET, (charte de chantier *Faibles nuisances*), présente une production de 70,7 kg/m^2 de SHON, hors déchets dangereux et déblais (sont pris en compte gravats, ferrailles, bois et DIB)(33).

La chambre de commerce et d'industrie de Nouvelle Calédonie a fait une analyse des chantiers ayant mis en place une charte *Chantier vert* sur son territoire, en y ajoutant des éléments de comparaison avec d'autres sources :

Tab. 1.04-3. Bilan des chantiers verts CCI Nouvelle Calédonie
Source : https://chantiervert.cci.nc/index.php/bilan/

Mise à jour le 02/01/2023			
Ratios construction	**NC**	**Métropole**	
	Source CCI Charte chantier vert 24 chantiers de construction	Source Optigede ADEME	Source « Production déchets de chantiers en IDF » CRC IDF
Production de déchets			
DI gravats (kg/m^2 SHON)	59,3	13,5	
Métaux (kg/m^2 SHON)	3,5	0,45	
DND (kg/m^2 SHON)	16,9	10,55	
DD (kg)	204,5		
Ratio moyen (kg déchets/m^2 SHON) Hors DD et déblais	**80,1**	**24,5**	**59,5**
Consommations			
Eau (m^3/m^2 SHON)	62,6		
Électricité (kWh/m^2 SHON)	433,9		
Coûts			
% du montant global du projet	**0,6**		
% du montant des travaux	**0,6**		
Coût par surface (CFP/m^2 SHON)	**1 672,1**		

Il y a donc de belles marges de progrès à réaliser dans les actions de réduction de la production de déchets.

(33) https://leres.ehesp.fr/wp-content/uploads/2016/07/IRSET_Bilan-de-fin-de-chantier-_v1.pdf

La tenue d'un tableau de bord, en fonction du phasage de l'opération, permettra de comprendre la dynamique de production des flux, ouvrant ainsi des pistes d'action corrective en cours de chantier ou pour une prochaine opération (par exemple : calepinage peu précis, erreurs de commandes, malfaçons, reprises, mauvaise organisation, gâchis divers etc.)

Les entreprises doivent fournir régulièrement bons de dépôt et attestations de valorisation qui seront vérifiés par la maîtrise d'œuvre ou un AMO Environnement. Les éléments contenus dans ces documents seront rapportés dans un tableau de suivi, ce qui permettra d'intervenir si des incohérences sont apparentes, de réguler les coûts et la qualité de la valorisation des déchets.

La reprise gratuite de certains types de déchets dans le cadre de la REP PMCB, ne va pas annuler les coûts de gestion des déchets, en particulier s'ils ne sont pas triés conformément au cahier des charges. Des déchets mal triés devront être confiés à un prestataire qui appliquera son tarif de gestion et, double peine économique pour l'entreprise, le coût des matériaux aura déjà subi une augmentation du fait de l'application de l'éco-participation destinée à financer la filière REP.

Enfin, l'analyse de ces documents indispensables pour assurer la bonne traçabilité des déchets produits fera partie du bilan de fin de chantier.

DOCUMENTATION

Région Sud Life SmartWaste, ***Guides de la démarche d'accompagnement des maîtres d'ouvrage en Région Sud*****, « Intégrer l'Économie Circulaire dans les marchés et opérations de travaux du Bâtiment et des Travaux Publics »**

« Les travaux menés de fin 2019 à fin 2021 dans le cadre de la démarche d'accompagnement de maîtres d'ouvrage en Région Sud ont permis d'identifier les besoins, de définir des outils, de construire et d'élaborer des guides. Ces guides sont destinés aux maîtres d'ouvrages et aux autres acteurs de l'acte de construire, afin de faciliter la mise en œuvre de l'économie circulaire dans les marchés et les opérations de travaux du BTP. » Cette série de guides est disponible en téléchargement sur internet https://www.reseau-preci.org/library/h/guides-de-la-demarche-d-accompagement-des-maitres-d-ouvrage-en-region-sud-integrer-l-economie-circulaire-dans-les-marches-et-operations-de-travaux-du-batiment-et-des-travaux-publics.html

Sites et sols pollués, ***Guide du donneur d'ordre*****, BRGM. Infoterre**

« Pour une mise en œuvre effective des techniques de dépollution, pour améliorer de manière opérationnelle et réelle la qualité des métiers dans le domaine des sites et sols pollués, le ministère a piloté l'élaboration de la norme de services NF X 31-620 de juin 2011 et du référentiel de certification de services des prestataires dans le domaine des sites et sols pollués adossé à cette norme et établi par le LNE. » https://ssp-infoterre.brgm.fr/sites/default/files/documents/2022-05/guide_du_donneur_d_ordre_v0_0.pdf

FICHE **1.05**

Anticiper

Diagnostiquer avant démolition ou réhabilitation

Les bâtiments concernés par des travaux de démolition, réhabilitation ou rénovation significative doivent faire l'objet des diagnostics amiante, termites et plomb. Ces contrôles ont été rendus obligatoires pour préserver la sécurité et la santé des occupants ainsi que des travailleurs en charge des travaux.

La loi AGEC a rendu le diagnostic PEMD (Produits Équipements Matériaux Déchets) obligatoire depuis le 1er janvier 2022, afin de dynamiser fortement les démarches d'économie circulaire. Il remplace le diagnostic déchets.

1 Le diagnostic amiante

La dangerosité de l'amiante pour la santé est aujourd'hui bien connue. Le retrait des matériaux amiantés, le traitement des déchets sont très strictement encadrés par la réglementation, afin de protéger à la fois la population et les travailleurs intervenant sur les chantiers.

Obligations en cas de vente ou de travaux

Également appelé état d'amiante, le diagnostic amiante est un document qui indique la présence ou l'absence de matériaux ou produits contenant de l'amiante dans un logement dont le permis de construire a été délivré avant le 1er juillet 1997. L'état d'amiante doit être intégré au dossier de diagnostic technique (DDT). Il est obligatoire en cas de vente, de location ou de travaux sur ce bien.

Protection des salariés

Depuis 2016, la législation oblige le donneur d'ordre, le maître d'ouvrage ou le propriétaire (d'immeubles, d'équipements, de matériels ou d'articles) à faire rechercher la présence d'amiante préalablement à toute opération comportant des risques d'exposition des travailleurs à l'amiante (article L. 4412-2 du Code du travail). Cette obligation se décline réglementairement autour de six domaines d'activité (article R. 4412-97 du Code du travail) :

– immeubles bâtis ;
– autres immeubles tels que terrains, ouvrages de génie civil et infrastructures de transport ;
– matériels roulants ferroviaires et autres matériels roulants de transport ;
– navires, bateaux et autres engins flottants ;
– aéronefs ;
– installations, structures ou équipements concourant à la réalisation ou la mise en œuvre d'une activité.

Récapitulatif des obligations de diagnostic amiante

Tab. 1.05-1. Quels sont les différents diagnostics obligatoires ?
Source : Ministère de la Santé et de la Prévention – *Le repérage d'amiante dans les bâtiments.* https://sante.gouv.fr/sante-et-environnement/batiments/article/le-reperage-de-l-amiante-dans-les-batiments

<table>
<tr><th rowspan="3"></th><th colspan="4">Permis de construire délivré avec le 1er juillet 1997</th></tr>
<tr><th colspan="3">Immeubles d'habitation</th><th rowspan="2">Autres immeubles bâtis</th></tr>
<tr><th>Maisons individuelles</th><th>Parties privatives d'immeubles collectifs</th><th>Parties communes d'immeubles collectifs</th></tr>
<tr><td>Obligations générales</td><td>Pas d'obligation de repérage. Faire effectuer des mesures d'empoussièrement (dans certains cas, après travaux).</td><td>Faire réaliser un repérage basé sur la liste A (flocage, calorifugeages et faux-plafonds). Constituer et tenir à jour le « dossier amiante – parties privatives ». Faire effectuer des mesures d'empoussièrement (dans certains cas, après travaux).</td><td colspan="2">Faire réaliser un repérage basé sur les listes A et B. Constituer et tenir à jour le « dossier technique amiante ». Faire effectuer des mesures d'empoussièrement (dans certains cas, après travaux).</td></tr>
<tr><td>Obligation en cas de vente</td><td colspan="2">Fournir un état de présence ou d'absence d'amiante – constitué sur la base d'un repérage des matériaux des listes A et B.</td><td colspan="2">Fournir un état de présence ou d'absence d'amiante – constitué de la fiche récapitulative du « dossier technique amiante » tenue à jour.</td></tr>
<tr><td>Obligation en cas de démolition</td><td colspan="4">Faire réaliser un repérage de tous matériaux basé sur la liste C.</td></tr>
</table>

« Chaque chantier doit être considéré comme un cas particulier. Les règles de prévention à mettre en place, après la phase d'analyse des risques, doivent être adaptées à :
– la configuration générale du lieu ;
– la surface à traiter ;
– la nature du bâtiment ;
– l'occupation des autres locaux dans le bâtiment ;
– tout autre paramètre pouvant avoir une influence sur la santé des opérateurs ou des autres occupants des locaux pendant et après le chantier.

Diagnostiquer avant démolition ou réhabilitation

L'analyse des risques de l'entreprise est réalisée en plusieurs étapes. Elle s'appuie d'abord sur un repérage préalable avant travaux, adapté à la nature et au périmètre des travaux envisagés, réalisé par le donneur d'ordre. L'entreprise décrit chacun des processus qu'elle emploie. »(34).

Dans les bâtiments construits avant 1997, l'amiante est encore partout

Fig. 1.05-1. Où se trouve l'amiante dans un bâtiment construit avant 1997 ?
Source : INRS *Dossier amiante – ce qu'il faut retenir.*
https://www.inrs.fr/risques/amiante/ce-qu-il-faut-retenir.html

Méthodologie

La liste des professionnels certifiés et leurs coordonnées sont consultables sur le site internet du ministère de la Transition Écologique et de la Cohésion des territoires(35).

Le diagnostiqueur ne doit avoir aucun lien de nature à porter atteinte à son impartialité et à son indépendance. Il doit disposer d'un certificat de compétence émis par un organisme certificateur agréé par le COFRAC, qui permet d'assurer que la personne certifiée satisfait aux exigences d'un référentiel de compétences donné. Il est tenu de souscrire une assurance de responsabilité professionnelle.

Le rapport de repérage établi par le diagnostiqueur comprend :
– la date d'exécution du repérage et l'identification des différents intervenants ;
– la dénomination de l'immeuble concerné avec les indications utiles à son identification ;
– les plans ou croquis de tous les locaux, la liste des locaux visités et non visités avec les motifs de l'absence de visite ;
– la liste et localisation des matériaux repérés, les plans ou croquis permettant de localiser les matériaux contenant de l'amiante, avec l'évaluation de l'état de leur conservation ;
– les résultats et rapports d'analyse des prélèvements avec les coordonnées des laboratoires d'analyses ;
– les conclusions indiquant les conséquences de repérage pour le propriétaire, en termes d'obligations réglementaires ;
– les mesures d'ordre général préconisées lorsque des matériaux dégradés ont été repérés ;
– les réserves et préconisations éventuelles formulées par le diagnostiqueur.

(34) INRS, Dossier amiante – prévention du risque amiante, https://www.inrs.fr/risques/amiante/prevention-risque-amiante.html

(35) Annuaire des diagnostiqueurs immobiliers certifiés https://diagnostiqueurs.din.developpement-durable.gouv.fr/index.action

Pour réaliser des travaux de traitement de l'amiante ou de matériaux en contenant, les entreprises doivent être certifiées par un **organisme certificateur** accrédité par le Cofrac[36] (Code du travail, art. R. 4412-129 ; R. 4412-94).

Les travaux doivent être réalisés conformément à la norme NF X46-020 Repérage amiante – Repérage des matériaux et produits contenant de l'amiante dans les immeubles bâtis – Mission et méthodologie.

2 Le diagnostic plomb

Afin de prévenir le risque de saturnisme[37] le constat de risque d'exposition au plomb (CREP) est obligatoire en cas de vente[38]. Il est réalisé par un professionnel agréé, certifié par le Cofrac. Ce diagnostiqueur doit être couvert par une assurance de responsabilité civile professionnelle et pouvoir prouver son indépendance et son impartialité vis-à-vis du propriétaire du bâtiment pour lequel il établit ce constat.

Le Diagnostic de Risque d'Intoxication par le Plomb des Peintures (DRIPP), comme le CREP, sont des diagnostics qui visent la prévention du saturnisme infantile. Ils ne sont pas adaptés pour évaluer le risque d'exposition des travailleurs opérant sur un chantier.

Avant de démarrer des travaux de réhabilitation ou de déconstruction partielle ou totale pour les bâtiments concernés (construits avant 1994 selon une étude du CSTB), le maître d'ouvrage fera procéder à un diagnostic portant sur toutes les parties du bâtiment, extérieures ou intérieures. La concentration en plomb sera mesurée sur tous les revêtements présents, qu'ils soient ou non dégradés, sans que le diagnostiqueur ne se prononce sur le degré de risque.

S'il incombe au maître d'ouvrage, au donneur d'ordre ou au maître d'œuvre de commander cette mission avant d'engager des travaux, c'est à l'entreprise devant effectuer les travaux qu'il incombe de procéder à une évaluation des risques afin de protéger les salariés amenés à intervenir.

En effet, le plomb, pour les professionnels, est considéré comme cancérogène, mutagène et reprotoxique (CMR). Les articles R. 4412-1 et suivants du Code du travail, fixent les obligations du chef d'entreprise vis-à-vis de ses salariés concernant l'exposition des travailleurs à des agents chimiques dangereux. La réglementation actuelle et la norme NF X46-035 parue en juin 2021 ne fixent pas de valeur seuil quant à la présence de plomb. Il appartient donc aux entreprises de réaliser leur évaluation des risques en se basant sur les résultats des mesures qui lui sont communiqués dans le rapport de diagnostic.

(36) Cofrac (Comité français d'accréditation) « En France, le Cofrac est l'unique instance nationale désignée et reconnue par l'État pour délivrer des accréditations. Cette activité relève donc de la puissance publique. Chaque accréditation a une portée spécifique, c'est-à-dire un périmètre bien défini en fonction du secteur et/ou de l'environnement normatif de l'organisme candidat. Différente des certifications ou des agréments, l'accréditation est comparable à un processus d'audit, qui intervient comme un second niveau de contrôle. L'accréditation se place donc tout en haut de la pyramide de la confiance. » https://www.cofrac.fr/

(37) Intoxication au plomb due à la présence dans les logements de peintures et revêtements muraux contenant de l'hydroxycarbonate de plomb (céruse).

(38) Document qui communique des informations sur la présence de revêtements contenant du plomb dans les logements et bâtiments construits avant 1949.

3 Le diagnostic des atteintes au bois

Les agents de dégradation du bois et de ses dérivés utilisés dans la construction du bâtiment, sont nombreux et redoutables. La mérule[39] ainsi que les insectes xylophages, et tout particulièrement les termites, peuvent occasionner des dégâts importants sur la structure même du bâti. Dans les cas les plus extrêmes, ces parasites peuvent amener l'effondrement du bâtiment.

La loi n° 99-471 du 8 juin 1999 a pour objectif de protéger les acquéreurs et propriétaires d'immeubles contre les termites et autres insectes xylophages.

C'est la norme NF P03-200 (mai 2016) qui définit les modalités générales de réalisation du constat de l'état parasitaire dans les immeubles bâtis et non bâtis et sur les ouvrages. Cet état concerne la recherche de divers agents de dégradation biologique du bois. Les termites ne sont pas les seuls parasites concernés, mais également d'autres insectes à larves xylophages (capricornes, petites et grosses vrillettes, lyctus…) et les champignons lignivores, au premier rang desquels, la redoutable mérule.

L'obligation de « constat de l'état parasitaire relatif à la présence de termites » concerne les biens immobiliers destinés à la vente situés dans les départements, communes ou zones à risques. Ces derniers sont délimités soit par arrêté préfectoral, soit par arrêté municipal.

« Dans les secteurs délimités par le conseil municipal, le maire peut enjoindre aux propriétaires d'immeubles bâtis et non bâtis de procéder dans les six mois à la recherche de termites ainsi qu'aux travaux préventifs ou d'éradication nécessaires. »[40].

C'est l'arrêté du 29 mars 2007 qui définit le modèle et la méthode de réalisation de l'état du bâtiment relatif à la présence de termites :
– « préalablement à son intervention, l'opérateur de diagnostic identifie le client, collecte les informations concernant le bâtiment et obtient les autorisations nécessaires à la réalisation de sa mission ;
– il se doit de mettre en œuvre l'ensemble des moyens mis à sa disposition pour détecter une éventuelle présence de termites ;
– lors de la visite, il examine l'ensemble des niveaux et la totalité des pièces et volumes ;
– il procède à un examen visuel minutieux de l'ensemble des éléments et ouvrages constituant le bâtiment ;
– il procède à des sondages sur les ouvrages bois.

L'application de la norme NF P 03-201 de mars 2012 ou de toutes autres normes ou spécifications techniques équivalentes en vigueur dans un État membre de la Communauté européenne ou un autre État partie à l'accord sur l'Espace économique européen, ayant le même objet, est présumée satisfaire aux exigences méthodologiques susmentionnées. »[41].

(39) « Encore peu connue du grand public, la mérule est le champignon lignivore le plus nocif et destructeur pour nos habitations », https://merule-info.com/

(40) Code de la construction et de l'habitation, art. L. 133-1.

(41) Article 1er de l'arrêté du 29 mars 2007.

L'article L. 126-6 III du Code de la construction et de l'habitation fixe la conduite à tenir en cas de démolition totale ou partielle d'un bâtiment contaminé situé dans les zones définies au premier alinéa de l'article L. 131-3 :

« (...) les bois et matériaux contaminés sont incinérés sur place ou traités avant tout transport si leur destruction par incinération sur place est impossible. La personne qui a procédé à ces opérations en fait la déclaration en mairie. »

Il est fondamental de réaliser avec soin les opérations de traitement sur place : le transport de terre, gravats et bois provenant de zones infestées est interdit sans traitement au préalable pour éviter la prolifération de ces nuisibles.

4 Le diagnostic Produits, Équipement, Matériaux, Déchets (PEMD)

Le diagnostic déchets, obligatoire depuis 2011 évolue. Il devient le diagnostic Produits Équipements Matériaux Déchets (PEMD).

Pour les démolitions et rénovations significatives de bâtiments pour lesquelles la date de dépôt de la demande d'autorisation d'urbanisme ou de travaux ou, à défaut, la date d'acceptation des devis ou de passation des marchés est postérieure au 1er janvier 2022, le maître d'ouvrage est tenu de faire réaliser un diagnostic portant sur la gestion des produits, matériaux et des déchets issus de la démolition ou rénovation significative de ces bâtiments.

Ce diagnostic s'inscrit dans une démarche davantage tournée vers l'économie circulaire, où le produit de la déconstruction est considéré comme une ressource.

L'ambition affichée est de privilégier le réemploi et le recyclage afin de limiter ainsi l'extraction de nouvelles matières premières.

Publics concernés

Maîtres d'ouvrage, maîtres d'œuvre, constructeurs et promoteurs, architectes, bureaux d'études, économistes de la construction, opérateurs de diagnostics, entreprises du bâtiment, industriels des matériaux de construction et des systèmes techniques du bâtiment.

Champ d'application et définitions

Le décret n° 2021-821 du 25 juin 2021 précise le champ d'application de ce diagnostic (démolitions et rénovations significatives) :
– surface cumulée de plancher de l'ensemble des bâtiments concernés supérieure à 1 000 m^2 ou ;
– concernant au moins un bâtiment ayant accueilli une activité agricole, industrielle ou commerciale et ayant été le siège d'une utilisation, d'un stockage, d'une fabrication ou d'une distribution d'une ou plusieurs substances classées comme dangereuses en application de l'article R. 4411-6 du Code du travail.

Il définit les notions de démolition et de rénovation significatives :
– démolition de bâtiment : opération consistant à détruire une partie majoritaire de la structure d'un bâtiment ;

– rénovation significative de bâtiment : opération consistant à détruire ou remplacer au moins deux des éléments de second œuvre mentionnés ci-après, à la condition que les travaux concernés conduisent à détruire ou remplacer une partie majoritaire de chacun de ces éléments (plus de la moitié) :
• planchers ne déterminant pas la résistance ou la rigidité de l'ouvrage ;
• cloisons extérieures ne déterminant pas la résistance ou la rigidité de l'ouvrage ;
• huisseries extérieures ;
• cloisons intérieures ;
• installations sanitaires et de plomberie ;
• installations électriques ;
• système de chauffage.

Compétence renforcée et assurance

La personne physique ou morale qui réalise le diagnostic doit fournir au maître d'ouvrage, avant la réalisation du diagnostic, la preuve de ses compétences pour la réalisation de cette mission.

Cette personne doit être compétente en matière de prévention et de gestion des déchets ainsi qu'en matière de techniques du bâtiment ou d'économie de la construction. Pour la reconnaissance de chacune de ses compétences, elle doit fournir une des preuves suivantes, pour elle-même ou ses salariés chargés d'effectuer ce diagnostic :
– une expérience professionnelle de trois ans de technicien ou agent de maîtrise du bâtiment ou dans des fonctions d'un niveau professionnel équivalent ;
– un diplôme sanctionnant une formation du niveau de l'enseignement postsecondaire, ou un titre professionnel équivalent ou la validation d'une formation qualifiante ;
– toute preuve de la détention de connaissances équivalentes ;
– des preuves de compétences exigées par un État de l'Union Européenne pour une activité de diagnostic similaire.

D'autre part, la personne physique ou morale réalisant le diagnostic doit justifier de la souscription d'une **assurance** permettant de couvrir les conséquences pécuniaires d'un engagement de sa responsabilité en raison de ses missions et dont le montant de la garantie ne peut être inférieur à 300 000 € par sinistre et 500 000 € par année d'assurance.

Méthodologie

Le diagnostic devra fournir une estimation de la nature, de la quantité et de la localisation dans l'emprise de l'opération :
– des matériaux, produits de construction et équipements constitutifs des bâtiments ainsi que de leur fonction ;
– des déchets potentiellement générés par ces produits, matériaux et équipements avec l'indication de la classification du déchet conformément aux dispositions de l'article R. 541-7 du Code de l'environnement ;
– des déchets résiduels issus de l'usage et de l'occupation des bâtiments.

Afin de pouvoir mettre pleinement en œuvre des démarches d'économie circulaire, ce diagnostic, réalisé après un repérage sur site, fournira également :
– une estimation de l'état de conservation des produits, matériaux et équipements ;

– des indications sur les possibilités de réemploi sur le site de l'opération, sur un autre site ou par l'intermédiaire de filières de réemploi, notamment les filières locales ;
– l'estimation de la nature et de la quantité des produits, matériaux et équipements qui peuvent être réemployés, réutilisés, valorisés (matière ou énergie) ou éliminés ;
– à défaut de réemploi, les indications sur les filières de gestion et de valorisation des déchets, notamment les filières locales, en vue de se conformer à la hiérarchie de gestion des déchets ;
– des indications sur les précautions de dépose, de stockage sur chantier et de transport de ces produits, équipements, matériaux et déchets ainsi que sur les conditions techniques et économiques prévues pour permettre leur gestion selon les modèles préconisés. En cas de vices ou de désordres apparents du bâtiment, le diagnostic fournit des indications sur les précautions de démolition ou de rénovation.

Obligations du maître d'ouvrage

Le maître d'ouvrage d'une opération de démolition ou de rénovation significative de bâtiment est tenu de :
– réaliser un diagnostic PEMD ;
• préalablement au dépôt des demandes d'autorisation d'urbanisme si l'opération y est soumise ou, le cas échéant, à celui d'une demande d'autorisation de travaux ;
• préalablement à l'acceptation des devis ou à la passation des marchés relatifs à ces opérations ;
– le transmettre aux personnes physiques ou morales susceptibles de concevoir ou de réaliser ces travaux ;
– d'établir, à l'issue des travaux, un formulaire de récolement qui mentionne :
• la nature et les quantités des produits, des équipements et des matériaux réemployés ou destinés à l'être ;
• celles des déchets, effectivement réutilisés, recyclés, valorisés ou éliminés ;
• les entreprises ou les centres de collecte ou de valorisation dans lesquels ces produits, équipements, matériaux et déchets ont été déposés et fournit les éléments attestant ce dépôt ;
– de transmettre au Centre Scientifique et Technique du Bâtiment :
• le diagnostic PEMD préalablement à l'acceptation des devis ou à la passation des marchés relatifs aux travaux de démolition ou de rénovation significative ;
• le formulaire de récolement dans un délai de quatre-vingt-dix jours suivant l'achèvement des travaux.

Le Centre Scientifique et Technique du Bâtiment présente un rapport annuel au ministre chargé de la construction.

TEXTE OFFICIEL

Code de la santé publique
Art. R. 1334-14 à 29 (repérage)
Annexe 13-9 (liste des matériaux et produits à vérifier)

Code du travail
Art. R. 4412-121 (retrait)
Art. R. 4412-97

Code de la construction et de l'habitation
Art. L. 126-4 à L. 126.6
Art. L. 126-24 et L. 126-25
Art. L. 131-2 et L. 131-3,

Diagnostiquer avant démolition ou réhabilitation

Art. L. 183-18 pour les sanctions
Art. L. 192-3 pour les territoires en Outre-mer,
Art. L. 271-4
Art. R. 126-2 à R. 126-4
Art. R. 131-1 à R. 131-4
Art. R. 126-42 et D. 126-43
Art. R. 184-7 et R. 184-8 pour les sanctions
Art. R. 271-1 à R. 271-5

Décret n° 2021-822 du 25 juin 2021 relatif au diagnostic portant sur la gestion des produits, équipements, matériaux et des déchets issus de la démolition ou rénovation significative de bâtiments.

Arrêté du 21 décembre 2012 relatif au contenu de la fiche récapitulative du dossier technique amiante.

Arrêté du 26 mars 2023 relatif au diagnostic portant sur la gestion des produits, équipements, matériaux et déchets issus de la démolition ou de la rénovation significative de catégories de bâtiments et abrogeant l'arrêté du 19 décembre 2011 relatif au diagnostic portant sur la gestion des déchets issus de la démolition de catégories de bâtiments.

DOCUMENTATION

Ministère du travail, du plein emploi et de l'insertion, réglementation amiante, maj 6 janvier 2023

« La réglementation en matière de prévention des risques professionnels liés à l'amiante a été entièrement révisée depuis 2012. Le site du ministère du travail présente de manière actualisée l'ensemble des textes réglementaires ainsi que les questions-réponses, instructions et notes du directeur général du travail (DGT) venus les préciser. Sont également disponibles sur cette page « amiante » des documents d'appropriation et d'accompagnement ainsi que les informations relatives aux initiatives du ministère chargé du travail en matière de professionnalisation des acteurs de la filière amiante, aux études scientifiques en cours. » https://travail-emploi.gouv.fr/sante-au-travail/prevention-des-risques-pour-la-sante-au-travail/article/amiante

OPPBTP, Repérage de l'amiante avant certaines opérations réalisées dans les immeubles bâtis. Ressources juridiques

https://www.preventionbtp.fr/ressources/juridique/reglementation/reperage-de-l-amiante-avant-certaines-operations-realisees-dans-les-immeubles-batis_VKpUAvvdHyk7K2beDhZhEn

Prévention BTP, Boîte à outils amiante

https://www.preventionbtp.fr/ressources/boites-a-outils/amiante

OPPBTP, *Prévention du risque amiante – Rôle et responsabilités du maître d'ouvrage et du donneur d'ordre*

« L'objet de cet ouvrage est d'accompagner les maîtres d'ouvrage et les donneurs d'ordre dans la mise en œuvre des différentes dispositions réglementaires concernant l'amiante. La réglementation a fortement évolué ces dernières années ; elle renforce l'obligation de réduire l'exposition à l'amiante au niveau le plus bas possible, qu'il s'agisse d'exposition professionnelle des salariés, d'exposition passive de la population ou encore de pollution de l'environnement.

Au sommaire : contexte et risques, repérage des matériaux contenant de l'amiante, préparation des travaux, réalisation et suivi des travaux, gestion des déchets, cas des bâtiments sinistrés. »

Réseau DEMOLDIAG, Repérage amiante – Repérage des matériaux et produits contenant de l'amiante dans les immeubles bâtis – Mission et méthodologie

« Parce que la Norme NX 46-020 d'Août 2017 relative au diagnostic amiante est relativement complexe, nous avons souhaité en expliquer quelques notions. https://demoldiag.fr/norme-diagnostic-amiante-nf-x46-020-version-2017-mieux-comprendre-methodologie/

INRS, Risques liés à l'exposition au plomb

« L'exposition au plomb est soumise à une réglementation très stricte, qui protège les travailleurs et leurs familles. Les composés du plomb sont en effet classés au niveau européen comme toxiques pour la reproduction. Les mesures de prévention s'appuient sur les principes généraux de prévention et doivent respecter les dispositions particulières aux agents chimiques CMR. Leur objectif est de réduire l'exposition des travailleurs au niveau le plus bas techniquement possible. » https://www.inrs.fr/risques/plomb/ce-qu-il-faut-retenir.html

Diagnostiquer avant démolition ou réhabilitation

Ministère du travail, du plein-emploi et de l'insertion. Plomb – données générales

https://travail-emploi.gouv.fr/sante-au-travail/prevention-des-risques-pour-la-sante-au-travail/autres-dangers-et-risques/article/plomb

DEMOLDIAG, Diagnostic plomb avant travaux, est-ce obligatoire ?

« Dans le cadre de l'évaluation des risques à réaliser par les entreprises, à l'instar du repérage amiante avant travaux, un diagnostic plomb avant travaux doit être réalisé sur les immeubles bâtis, les ouvrages d'art, les installations industrielles, les matériels roulants ferroviaires, les navires… avant d'entreprendre des travaux. » https://demoldiag.fr/diagnostic-plomb-avant-travaux-est-ce-obligatoire/

Ministère de la transition écologique, ***Guide technique et réglementaire Prévention à l'interface sol-bâti***

https://www.ecologie.gouv.fr/sites/default/files/dgaln_guide_prevention_termite_janvier_2013.pdf

Observatoire national termites – Institut technologique FCBA

Établissement de recherche et de technologie dont la mission est de promouvoir le progrès technique dans l'ensemble des secteurs de la filière bois. https://termite.com.fr/

Site DEMOCLES

Vous y trouverez : Guide des bonnes pratiques, La grille d'inventaire du diagnostiqueur, des tutoriels vidéo, des fiches pratiques. https://democles.org/diagnostic-dechets/

CHAPITRE 2

Le réemploi au cœur de l'économie circulaire

Augmenter la durée de vie

FICHE **2.01**

« Le réemploi nous incite en effet à nous interroger sur la durabilité des performances des produits à l'aune d'un nouveau cycle : allongement des durées de vie, protocoles de mesure sur site et en laboratoire, prise en compte du climat futur… La démontabilité des composants des ouvrages draine également des sujets de réversibilité de bâtiments, de rénovation à moindre production de déchets et d'écoconception en vue d'un possible réemploi ou recyclage. »(1).

1 Quels enjeux ?

Tout produit manufacturé, équipement, infrastructure ou construction génère des impacts environnementaux à chaque étape de son cycle de vie, de l'extraction des matières premières pour sa fabrication à son élimination.

Le gros œuvre représente le plus fort contributeur en énergie grise d'un bâtiment. Le béton est prépondérant pour les indicateurs d'impact déchets, énergie renouvelable et changement climatique. Les éléments de superstructure, d'infrastructures et de fondations représentent 58 % de la production de GES en eq CO_2 pour l'ensemble du bâtiment.

L'allongement de la durée de vie est un des leviers permettant de réduire ceux-ci. C'est particulièrement évident pour les produits dont l'empreinte environnementale est concentrée sur la phase de fabrication.

Le cas du béton est exemplaire. Le processus de fabrication du ciment est très énergivore et fortement générateur de GES. L'extraction des ressources naturelles, l'utilisation d'eau douce, le transport pèsent également dans la balance des impacts. Or, pendant sa durée de vie (50 ans), un bâtiment capte 15 % du CO_2 émis par la fabrication du ciment ayant servi à le construire. Augmenter la durée de vie d'un bâtiment permet de lisser une partie de son empreinte, d'autant plus que la déconstruction ou démolition générera de nouveaux impacts énergétiques, de transport, de pollution, même si les matériaux sont recyclés.

(1) CSTB, *Le réemploi, fer de lance de l'économie circulaire,* 6 juillet 2023. http://www.cstb.fr/fr/actualites/detail/reemploi-fer-de-lance-de-economie-circulaire-contact-05-2023-07/

Augmenter la durée de vie

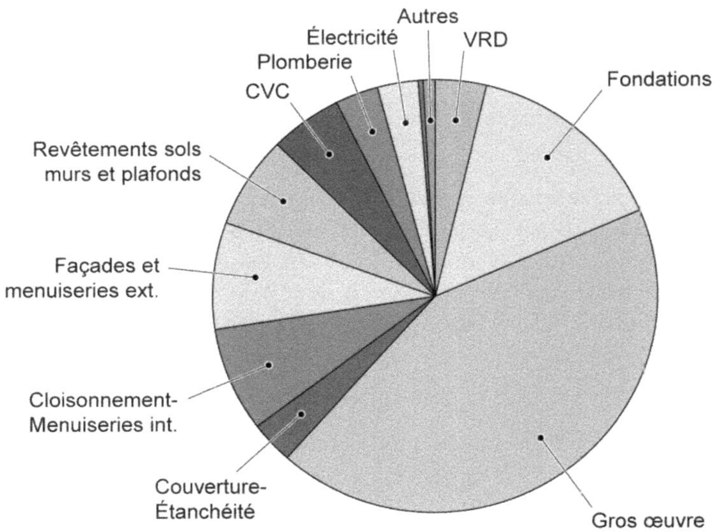

Fig. 2.01-1. Répartition des impacts sur 50 ans pour le changement climatique en k eq CO_2 et détail pour les produits et équipements

Source : *Construction, déconstruction, réemploi de la structure : le numérique au service de l'économie circulaire*. Conférence : Le Génie Civil au cœur des mutations technologiques et numériques, GC'2019. Ingrid Bertin Université Paris-Est, Jean-Marc Jaeger, Robert Le Roy École des Ponts ParisTech

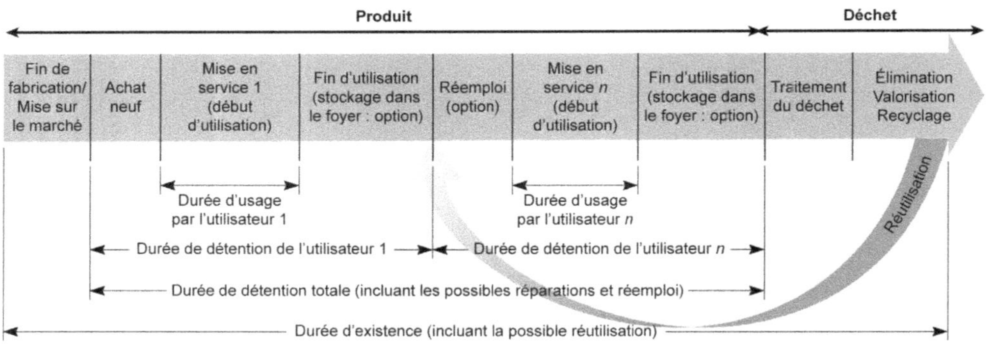

Fig. 2.01-2. Présentation et articulation des notions clés autour de la durée de vie des produits

Source : Ministère de la Transition écologique et de la Cohésion des territoires. Ministère de la Transition énergétique, *Durée de vie des produits,* https://www.ecologie.gouv.fr/duree-vie-des-produits

La durée de vie d'un bâtiment est davantage liée à sa fonction et au contexte normatif qu'à ses performances techniques dans le temps. Plus un bâtiment est ouvert à la polyvalence et à la souplesse de fonctionnement, mieux il pourra s'adapter à l'évolution des usages. La qualité de travail de conception réduira le risque de démolition prématuré, en favorisant le recyclage fonctionnel du bâtiment.

Repenser la conception d'un bâtiment

Repenser la conception des bâtiments afin d'allonger leur durée de vie et celle de leurs composants est au cœur de la construction durable. Dans l'étude publiée en juillet 2021 « Study on circular economy principles for buildings' design »(2), la Commission européenne précise le rôle crucial des équipes de conception pour plus de circularité dans le bâtiment.

L'évolution très rapide des modes d'usage des bâtiments, le contexte normatif et réglementaire en pleine mutation accélèrent l'obsolescence des constructions. « Dans le parc existant, 50 % des immeubles de bureaux ont plus de 30 ans et sont voués à être réhabilités ou transformés à court terme. De plus, on constate que les bâtiments mettent non plus 30 à 40 ans mais 10 ans à devenir obsolètes, en cause les mutations de la société et des modes de travail : coworking, home office etc. »(3).

On parlera de réversibilité, d'évolutivité, de modularité, d'hybridation, mais aussi de démontabilité, de transformation. Il y a des avantages à entrer dans cette démarche mais également des inconvénients pour lesquels il faudra construire des réponses appropriées, apporter des solutions :

Tab. 2.01-1. Présentation des avantages et inconvénients

Avantages	Inconvénients à prendre en compte
– Flexibilité d'utilisation – Évolutivité – Réduction des coûts sur l'ensemble du cycle de vie – Durabilité environnementale – Image de marque, attractivité – Conformité à l'évolution de la réglementation	– Contraintes structurelles et techniques – Coûts éventuels de rénovation – Limitations spatiales – Contraintes réglementaires (accessibilité, incendie, efficacité énergétique etc.) – Planification préalable, réflexion approfondie dès les premières phases du projet.

Réversibilité fonctionnelle

La réversibilité est la possibilité pour un bâtiment de changer aisément d'usage, lorsque c'est pertinent. Cette caractéristique du projet doit être intégrée dès sa conception pour pouvoir être mise en œuvre à moindre coût. Minimiser les modifications et transformations nécessaires, penser le potentiel de réorganisation des espaces, permettront d'anticiper sur un éventuel changement de destination (bureaux, logements plus ou moins spacieux, commerces, espaces communs, tiers-lieux, etc.)

La réversibilité fonctionnelle permet de réduire la production de déchets, de limiter les impacts environnementaux de la construction ainsi que réduire les coûts de changement d'usage en évitant les coûts de démolition.

(2) https://circulareconomy.europa.eu/platform/sites/default/files/ea0221571enn.en_3.pdf

(3) ARTELIA, Guide réversibilité Aide à la conception dans le cadre d'un projet réversible bureau – logement, https://www.arteliagroup.com/sites/default/files/2020-02/ARTELIA_Guide_reversibilite.pdf

Augmenter la durée de vie

Tous les types de constructions sont concernés, qu'ils soient à usage d'habitat collectif ou individuel, les bâtiments tertiaires, industriels ou des infrastructures comme les parkings ou hôpitaux. Ces démarches sont valorisées par des certifications environnementales, comme Bâtiment Durable, BREEAM, HQE Bâtiment Durable, BBCA.

La démarche de conception réversible doit être **portée par le maître d'ouvrage en amont** du projet, dans une approche collaborative afin de pouvoir anticiper au mieux sur le potentiel de la construction à court, moyen et long terme.

Réversibilité constructive, technique ou démontabilité

Ces approches ont pour objectif de faciliter le démontage d'un bâtiment et de ses constituants en limitant :
– la détérioration des parties démontées et des parties adjacentes ;
– le temps de démontage ;
– les coûts ;
– la production de déchets ultimes.

Les bâtiments pourront alors être démontés en composants qu'il sera possible de remettre à neuf, de reconfigurer, et de réutiliser. Pour les éléments dont le réemploi ou la réutilisation n'est pas possible, ils seront alors déconstruits pour être recyclés. Anticiper la fin de vie des éléments constitutifs d'un bâtiment dès sa conception présente de nombreux intérêts économiques et environnementaux.

Maintenance, entretien

Entretenir un bâtiment, qu'il soit privé ou public, individuel ou collectif, pour augmenter sa durée de vie et sa valeur dans la durée, semble frappé au coin du bon sens. Pourtant, on constate que cette démarche est rarement mise en œuvre et encore moins souvent planifiée.

L'optimisation du coût de construction n'est pas le seul élément à prendre en compte dans la performance économique d'un bâtiment. Il est nécessaire d'intégrer également les coûts de maintenance et d'exploitation de l'ouvrage dans sa vie future. Un plan de maintenance préventive est un bon outil de pérennisation des bâtiments. À titre d'exemple :
– programmer et effectuer des inspections régulières des équipements ;
– nettoyer régulièrement les bâtiments, les terrains et les biens ;
– lubrifier les pièces mobiles pour réduire l'usure ;
– amplifier les contrôles pour une performance et une efficacité énergétique optimales ;
– réparer et remplacer toute pièce d'équipement défectueuse ;
– remplacer les éléments d'isolation des huisseries et les régler de manière à optimiser leur efficacité énergétique dans la durée.

Intégrer dès la phase de conception la problématique de l'entretien et de la maintenance permettra autant que possible de simplifier les interventions futures, de faire le choix de matériaux adaptés et durables, à moindre coût tant économique qu'environnemental.

L'utilisation de bois dans la construction en est un excellent exemple, particulièrement en extérieur. Choisir l'essence de bois adaptée au projet et à la capacité d'engagement du propriétaire ou de l'usager, sur un entretien régulier est un enjeu fort. Trop nombreux sont les bâtiments, privés ou publics, pimpants et chaleureux lorsqu'ils sont neufs, dégradés par manque d'entretien au bout de quelques années.

DOCUMENTATION

Agence Qualité Construction AQC, Réversibilité des bâtiments : points sensibles, recommandations, bonnes pratiques

Deux guides réalisés avec le soutien du Ministère de la transition écologique : Points de vigilance et recommandations – Bonnes pratiques. https://qualiteconstruction.com/reversibilite-batiments-points-sensibles-recommandations-bonnes-pratiques-aqc-12-2021/

Bruxelles Environnement, Guide Bâtiment Durable, Dossier Construire réversible et circulaire – La réversibilité technique

Site documentaire en libre accès https://www.guidebatimentdurable.brussels/construire-reversible-circulaire/reversibilite-technique

FNB Fédération Nationale du Bois, Fiche Comprendre la durabilité du bois : naturelle ou conférée

https://preferezlesboisdefrance.fr/wp-content/uploads/2018/02/fiches-C3-LDDBNC_4-pages.pdf

5 guides de référence pour l'Économie Circulaire dans le bâtiment

Synthèse des travaux ou chaque guide issu des recherches consultable et téléchargeable « La Fondation Bâtiment Énergie » a soutenu des travaux de Recherche et Développement en faveur de l'Économie Circulaire dans le bâtiment sur 5 Enjeux majeurs :

+ Réemploi : Fiabiliser les performances résiduelles en vue d'un réemploi
+ Impacts environnementaux : Prendre en considération le contexte local et l'allongement du cycle de la matière
+ Conception pour la transformabilité et la réversibilité des bâtiments
+ Conception pour la démontabilité des bâtiments
+ Maîtrise et capitalisation des données dans des processus immobiliers

https://www.batylab.bzh/document/5-guides-de-reference-pour-leconomie-circulaire-dans-le-batiment

Cycle-Up, Comment concevoir la structure dans une démarche future de réemploi ?

Article listant diverses préconisations pour des modèles de structures éco-conçus : fondations, structures porteuses, planchers, constructions modulaires. En accès libre https://site.cycle-up.fr/comment-concevoir-la-structure-dans-une-demarche-future-de-reemploi/

FICHE **2.02**

Le réemploi au cœur de l'économie circulaire

Déconstruire pour réemployer

La prise de conscience générale des enjeux liés à l'environnement et la nécessité de se conformer aux évolutions réglementaires exercent une pression indéniable sur les entreprises de démolition qui doivent opérer une véritable transition. Les besoins de formation des personnels, d'investissement en termes de matériel et de techniques sont coûteux mais plus encore, le changement de pratiques demande l'engagement de tous.

On parle aujourd'hui plus généralement de déconstruction, de dépose sélective qui intègrent le tri à la source des matériaux, plutôt que de démolition, qui consiste à démolir une partie ou l'ensemble d'un ouvrage de façon plus globale.

À l'exception de bâtiments sinistrés, très dégradés, présentant des risques de sécurité, les ouvrages destinés à démolition ou rénovation lourde peuvent aujourd'hui être déconstruits de manière sélective.

1 Réussir la déconstruction d'un ouvrage

Les déchets de démolition représentent 22,5 M t/an, ceux issus des réhabilitations 17,5 Mt/an. Les enjeux d'une gestion vertueuse de ces chantiers n'échappent donc à personne.

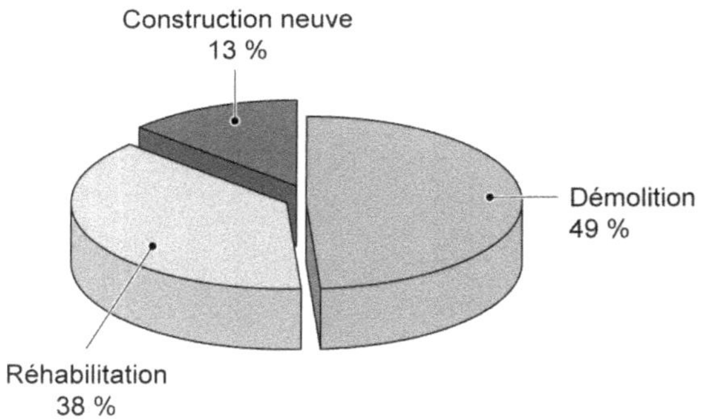

Fig. 2.02-1. Répartition des déchets en fonction du type d'opération
Source : Ministère de la Transition écologique et de la Cohésion des territoires, Déchets du bâtiment, 28 septembre 2020

L'intérêt des maîtres d'ouvrage pour la déconstruction plutôt que la démolition est croissant, mais pour être réussie, la démarche doit être anticipée et programmée au plus tôt dans le déroulement du projet.

Une démarche de déconstruction bien organisée permet de favoriser le réemploi des matériaux, produits ou équipements déconstruits, ainsi que le recyclage des déchets triés sur chantier avec des taux de valorisation qui peuvent être très élevés. Sur les chantiers les plus vertueux ils peuvent atteindre 80 à 95 %.

Les données économiques font également pencher en faveur d'une déconstruction soignée et d'un tri à la source bien conduit. Le CTB cite le président de Doyere Démolition :

« Dans le cas d'un immeuble en béton de trois à quatre étages, sur les 1 000 tonnes de déchets que représente l'ouvrage, 10 % sont des déchets ultimes de bois, de plâtre, d'isolation… et 90 % des déchets valorisables provenant de la structure. La réalisation d'un curage fin permet de sauver le gisement de béton lorsque celui-ci n'est pas souillé par du plâtre. Elle permet de séparer les 100 tonnes de déchets ultimes, dont la mise en décharge coûte de l'ordre de 100 €/tonne, et les 900 tonnes de déchets valorisables, qui une fois triés seront envoyés sur des plateformes de recyclage à raison de 1 €/tonne. La déconstruction s'élève ici à 10 000 €. Si l'on ne triait pas, il faudrait payer 100 € × 1 000 tonnes, soit 10 fois plus »[(4)].

Les programmes de démolition de HLM qui s'intensifient, les travaux divers initiés par les métropoles françaises, la rénovation des infrastructures routières, les programmes de réhabilitation de friches industrielles vont générer de grandes quantités de déchets de déconstruction à court et moyen termes. L'association Atelier Parisien d'Urbanisme, APUR, par exemple, a identifié 16 Mt de déchets de chantiers de démolitions à l'horizon 2030 dans les opérations d'aménagement de la métropole du grand Paris.

2 Les étapes incontournables de l'opération

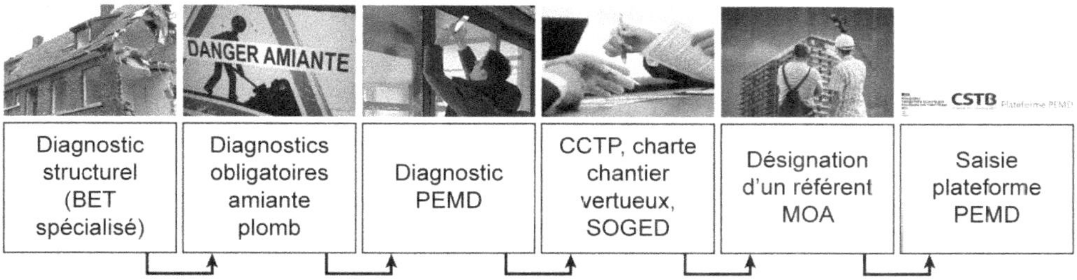

Fig. 2.02-2. Une maîtrise d'ouvrage engagée

Diagnostic structurel

Le maître d'ouvrage a souvent intérêt, dans le cadre d'une démolition-reconstruction ou d'une réhabilitation lourde pour changement de destination, à faire pratiquer un diagnostic de structure afin de pouvoir évaluer si des parties du bâtiment peuvent être conservées, ou doivent être renforcées.

Le meilleur des déchets étant celui qu'on ne produit pas, la conservation d'une partie de la structure n'aura pas à subir les opérations :
– de déconstruction ;
– de stockage sur chantier ;

(4) « Principes de déconstruction », *CTB – Les Cahiers Techniques du Bâtiment*. https://www.cahiers-techniques-batiment.fr/article/pierre-par-pierre-pas-a-pas.35871.

Déconstruire pour réemployer

– de transport des éléments à réemployer ou à recycler ;
– de traitement des déchets ;
– d'enfouissement d'éventuels déchets ultimes.

Outre la diminution d'impact environnemental, l'économie sur le chantier peut être substantielle. Selon le type de matériaux employés dans l'ancien bâtiment, et l'usage futur du nouveau, conserver la structure, ou certains de ses éléments peut représenter un argument d'image, d'engagement politique, ou même d'esthétique architecturale en préservant l'histoire de la construction.

Le diagnostic d'ouvrage est composé de trois degrés d'analyse :
– inspection visuelle : identification et repérage de témoins qui témoigneraient d'une pathologie ;
– essais non destructifs : contrôle de certaines propriétés et caractéristiques du béton sans compromettre son intégrité ;
– essais destructifs et complémentaires : destinés à la caractérisation physique (masse volumique, adsorption d'eau) et mécanique du matériau (résistance à la compression, à la traction, module d'élasticité...). Essais normés réalisés en laboratoire.

Diagnostics obligatoires amiante, plomb et PEMD

Cf. 1.05 Diagnostiquer avant rénovation ou réhabilitation.

Rédaction des documents de marché

À titre d'exemple, ci-dessous la clause « Dépose sélective des matériaux pour la valorisation », à appliquer à toutes les entreprises de travaux.

Cette clause a été proposée par l'ADEME. Elle figure sur le site collaboratif La Clause Verte :

« L'entreprise de travaux prendra l'ensemble des mesures nécessaires pour réaliser un tri à la source des différents types de déchets, en respectant les cahiers des charges des différentes filières de valorisation ou d'élimination qui apportent des précisions quant aux modalités de dépose, collecte séparée et transport de ces déchets à respecter. Plus particulièrement l'entreprise de travaux :
– déposera sélectivement les matériaux valorisables et notamment non dangereux (plâtre, métaux, bois, certains plastiques) et inertes (verre...) ;
– déposera sélectivement tous les matériaux et équipements contenant des substances dangereuses (équipements électriques et électroniques, bois traités...) et les conditionnera sans les mélanger avec les autres déchets ;
– remettra à un éco-organisme agréé les déchets relevant d'une filière à Responsabilité élargie du producteur (REP) tels les déchets d'équipements électriques et électroniques (DEEE) ou les déchets d'éléments d'ameublement (DEA) [ou un éco organisme agréé pour la filière REP PMCB] ;
– prendra toutes les mesures pour éviter les pollutions croisées avant que les déchets soient placés dans des contenants adaptés »[(5)].

(5) https://laclauseverte.fr/liste_des_clauses/depose-dechets/

Le maître d'ouvrage devra bien évidemment être vigilant lors de la sélection des entreprises. Il aura tout intérêt à désigner un référent qui assurera le suivi de la bonne exécution du chantier.

Le SOGED fourni par l'entreprise devra témoigner d'une capacité d'organisation du chantier, de sa bonne connaissance des prestataires de traitement des déchets ainsi que des circuits du potentiel de réemploi (cf. ci-après Le SOGED, SOSED).

Traçabilité

Le maître d'ouvrage d'un chantier concerné par l'obligation d'un diagnostic PEMD devra créer un compte sur la plateforme PEMD ouverte depuis le 1er juillet 2023 (cf. ci-après Plateformes et outils du chantier). Il devra y compléter le diagnostic PEMD et le récolement. Il pourra également y mettre en visibilité un gisement pour réemploi de produits, équipements, ou matériaux issus de son chantier, et manifester son intérêt pour les gisements identifiés sur la plateforme.

3 Méthodologie de déconstruction/dépose sélective

Les bâtiments anciens, et notamment ceux construits dans la seconde moitié du XXe siècle, arrivent aujourd'hui en fin de vie. N'ayant pas été conçus pour être réemployables ou recyclables, leurs matériaux, équipements et produits devront être démantelés avec soin pour que le taux de valorisation soit optimum.

Définitions

Le curage est la démolition partielle d'un bâtiment, c'est-à-dire le nettoyage des éléments non constructifs d'un édifice. Il consiste à retirer des structures spécifiques comme le béton détérioré ou contaminé avec de l'amiante par exemple.

Le curage ou démolition de second œuvre consiste à déshabiller totalement un local, afin de le livrer brut de béton pour être rénové ou réhabilité.

Une méthodologie précise

L'objectif étant de réduire au maximum les quantités de déchets ultimes pour atteindre un taux de valorisation optimal, le chantier devra être organisé avec précision.

Les éléments de base de cette méthodologie sont décrits dans la littérature technique et professionnelle, en voici les grandes lignes :

Déconstruire pour réemployer

Tab. 2.02-1. Méthodologie de déconstruction/dépose sélective

Préparation fine de l'organisation du chantier	– repérage des matériaux en lien avec le diagnostic PEMD ; – choix des méthodes et outils de dépose ; – organisation spatiale des lieux d'activité, des lieux de stockage des bennes, des lieux ; d'entreposage pour réemploi, des circulations etc. ; – organisation collective des compagnons ; – identification des prestataires de traitement de déchets ; – connaissance des circuits de potentiel de réemploi ; – sécurisation des interventions et des salariés
Phasage	– niveau par niveau ; – matériau par matériau ; – grand élément par grand élément ; – organisation de la logistique de tri par matériau et par niveau : – choix des contenants (bennes, big-bags, bennes compartimentées, tas etc.) adaptés aux matériaux déconstruits ; – plan d'implantation des contenants et de circulation sur le chantier ; – non-mélange des matières
Organisation de la logistique de tri par matériau et par niveau	– choix des contenants (bennes, big-bags, bennes compartimentées, tas etc.) adaptés aux matériaux déconstruits ; – plan d'implantation des contenants et de circulation sur le chantier ; – non-mélange des matières
Enlèvement des éléments/matériaux/ équipements au fur et à mesure pour dégager l'espace	– organisation de la rotation des bennes et autres contenants ; – propreté quotidienne du chantier
Dépose soignée pour préserver la ressource	– adaptation des moyens mis en œuvre en fonction des étapes, du type de matériau – dépose manuelle des éléments fragiles
Entreposage à l'abri des éléments destinés au réemploi, réutilisation *in situ*, revente etc.	– réutilisation *in situ* – revente, dons – communication – etc.
Assurer la traçabilité des éléments déconstruits	– contrat/convention de cession – bordereau d'enlèvement – attestation de reprise
Obtenir un retour du taux de réemploi/ valorisation	– analyse des éléments de traçabilité – bilan du réemploi et valorisation

DOCUMENTATION

CEREMA, Démolition des ponts et gestion de leurs déchets

Guide méthodologique https://www.cerema.fr/fr/centre-ressources/boutique/demolition-ponts-gestion-leurs-dechets

Une nouvelle base de données démolition au service des déchets du BTP, note n° 211, maj 2022

APUR Atelier Parisien d'Urbanisme « Grâce à l'exploitation de la Base de Données Démolition nouvellement créée, cette note a vocation à fournir des éléments quantitatifs et qualitatifs sur les surfaces qui seront démolies dans les chantiers du BTP à horizon 2030, ainsi qu'à documenter les volumes de déchets générés. Pour la première fois et en lien avec le CSTB et L'ADEME, l'Apur détaille ces matériaux en distinguant 8 catégories : béton et pierre, plâtre, bois, métaux, céramique, tuiles, fenêtres et isolants. ». Informations sur la base de données concernant les chantiers de la métropole du Grand Paris. https://www.apur.org/sites/default/files/12p211_bd_demolition_service_dechets_btp.pdf?token=mPCAJrDF

NORIA et compagnie. Formation Technicien valoriste des Ressources du Bâtiment 2019-2020, Tentative de guide méthodologique pour la réalisation d'un chantier de dépose sélective « Il s'agissait pour le groupe de stagiaires et d'encadrants de créer une méthodologie de dépose sélective, de l'expérimenter sur le terrain puis d'en faire la synthèse et d'y laisser une trace écrite à partager. » http://materiauxreemploi.com/wp-content/uploads/2020/05/fanzine-d%C3%A9pose-s%C3%A9lective-Noria-et-Cie-livret-A5_compressed.pdf

CTB Les Cahiers Techniques du Bâtiment, Principes de déconstruction

https://www.cahiers-techniques-batiment.fr/article/pierre-par-pierre-pas-a-pas.35871

OREE CSTB, Secteur du bâtiment : comment mieux valoriser et déconstruire ?

https://www.cstb.fr/assets/documents/secteur-du-batiment-comment-mieux-valoriser-et-deconstruire.pdf

Batiactu, « Démolition ou déconstruction : quelle méthode choisir ? » 3 juillet 2017

https://www.batiactu.com/edito/demolition-ou-deconstruction-quelle-methode-choisir-49707.php

AFNOR NF EN 12504-2, Essais pour béton dans les structures – Partie 2 : essais non destructifs – Détermination de l'indice de rebondissement, juillet 2021

CIRCOLAB. Méthodologie globale pour une démarche de réemploi, 3 juillet 2019

« Ce document décrit les différentes étapes pour la mise en place d'une démarche de réemploi des matériaux/équipements issus d'un chantier de Dépose/Déconstruction. » https://circolab.eu/publications

FICHE 2.03 Matériaux de réemploi et reconditionnés : de nombreux avantages

1 Définitions

Un produit, un équipement ou un matériau qui ne nécessite qu'un léger nettoyage, une simple révision conserve son statut de produit et n'est pas un déchet. Il pourra être réemployé en l'état, pour un usage similaire à son usage initial.

Exemple : des tuiles, des carrelages, nettoyés et réemployés sur site ou sur un autre chantier.

Un produit d'occasion qui n'est pas un déchet peut-être qualifié de reconditionné s'il satisfait aux conditions suivantes :

« 1° Le produit ou la pièce détachée a subi des tests portant sur toutes ses fonctionnalités afin d'établir qu'il répond aux obligations légales de sécurité et à l'usage auquel le consommateur peut légitimement s'attendre ;

2° S'il y avait lieu, le produit ou la pièce détachée a subi une ou plusieurs interventions afin de lui restituer ses fonctionnalités. Cette intervention inclut la suppression de toutes les données enregistrées ou conservées en lien avec un précédent usage ou un précédent utilisateur, avant que le produit ou la pièce ne change de propriétaire. »[(6)].

Exemple : des sanitaires issus d'un curage de bâtiment, stockés séparément et nettoyés, vérifiés, restaurés par un prestataire.

Lorsqu'un propriétaire d'un produit le destine à devenir un déchet, il peut subir un processus de « préparation en vue de la réutilisation », selon la définition du Code de l'environnement, qui le fera sortir du statut de déchet. Il acquerra alors un nouveau statut de produit pour un autre usage.

Exemple : des poutres de charpente en bois préparées pour être réutilisées pour un aménagement intérieur ou extérieur.

La frontière entre ces trois notions est le passage ou non par le statut de déchet et quelquefois ces trois termes sont utilisés indifféremment. Ces actions participent de la première phase de la hiérarchie de gestion des déchets, à savoir la réduction des déchets.

2 Acceptabilité du réemploi

Réemploi et réutilisation dans la construction sont des pratiques très anciennes. On retrouve ainsi de nombreux bâtiments ayant réemployé des pierres provenant d'une autre construction. Ces pratiques sont beaucoup moins courantes dans le contexte actuel de consommation à courte durée, d'obsolescence programmée, où l'on rejette ce qui est ancien ou d'occasion, en privilégiant la nouveauté.

(6) Décret n° 2022-190 du 17 février 2022 relatif aux conditions d'utilisation des termes « reconditionné » et « produit reconditionné ».

Matériaux de réemploi et reconditionnés : de nombreux avantages

Le réemploi n'est pas accepté aisément par les usagers. L'image véhiculée par les produits et matériaux issus du réemploi est souvent dégradée, en termes d'esthétique, de mode ou d'inquiétude sur leur qualité technique. Un maître d'ouvrage qui rénove un bâtiment aura, par exemple, des réticences à réemployer les sanitaires de sa construction, ou ceux issus d'un chantier de démolition proche, même s'ils sont en parfait état. Toutefois, les mentalités évoluent peu à peu.

De plus, pour une entreprise, il est souvent malaisé aujourd'hui de répondre à un appel d'offres intégrant une démarche de réemploi. Les écueils sont nombreux et difficiles à surmonter : disponibilité des matériaux inconnue, gisements non homogènes ou chiffrage difficile à estimer (cf. ci-après Logistique et modèle économique du réemploi).

Comme le pointe EKOPOLIS dans son dossier réemploi, les freins à la démarche de réemploi sont de natures diverses. La majorité de ces freins repose sur la résistance au changement de l'ensemble des acteurs et la crainte liée à la responsabilité dans un domaine encore mal connu. Ces freins peuvent être surmontés progressivement. Les retours d'expérience d'opérations remarquables peuvent peu à peu rassurer les acteurs, le développement de plateformes logistiques de mise en lien des vendeurs et acheteurs, l'engagement des filières ainsi que les évolutions réglementaires sont autant de ressorts porteurs de dynamique.

Tab. 2.03-1. Freins à la démarche de réemploi

Freins culturels	Freins réglementaires et normatifs	Freins juridiques et assuranciels	Freins économiques	Freins liés à la rédaction des marchés	Freins liés à la gestion de projet
Réemploi réservé à certains types de projets	Performances des matériaux de réemploi non-conformes à la réglementation	Impossibilité de céder un matériau issu du réemploi à un autre MOA ou entreprise	Déconstruction plus coûteuse que la démolition	Résistance des MOA à l'utilisation de produits de réemploi (interdiction par crainte des risques)	Difficulté à fédérer les acteurs
Le réemploi modifie la conception et le déroulé classique du projet ainsi que la répartition des coûts,	Perte de marquage CE ou NF, impossibilité de mise sur le marché	Matériaux complexes à assurer	Pose des matériaux de réemploi plus coûteuse que pose matériaux neufs	Argument de la libre concurrence qui ne permettrait pas d'imposer le recours au réemploi	Difficulté à organiser le stockage des matériaux
Niveau de connaissance insuffisant sur le réemploi					Crainte de nuisances supplémentaires pour les riverains

Matériaux de réemploi et reconditionnés : de nombreux avantages

3 Les produits neufs

N'oublions pas qu'une partie non négligeable de la réduction des déchets passe par l'évitement du gaspillage de matériaux neufs, jamais utilisés. Les produits initialement destinés à être jetés (fins de gamme, matériaux dépréciés, erreurs de commande, invendus, stocks dormants, fins de chantier) représentent un double intérêt pour les entreprises. La revente des surplus :
– évite un surcoût pour l'entreprise et son client (dépense inutile qui s'ajoute au coût de gestion du déchet) ;
– permet à l'acheteur de bénéficier de remises importantes sur les matériaux de réemploi et d'augmenter sa marge.

Certes, ce type d'échanges commerciaux ne peut convenir à tous les chantiers car souvent les quantités de matériaux sont faibles. Il faut également trouver des plateformes de vente qui peuvent mettre en relation vendeurs et clients potentiels dans un territoire de proximité.

C'est toute une filière qui doit être créée, organisée et développée. En effet, la question du maillage territoriale se pose bien évidemment, car les coûts liés au transport sont rédhibitoires. La plupart de ces plateformes ne sont, pour l'instant, opérationnelles que dans certaines régions et pratiquent essentiellement le click-and-collect. Il paraît évident qu'avec l'élargissement du recours au réemploi, ce type de commerce local est amené à se déployer à court et moyen termes (cf. ci-après Logistique et modèle économique du réemploi).

4 Les produits et équipements reconditionnés

Reconditionner un produit permet de garantir sa remise en condition d'utilisation. Diverses interventions spécifiques vont permettre de lui restituer ses fonctionnalités, les tests qui seront pratiqués constitueront une fiche technique produit qui établit ses performances en lien avec les fonctionnalités attendues. Ces éléments devront notamment être conformes aux obligations légales de sécurité.

Les filières de produits reconditionnés se mettent peu à peu en place, à l'image de l'entreprise Cycle-Up qui a inauguré très récemment son premier atelier de reconditionnement de matériaux issus de la déconstruction :

« Un matériau reconditionné permet de réutiliser des éléments, matériaux ou équipements déjà produits : pas besoin d'extraire de nouvelles matières premières, ni de produire ou de transporter (et parfois du bout du monde) des matériaux neufs. Le reconditionnement comme le réemploi permettent de **prolonger la vie d'un matériau et de lui éviter la benne**, pour ainsi contribuer à réduire la masse des déchets issus des chantiers.

Acheter reconditionné comme acheter d'occasion, c'est avoir une **utilisation plus raisonnée des ressources et surtout une démarche éco-responsable** en faveur d'une réduction des déchets et de l'impact carbone de son chantier. »[7].

---

(7) Cycle-Up, « Les avantages des matériaux reconditionnés » https://site.cycle-up.fr/notre-univers-du-reemploi/bonnes-pratiques/avantages-materiaux-reconditionne/

5 Cibler les familles de matériaux les plus propices au réemploi

Les actions en cours

Le CSTB, en s'appuyant sur l'expérience des acteurs du terrain, a dressé une liste de 29 familles de produits, basée sur la nomenclature de l'Assurance Construction. Cette note appelle à la mobilisation de tous les acteurs à s'inscrire dans une démarche commune. Elle affiche pour ambition d'accélérer la massification des pratiques de réemploi dans le secteur du bâtiment. L'étude, en accès et téléchargement libres, « constitue une base solide et un socle commun pour structurer les développements d'une offre sécurisée autour :

– de l'harmonisation des méthodes déjà existantes ;
– du développement de nouvelles méthodes si celles-ci n'existent pas encore ;
– de la reconnaissance partagée de ces méthodes, dans un dialogue impliquant à la fois les acteurs de la maîtrise des risques et les filières de reconditionnement ou de revente de PEM issus du réemploi ;
– de la mise en place d'un mécanisme de capitalisation de ces retours d'expérience afin de faire progressivement évoluer les modes de preuve avec l'évolution des connaissances. »[(8)].

Le projet Européen FCRBE (*Facilitating the Circulation of Reclaimed Building Elements in Northwestern Europe*), mené par le collectif belge Rotor, a rassemblé huit partenaires européens. Il a pour ambition d'augmenter la quantité de matériaux réemployés dans les projets de construction en Europe. Afin d'intensifier les activités liées au réemploi, favoriser le recours à l'économie circulaire dans la construction, ils ont élaboré :

– un annuaire en ligne répertoriant plus de 1 500 entreprises actives dans le réemploi ;
– un état de l'art exhaustif du secteur ;
– une étiquette « Truly reclaimed » permettant d'authentifier la provenance des éléments de réemploi ;
– un ensemble de méthodes en libre accès ;
– des retours d'expériences ;
– un rapport prospectif ;
– un catalogue en ligne et en libre accès de produits de construction de réemploi disponibles (36 fiches pratiques)[(9)].

Quelques exemples de réemploi de matériaux

« L'isolation polyuréthane est un produit extrêmement durable, elle est stable, elle ne pourrit pas et résiste bien à l'humidité. Dans la plupart des cas, les panneaux de polyuréthane sont fixés mécaniquement (toits en pente, toitures bac acier...), ce qui veut dire que les panneaux peuvent être facilement récupérés et séparés des autres matériaux de construction. Plus particulièrement les panneaux isolants et panneaux « sandwich » peuvent être réutilisés, généralement pour des applications moins exigeantes. Il a été démontré que des toitures isolées en polyuréthane peuvent être rénovées sans enlever l'ancienne couche

(8) CSTB, « Engager le réemploi, la liste des 29 familles propices » https://www.cstb.fr/assets/medias/2022/07/engager-le-reemploi-29-familles-propices/cstb-engager-le-reemploi-liste-des-29-familles-propices.pdf

(9) INTEREG North-West Europe, « FCRBE – Facilitating the circulation of reclaimed building elements in Northwestern Europe », https://vb.nweurope.eu/projects/project-search/fcrbe-facilitating-the-circulation-of-reclaimed-building-elements-in-northwestern-europe/#tab-3

Matériaux de réemploi et reconditionnés : de nombreux avantages

d'isolation polyuréthane, même si l'humidité arrivait à pénétrer le toit en raison de fuites. La performance thermique de la toiture peut alors d'avantage être améliorée par une couche d'isolation supplémentaire. On estime qu'entre 5 à 10 % de déchets polyuréthane sont réutilisés tant en récupération de déchet de construction que de démolition. »[(10)].

Réemploi d'ouvrages métalliques : « Des milliers de tonnes de pièces de charpentes et d'ouvrages métalliques de toutes sortes (escaliers, garde-corps, mains-courantes) partent chaque jour au recyclage une fois démontés. Cela représente un gisement potentiel énorme qui n'est pas utilisé pour la reconstruction et, de surcroît, une source considérable de consommation d'énergie utilisée lors du processus de refonte. Le réemploi est donc une solution évidente pour éviter tout cela. »[(11)].

« Des chercheuses et chercheurs de l'**EPFL** ont construit une passerelle piétonne à partir de murs d'un bâtiment en rénovation. Les blocs en béton armé ont été sciés un à un sur place puis réassemblés en un arc précontraint. Une première mondiale qui vise à réduire drastiquement l'impact environnemental de l'industrie de la construction en y appliquant les principes de l'économie circulaire. »

Fig. 2.03-1. Construire en béton… sans couler de béton[(12)]

6 Maîtriser les risques

De nouvelles chaînes de responsabilités

Les changements induits par le développement du réemploi dans la chaîne des responsabilités peuvent inquiéter constructeurs et maîtres d'ouvrage. Avec la mise en place de la plateforme PEMD et le développement de son utilisation, entre autres, les produits à réemployer pourront être vendus ou mis à disposition soit par les maîtres d'ouvrage, soit par des intermédiaires, selon les opérations de déconstruction ou réhabilitation.

(10) SNPU Syndicat National des Polyuréthanes, « Que deviennent les déchets du polyuréthane en fin de vie ? », https://snpu.fr/que-deviennent-les-dechets-du-polyurethane-en-fin-de-vie/

(11) SINFINIA plateforme atelier de General Metal Edition https://sinfina.fr/

(12) EPFL, « Située en Suisse, l'EPFL est l'une des institutions de science et de technologie les plus dynamiques et cosmopolites d'Europe. » https://actu.epfl.ch/news/construire-en-beton-sans-couler-de-beton/

Matériaux de réemploi et reconditionnés : de nombreux avantages

Chaque étape de la démarche réemploi peut créer de nouvelles responsabilités et notamment pour l'acteur qui propose ou vend les matériaux issus du réemploi. Les contours des responsabilités de ces nouveaux fournisseurs de matériaux, qui ne sont pas les traditionnels fabricants ou négociants, doivent être plus clairement définis. On peut imaginer que ces modifications puissent entraîner une réévaluation de la responsabilité civile et décennale de l'entreprise qui posera des matériaux ou produits de réemploi.

Selon M. Picard :

– « Le recours au réemploi de matériaux peut soulever des questions au titre de la responsabilité décennale des constructeurs, en cas de dommages après réception.

Les maîtres d'œuvre, entrepreneurs et contrôleurs techniques devront faire preuve d'une vigilance accrue dans l'exercice de leur devoir de conseil afin de prévenir les risques spécifiques qui y sont liés.

Il n'est pas exclu par ailleurs que l'implication du maître d'ouvrage dans le choix du réemploi soit prise en compte par les juges pour opérer un partage de responsabilités.

Les constructeurs et les maîtres d'ouvrage, soumis respectivement à l'obligation d'assurance décennale et dommages ouvrage, doivent être très attentifs à l'étendue des polices qu'ils souscrivent. »(13).

Le CSTB rappelle :

« (...) la responsabilité décennale d'un constructeur pourra être engagée si un élément constitutif de l'ouvrage entraîne une impropriété à destination ou une atteinte à la solidité de l'ouvrage, qu'il soit constitué de produits neufs ou issus de l'économie circulaire. »(14).

Quelques pistes suggérées par MARSH, société de courtage d'assurances(15) :

– le fabricant d'origine peut envisager le réemploi dans l'ACV de son produit, aux conditions qu'il prescrit : « Un engagement sur les capacités du produit demeure nécessaire pour confirmer que le produit réemployable dispose des performances attendues et que sa première vie en œuvre n'a pas altéré sa capacité à être réemployé aux conditions minimums réglementaires. » ;

– le fabricant d'origine peut proposer lui-même le réemploi de ses produits, en maîtrisant l'ensemble du process : entreprises formés pour la dépose, diagnostic et repose des produits : « Le fournisseur du produit réemployé (pas le fabricant d'origine) s'engage sous sa responsabilité sur les capacités du produit à être réemployé dans un usage identique. Cet acteur devrait alors justifier d'une certaine compétence et assurer cette activité de fournisseur/qualificateur du produit. » ;

– la conformité du produit et les conditions de sa réemployabilité peuvent être attestées par un organisme tiers (CSTB, laboratoire) ;

– des règles professionnelles par famille de produit peuvent être élaborées par les professionnels (référentiels techniques).

---

(13) Marie Picard, « Responsabilités : le réemploi de matériaux fait-il bouger les lignes ? », Le Moniteur – Décryptage, 27 mars 2020. https://www.lemoniteur.fr/article/le-reemploi-de-materiaux-fait-il-bouger-les-lignes.2082211

(14) CSTB, « Réemploi : comment maîtriser les risques et fiabiliser les pratiques ? », Solutions et Performances, n° 12 « Économie circulaire », mai 2023. https://www.cstb.fr/assets/documents/cstb-solutions-et-performances-12-economie-circulaire.pdf

(15) MARSH, « Assurabilité des pratiques de réemploi. Accompagner l'assurance des solutions vertueuses et innovantes », https://www.caue02.com/SPASSDATA/attachments/2020_12/10/76797-3-assurance-et-reemploi.pdf

Matériaux de réemploi et reconditionnés : de nombreux avantages

Référentiels techniques

Les produits issus de l'économie circulaire, doivent répondre aux mêmes exigences et caractéristiques techniques qu'un produit neuf, vis-à-vis des réglementations en vigueur (garantie décennale, entretien, réparabilité, sécurité, respect des règles de l'art, etc.).

Or, les bâtiments et les infrastructures destinés à déconstruction ont été construits il y a plusieurs décennies et il peut être difficile de connaître tous les composants d'un produit. D'autre part les conditions de vie en œuvre d'un produit (intempéries, accidents, détériorations physiques, pathologies éventuelles), les contraintes qu'il a subies, son vieillissement, ses déformations, sa dépose et son transport peuvent impacter ses performances techniques dans le cas du réemploi sur une nouvelle construction ou même créer de futurs désordres.

« La mise en place de référentiels techniques fixant les modalités de mesure par échantillonnage des performances réelles des produits est donc indispensable afin de les comparer aux exigences constructives. Ces modalités sont liées à la nature des produits et à leur capacité, ou non, de générer des sinistres d'ordre décennal, et donc à leur fonction (structurelle ou de second œuvre).

Il est primordial que les constructeurs se rapprochent de leurs assureurs le plus en amont possible des projets, afin de confirmer l'étendue de la couverture d'assurance et d'éviter tout sujet en cas de sinistre.

Un dernier point essentiel indispensable à la maîtrise de risques est la montée en compétences des acteurs par la formation et leur qualification à de nouveaux métiers. Ces acteurs doivent être assurés pour les missions qu'ils réalisent.

Le développement de guides homogènes et acceptés par l'ensemble des acteurs pour les différentes familles de produits propices au réemploi, une clarification du partage des responsabilités suivant les différentes configurations possibles et une reconnaissance des pratiques des différents acteurs de la chaîne sont autant de chantiers à faire avancer en priorité afin d'aller vers une massification sereine des pratiques. L'AQC et le CSTB sont mobilisés pour les faire avancer. »[(16)].

Le rôle grandissant des contrôleurs techniques

Les contrôleurs techniques sont concernés au premier chef par les problématiques techniques et réglementaires du réemploi.

L'absence de méthode et de règles communes encore reconnues pour valider des matériaux de construction de réemploi génère inévitablement de nombreux freins de la part de l'ensemble des acteurs de la filière. Les incertitudes sur la durabilité de matériaux de réemploi, leur conformité ou non au Code de la construction, les questions d'assurance n'ont pas encore trouvé toutes les réponses, malgré diverses réunions professionnelles organisées pour définir de nouvelles méthodologies.

Aujourd'hui la qualification d'un matériau de récupération en vue de son réemploi éventuel ne fait pas pleinement partie de la mission du contrôleur technique. Or, l'engagement de cette profession dans la réflexion sur les nouvelles implications de leur métier est essentiel pour permettre la massification d'une pratique constructive naissante. Il est possible de

(16) MARSH, « Assurabilité des pratiques de réemploi. Accompagner l'assurance des solutions vertueuses et innovantes », https://www.caue02.com/SPASSDATA/attachments/2020_12/10/76797-3-assurance-et-reemploi.pdf

procéder en amont à des analyses de risque, des essais, des tests, à la mise en place de procédures de contrôle suffisantes pour confirmer que le risque est maîtrisé.

Du fait de la grande diversité de produits, matériaux et équipements issus du réemploi, caractériser leurs performances et l'assurabilité des pratiques constructives s'avère complexe. Performances et conditions de vieillissement à prendre en compte sont spécifiques à chaque chantier. Le choix des professionnels est donc d'avancer par étape en se concentrant progressivement sur des familles de produits spécifiques. (cf. précédemment Les actions en cours). Certaines familles de matériaux sont bien évidemment plus faciles à certifier que d'autres, notamment les matériaux inertes (briques, carrelages) ou dalles de plafond.

En revanche, la certification de tout ce qui concerne la sécurité ou l'étanchéité du bâtiment est nettement plus délicate et engage fortement la responsabilité du contrôleur. La construction de prototypes peut éventuellement permettre de débloquer une situation.

L'enjeu de déploiement du réemploi à plus grande échelle rend indispensable l'harmonisation des pratiques d'évaluation afin de sortir d'une approche trop spécifique, chantier par chantier, au risque peut-être de ne pas pouvoir exploiter très largement cette ressource.

Gageons que les leviers qui rendent le réemploi performant seront pleinement maîtrisés à court ou moyen terme, afin de sécuriser toute la chaîne des acteurs engagés dans cette démarche : « Dans ce contexte, les contrôleurs techniques contribuent aux réflexions et actions engagées par les parties prenantes, échangent sur le positionnement de la profession, et adaptent leurs pratiques pour accompagner cette évolution vertueuse. »[17].

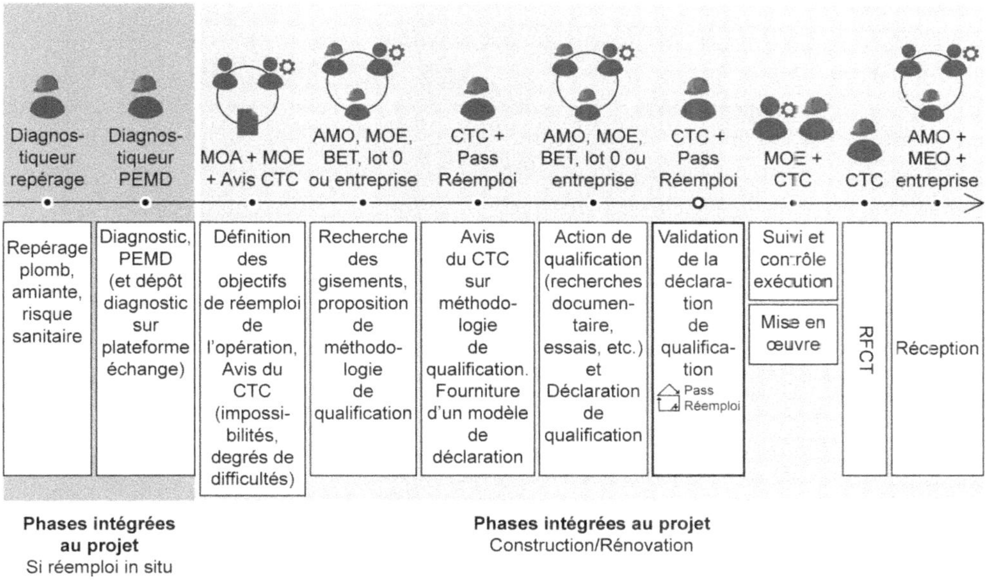

Fig. 2.03-2. Réemploi : la place des contrôleurs techniques
Source : https://www.alpes-controles.fr/wp-content/uploads/2021/04/Fiche-prestation-PASS-Reemploi_V2-1.pdf

(17) « La place des contrôleurs techniques dans la massification du réemploi », construction21.org https://www.construction21.org/france/articles/h/la-place-des-controleurs-techniques-dans-la-massification-du-reemploi.html

Matériaux de réemploi et reconditionnés : de nombreux avantages

Assurance et réemploi

La question de l'assurance de la construction utilisant des matériaux de réemploi n'est pas encore totalement stabilisée. Des groupes de réflexion sont constitués afin de sécuriser ces points importants pour les acteurs de l'acte de construire et leurs assureurs.

Citons la SMA BTP : « (...) le questionnement de l'assureur est le suivant : peut-on octroyer une assurance de responsabilité décennale à une entreprise qui met en œuvre des produits de réemploi, produits qui accusent déjà une certaine durée de vie parfois déjà bien supérieure à 10 ans ?

Confrontés à des garanties de longue durée, les assureurs sont particulièrement attentifs à la fiabilité et à la durabilité des matériaux et procédés utilisés lors des travaux. Pour l'estimation du risque décennal, les contrats d'assurance sont donc basés sur les critères techniques de la construction, divisés en deux grandes catégories : Technique courante (TC) et Technique non courante (TNC).

Le réemploi sera facilité si l'évaluation des produits de réemploi est optimale et relève donc de technique courante dans l'usage et le domaine d'emploi prévu pour les produits réemployés.

Un matériau de réemploi pourra être assuré en technique non courante après diagnostic et l'évaluation qui permet de fiabiliser le matériau en fonction d'un domaine d'emploi.

L'absence de référentiel technique à ce jour sur le réemploi des matériaux dans le BTP incite l'assureur à trouver des solutions pour accompagner ses assurés. Un travail est effectué actuellement par le CSTB avec l'élaboration de guides qui auront vocation à devenir des règles professionnelles relevant de la technique courante.

(...) En réalité, il ne s'agit pas d'assurer un produit même réemployé mais de déterminer, en fonction des schémas retenus, s'il y a des modifications des risques et les conséquences en matière de responsabilités. C'est pourquoi il faut solliciter son assureur quand on fait du réemploi. C'est un partenaire incontournable. »(18).

Pascal Dessuet, dans un article issu du *Moniteur*, apporte les précisions suivantes :

« Estimer que l'utilisation de matériaux réemployés ne serait pas couverte au titre de garanties obligatoires dans les polices d'assurance paraît inexact et n'est justifié par aucune démonstration relative aux textes.

D'une part, la sanction de l'erreur sur la déclaration de risque est la diminution de l'indemnité à proportion de la sous-estimation du taux de prime qui en est résulté, et pas la non-garantie, sauf si le fait est intentionnel.

D'autre part, rien ne permet d'affirmer péremptoirement que le respect des DTU suppose l'utilisation de produits qui ne sont pas issus du réemploi. Le doute sera seul permis pour le cas d'un élément réalisé avant même l'existence de la norme NF (issu d'un immeuble haussmannien, par exemple) ou bien dont la date de réalisation correspond à un millésime normatif qui n'est plus celui en vigueur à la date de début des travaux. »(19).

(18) SMA BTP, « Le réemploi des matériaux dans le BTP », 24 mars 2023 https://www.smabtp.fr/sma/assurance/infos-assurance/le-reemploi-des-materiaux-dans-le-btp

(19) P. Dessuet, « Assurances – Les matériaux issus du réemploi entrent-ils dans les techniques non courantes ? », *Le Moniteur*, 12 novembre 2021.

Matériaux de réemploi et reconditionnés : de nombreux avantages

Concernant les techniques non courantes, EKOPOLIS suggère qu'il faut : « soit les faire entrer dans la catégorie des techniques courantes grâce à des ATex (Appréciations techniques d'expérimentation), des ATec (Avis techniques) ou encore des DTA (Documents techniques d'application) ; soit les laisser dans les techniques non courantes, ce qui peut entraîner des surcoûts assuranciels.

Les appréciations techniques type ATex étant coûteuses et spécifiques à un chantier, de nombreux acteurs du réemploi recommandent que les solutions de réemploi soient maintenues dans le domaine des techniques non courantes le cas échéant, tout en convaincant les assurances de ne pas augmenter les frais d'assurance du projet, ce qui nécessite de les impliquer le plus en amont possible dans le projet. Pour cela, il est possible de s'appuyer sur :
– des retours d'expérience d'autres projets ayant prouvé la faisabilité de la démarche de réemploi,
– des référentiels standardisés en cours de réalisation par certains acteurs du réemploi ;
– un diagnostic ressources réalisé par un expert compétent et indépendant de la maîtrise d'ouvrage présentant de manière détaillée la méthodologie de dépose, traitement et nouvelle pose.

À noter qu'il existe également des entreprises qui proposent la remise en état de matériaux avec une garantie appropriée. »[20].

Les conventions de cession

La cession de matériaux issus du réemploi, entre maîtres d'ouvrage ou entreprises, formalisée par une convention répond à deux objectifs :
– traçabilité et fiabilité des matériaux ;
– transfert de responsabilité entre détenteur et récepteur

Si la cession s'effectue à titre gracieux (don), la responsabilité du donateur ne pourra être mise en question. En revanche, s'il s'agit d'une opération commerciale (vente), le vendeur devra rédiger un contrat avec l'acheteur, répondant aux obligations d'information et de garantie sur les matériaux qu'il vend. S'il est estimé que les précautions prises par le vendeur sont insuffisantes, sa responsabilité pourra être mise en question.

Le cabinet SKOV Avocats a rédigé divers articles et infographies sur ces sujets, en accès libre et téléchargeables. Préconisations et analyses à retrouver dans la documentation ci-dessous.

DOCUMENTATION

ADEME, *Identification des freins et des leviers au réemploi de produits et matériaux de construction*

Le rapport d'étude : « présente les principaux constats en termes de freins et leviers au réemploi en distinguant les deux secteurs : bâtiment d'une part et travaux publics d'autre part. Il fournit également 16 fiches de retour d'expériences, basées sur des opérations concrètes de réemploi. Des recommandations sont formulées au travers d'un plan d'actions afin de définir un encadrement spécifique des pratiques (en termes de requalification des produits de réemploi, de maîtrise des risques de sinistralité), nécessaire à l'instauration d'un niveau de confiance plus élevée des acteurs (maîtres d'ouvrage, maîtres d'œuvre, entreprises, assureurs, bureaux de contrôles) et permettant le développement progressif et sécurisé du réemploi. » https://librairie.ademe.fr/urbanisme-et-batiment/2404-identification-des-freins-et-des-leviers-au-reemploi-de-produits-et-materiaux-de-construction.html

(20) EKOPOLIS, « Le réemploi de matériaux de construction », https://www.ekopolis.fr/le-reemploi-de-materiaux-de-construction

Matériaux de réemploi et reconditionnés : de nombreux avantages

SKOV avocats, « Réemploi des matériaux, réutilisation, prévention… Bien maîtriser le statut de déchet »

Infographie – https://skovavocats.fr/wp-content/uploads/2022/12/Reemploi-des-materiaux-sur-chantier-Dec-2022-483x1024.png

SKOV Avocats, Me Élisabeth Gelot, « Matériaux de réemploi – une fois diagnostiqués, comment faire pour les céder ? », 28 septembre2021

Présentation pour les Mardis de DEMOCLES. De solides conseils, étape par étape. Une mine d'informations – https://skovavocats.fr/wp-content/uploads/2021/09/DEMOCLES-Cession-materiaux-reemploi-VF-10092021.pdf

Me Élisabeth Gelot, « Quelle responsabilité pour les donateurs en cas de réemploi des matériaux ? », contributeur materiauxreemploi.com, 18 février 2019

http://materiauxreemploi.com/responsabilite-donateurs-reemploi-materiaux-elisabeth-gelot/

Me Élisabeth Gelot, « Quelle responsabilité en cas de vente de matériaux de construction issus du réemploi ? », contributeur materiauxreemploi.com, 20 mars 2018

http://materiauxreemploi.com/responsabilite-vente-materiaux-construction-reemploi/

BELLASTOCK – CSTB – ADEME, « REPAR 2 : Le réemploi passerelle entre architecture et industrie », Projet de recherche.

Référentiels techniques et exemples concrets dont les process ont été validés – https://librairie.ademe.fr/urbanisme-et-batiment/1424-repar-2-le-reemploi-passerelle-entre-architecture-et-industrie.html

IFPEB, Tour d'horizon national des plateformes physiques de matériaux de réemploi pour les professionnels

Les études en cours, les plateformes opérationnelles. Cartes, implantation des plateformes, fiche par région – https://www.ifpeb.fr/wp-content/uploads/2022/03/20220321_a4mT-IFPEB_Recensement-plateformes-Logistique-reemploi.pdf

Syndicat Professionnel du Réemploi dans la construction (SPREC)

« Le SPREC a vocation à : – Promouvoir la filière du réemploi des matériaux dans le Bâtiment et les Travaux Publics ; – Représenter les acteurs professionnels dans le débat public. Soutenir le développement des pratiques et élaborer des standards de qualité. https://www.linkedin.com/company/syndicat-professionnel-du-r%C3%A9emploi-dans-la-construction-sprec/

CSTB, « Expérimenter la démolition du béton et son réemploi *in situ* »

https://www.cstb.fr/rapport-activite/2016/articles/echelle-materiaux/materiaux/developpement-reemploi-beton.php

Logistique et modèle économique du réemploi

FICHE **2.04**

1 Généralités

Comme le décrit Booster du réemploi, « L'écosystème des acteurs impliqués dans le réemploi est riche ».

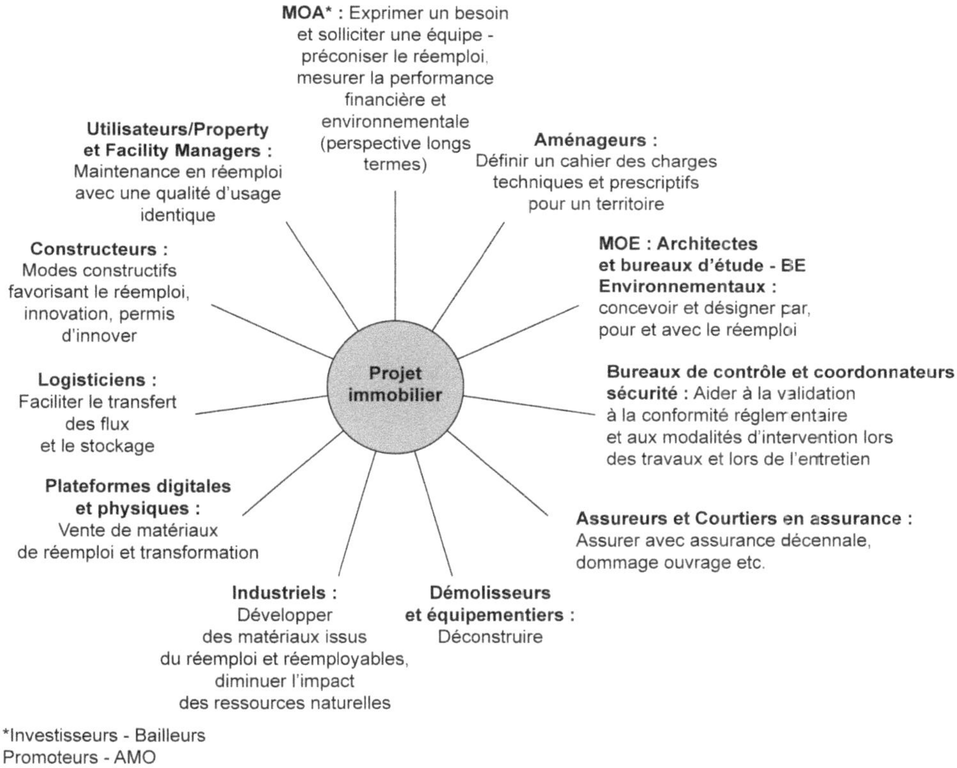

Fig. 2.04-1. L'écosystème des acteurs impliqués dans le réemploi. Booster du réemploi
Source : https://boosterdureemploi.immo/ecosysteme/

Richesse et mise en place d'une nouvelle approche engendrent une réelle complexité. L'approche, en fait n'est pas si nouvelle puisque le réemploi et la réutilisation des matériaux ont toujours existé. La nouveauté réside dans la nécessité de faire un pas de côté sur une démarche de consommation linéaire, si confortable, qu'elle s'est généralisée avec enthousiasme.

Le maître d'ouvrage qui souhaite engager une démarche de réemploi, doit en connaître les contours logistiques et économiques, afin de réaliser au mieux son projet, dans une relation gagnant-gagnant avec les entreprises. Dans les chantiers d'envergure, la prescription de quantités importantes de matériaux de réemploi doit s'appuyer sur une faisabilité concrète.

Logistique et modèle économique du réemploi

Des pourcentages de gisements éventuellement non homogènes peuvent être inscrits dans les documents d'appel d'offres, sur des critères de localisation dans le bâtiment (par étage, appartement, bloc sanitaire, zone etc.) sur des critères esthétiques (types de carrelage selon les espaces, etc.), ou de dimension des produits (portes intérieures, etc.).

Le MOA aura tout intérêt à s'appuyer sur des acteurs du réemploi expérimentés (cf. ci-après AMO réemploi). Ils pourront juger de la faisabilité des approvisionnements et par là-même de la réalisation du projet. L'expertise des entreprises de construction qui ont déjà acquis une bonne connaissance du marché, par leur participation à ce type d'opération, est un atout précieux.

L'éco-organisme Valobat a lancé, fin 2023, un AMI (appel à manifestation d'intérêt), intitulé *Plateformes physiques de stockage, réemploi et reconditionnement.* L'étude qui a précédé le plan d'action en faveur du réemploi construit par Valobat a permis de dégager les besoins des acteurs en matière de massification, contrôle, rationalisation des flux logistiques etc. (cf. ci-après VALOBAT).

Les plateformes actuelles présentent des modèles hétérogènes quant aux périmètres des matériaux repris et proposés à la vente, à leur statut juridique et leurs activités. L'étude analyse les freins et les leviers des initiatives nombreuses du terrain pour construire avec l'ensemble de l'écosystème, un plan d'action efficace.

Les objectifs généraux de ce plan d'action sont au nombre de trois :
- activer la demande ;
- structurer l'offre ;
- organiser la rencontre entre l'offre et la demande.

Valobat prévoit onze axes d'intervention :
- sensibiliser les acteurs ;
- animer la communauté du réemploi ;
- faciliter la mise à disposition des gisements ;
- former au réemploi ;
- engager les adhérents ;
- réaliser des études ;
- dépasser les contraintes techniques ;
- expérimenter le réemploi sur les chantiers ;
- soutenir les acteurs du réemploi ;
- développer les plateformes physiques de réemploi ;
- encourager la R&D autour du réemploi(21).

2 Les problématiques d'approvisionnement

« Dans le cadre d'un approvisionnement extérieur en matériaux de réemploi, la première difficulté réside dans l'engagement sur les quantités. En effet, les matériaux de réemploi sont des gisements temporaires et leur disponibilité est principalement éphémère : actuellement, le modèle d'approvisionnement fonctionne à 80 % en flux tendu entre un chantier de déconstruction et un chantier de construction. À l'inverse, 15 % des flux disponibles à date

(21) Plan d'action téléchargeable en PDF sur demande https://www.valobat.fr/en/telechargement-plan-actions-reemploi/

de recherche peuvent être tempérés par du stockage en entrepôt, et 5 % sont issus de filières de reconditionnement qui assurent une disponibilité à plus long terme. »[22].

D'une manière plus générale, pour un aménagement optimisé à l'échelle d'un territoire, il s'agit de mettre en regard les m^2 à construire avec les m^2 à démolir et à réhabiliter. L'estimation des matériaux disponibles, en quantité et qualité, en permettra la commercialisation locale et l'amorçage des synergies par filières.

Dans sa note 211, rédigée en mai 2022, « Une nouvelle base de données démolition au service des déchets du BTP »[23], APUR précise la méthodologie employée pour la création de la base de données « Démolition ». En s'appuyant sur les ratios établis par l'ADEME, l'outil permet de quantifier et de qualifier la production de produits de démolition sur la métropole du Grand Paris, à l'horizon 2024 et au-delà.

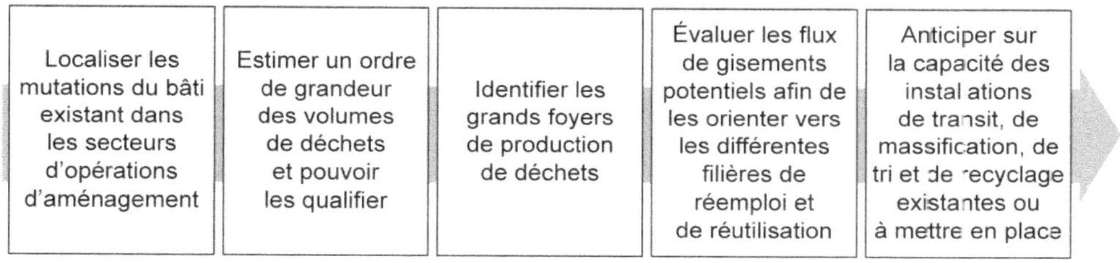

Fig. 2.04-2. Les points forts de la base de données « Démolition »

Les études en cours, l'utilisation systématique de la plateforme PEMD permettront ainsi peu à peu de structurer les filières commerciales du réemploi.

3 Logistique et modèle économique sont liés

« La seconde difficulté est d'ordre **logistique**. Afin d'éviter un stockage long et coûteux des matériaux, il est essentiel de coordonner les **plannings de démolition/construction** de chaque chantier et d'optimiser le système de transports. »[24].

Le maître d'ouvrage et ses conseils, ont un rôle à jouer pour accompagner les entreprises de construction à réaliser un **chiffrage des prestations de réemploi adapté** à la réalité du marché. Celui-ci constitue une étape clé de la réponse à l'appel d'offres. Cycle-Up[25] a bien analysé les divers enjeux du chiffrage selon trois modèles, en prenant en compte les coûts de main-d'œuvre, les coûts de transport, les coûts du stockage, de la préparation, le coût d'achat des produits et d'une éventuelle requalification. Il est prudent de prévoir également un budget aléas :

– modèle 1 : réemploi *in situ* ;
– modèle 2 : dépose sur un site A et remise en œuvre sur un site B ;
– modèle 3 : approvisionnement extérieur.

---

(22) https://site.cycle-up.fr/notre-univers-du-reemploi/bonnes-pratiques/repondre-appel-offre-reemploi/

(23) Atelier Parisien d'Urbanisme, https://www.apur.org/fr/nos-travaux/une-nouvelle-base-donnees-demolition-service-dechets-btp#

(24) Cycle-Up, https://site.cycle-up.fr/notre-univers-du-reemploi/bonnes-pratiques/repondre-appel-offre-reemploi/

(25) Cycle-Up, https://site.cycle-up.fr/notre-univers-du-reemploi/bonnes-pratiques/repondre-appel-offre-reemploi/

« Formidable catalyseur, la massification du réemploi va entraîner celle de l'économie circulaire, ce qui impactera progressivement l'ensemble de la chaîne de valeur. »[26].

4 Montée en compétences pour tous les acteurs

Le CAFOC (Centre Académique de Formation Continue) de Nantes, en collaboration avec la Fédération Eco-construire, ont réalisé en 2021 une étude qui permet de faire ressortir les compétences existantes à faire évoluer sur certains métiers du BTP et celles manquantes dans le secteur du réemploi des matériaux.

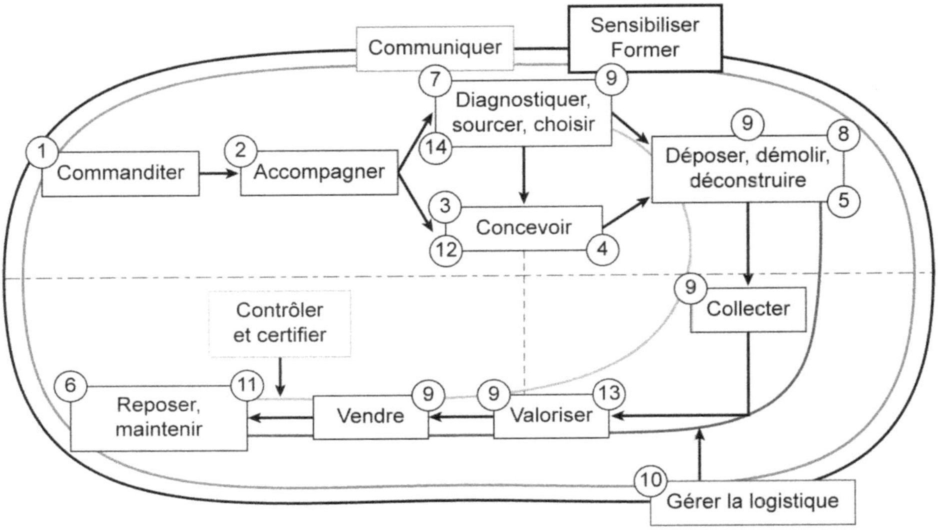

Métiers en évolution
- (1) MOA
- (2) AMO
- (3) Architecte
- (4) Économiste
- (5) Coordination dépose sélective
- (6) Artisan, entrepreneur

Certification à venir
- (7) Diagnostiqueur
- (8) Déconstructeur

Certification récente
- (9) Technicien valoriste

Compétences ressources
- (10) Métiers de la logistique

Métiers en devenir
- (11) Maintenance/mutualisation
- (12) Éco-designer/éco-concepteur
- (13) Remanufacturing/reconditionnement
- (14) Ressource Manager

Chaîne de valeur sur un chantier d'envergure

(26) CSTB, « Le réemploi, fer de lance de l'économie circulaire », 6 juillet 2023, http://www.cstb.fr/fr/actualites/detail/reemploi-fer-de-lance-de-economie-circulaire-contact-05-2023-07/

Logistique et modèle économique du réemploi

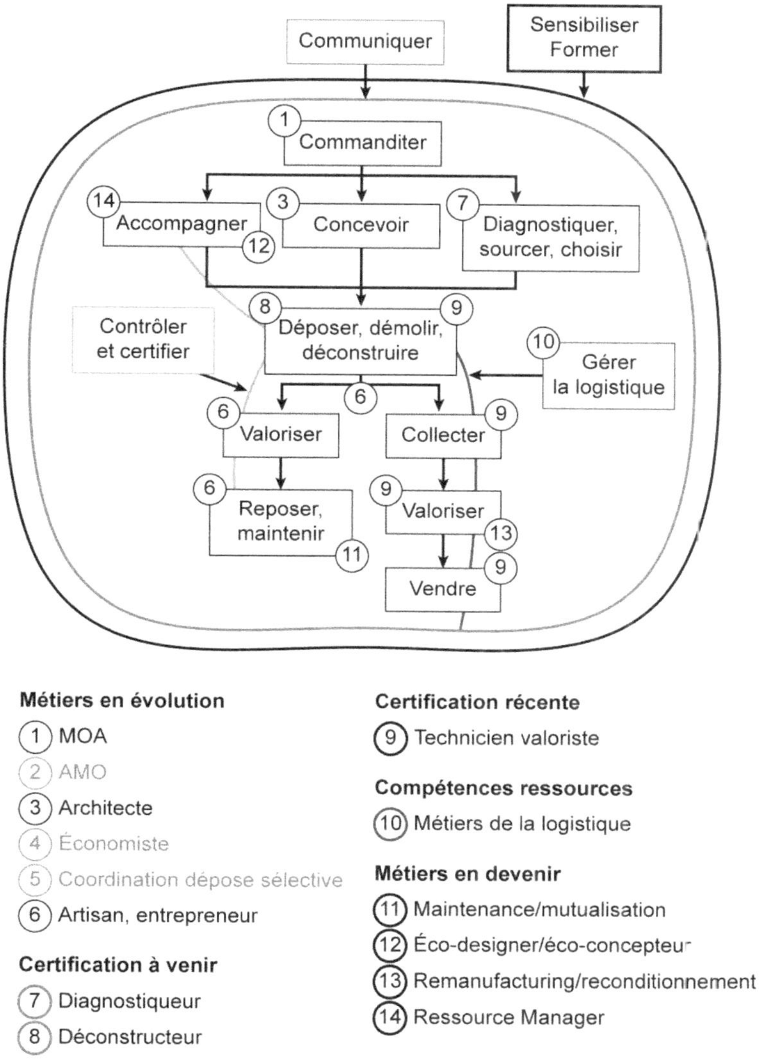

Chaîne de valeur sur un «petit» chantier

Fig. 2.04-3. Cartographie des métiers de la chaîne de valeur-réemploi des matériaux. Chantiers d'envergure, petits chantiers

Source : ADEME, Étude sur les besoins en compétences dans les filières de valorisation des déchets du bâtiment, avec un focus « Réemploi de matériaux », CAFOC Académie de Nantes Fédération Ecoconstruire, synthèse 2021. https://cafoc.ac-nantes.fr/wp-content/uploads/Rapport_REEMPLOI_CAFOC_ECOCONSTRUIRE_avec-FP.pdf

Logistique et modèle économique du réemploi

5 L'entreprise au bout de la chaîne

Outre les enjeux assuranciels (cf. précédemment Assurance et réemploi), les entreprises devront faire face aux enjeux ci-dessous, identifiés par la Fédération Française du Bâtiment dans un rapport d'étude REX[27] :

Tab. 2.04-1. À quels enjeux les entreprises sont-elles confrontées ?

Enjeux techniques : adaptation, innovation	Enjeux logistiques et organisationnels : anticipation	Enjeux ressources humaines : formation, motivation	Enjeux économiques : anticipation, équilibre
Mise en œuvre des produits de réemploi,	Estimer les quantités de matériaux disponibles potentiellement utilisables	Montée en compétences des équipes et des individus	Chiffrer l'approvisionnement des matériaux
Gestion de la non-homogénéité des lots	Travail plus long (anticiper et gérer).	Fédérer les équipes autour du projet	Chiffrer les surcoûts (équipement, outillage, formation, main-d'œuvre supplémentaire, etc.)
Difficultés engendrées par des levées de réserves.	Gestion de l'approvisionnement en matériaux	Préserver la qualité de la mise en œuvre.	
Aptitude des compagnons à de nouveaux gestes professionnels	Trouver le bon produit, dans les temps	Motiver les équipes à la recherche de solutions de mise en œuvre	
Trouver des solutions en fonction des matériaux, résolution de problèmes.	Éviter un surcoût de transport	Mise en place d'une équipe dédiée pour suivi et accompagnement	
Changement de certaines habitudes, pratiques professionnelles			
Outillage, matériel			

(27) FFB, Source Synthèse – Étude REx chantiers sur le réemploi dans le bâtiment – Programme Recherche et Développement Métier de la FFB, juin 2021. https://www.ffbatiment.fr/-/media/Project/FFB/FFB/Articles/Nationale-1005/PDF/fiches-chantiers-rex-reemploi.pdf

Logistique et modèle économique du réemploi

Quels produits ?

À condition que l'approvisionnement soit local, les produits comme les dalles de faux plancher, sanitaires, radiateurs fonte et les produits structurels permettant une forte réduction d'impacts environnementaux, sont propices au réemploi. N'oublions pas les structures d'éclairage, les revêtements de sol, les mobiliers et accessoires de bureau, ainsi que les nombreux produits ou matériaux peu ou pas visibles par les utilisateurs (chemins de câbles, blocs-portes, quincaillerie, interrupteurs, prises etc.) qui représentent un potentiel intéressant de réemploi.

En revanche, les produits pour lesquels des justifications de performances techniques sont nécessaires, concernant notamment les questions de sécurité, d'étanchéité et d'isolation (isolants, fenêtres, portes coupe-feu, tuiles) ont été identifiés comme problématiques. D'autres produits, dont la mise en œuvre a un impact sur d'autres lots, nécessitent une bonne coordination entre les entreprises et l'anticipation de réservations par exemple, en fonction des gisements disponibles.

Dans la plupart des cas, les entreprises se sont appuyées sur leur savoir-faire et leur expertise pour résoudre les problèmes posés et les aléas. Sélectionner des entreprises engagées et expertes est un incontournable pour la réussite du projet.

Le plus gros problème logistique et organisationnel réside dans l'identification et la gestion du gisement et de l'approvisionnement en temps utile. Très chronophage, donc coûteuse, la sécurisation d'un gisement conforme aux attentes est complexe et remplie d'embûches. Le travail d'anticipation doit être conduit en amont et bien évidemment, pendant toute la durée du chantier. La FFB recommande de privilégier les projets pour lesquels le gisement est identifiable et conseille de voir les produits avant de répondre à l'appel d'offres.

Organiser le chantier

Les entreprises doivent contractuellement préparer et organiser le chantier en fonction des impératifs définis par la maîtrise d'ouvrage dans les documents de marché. Outre les questions réglementaires de protection de la santé et de la sécurité des salariés, une bonne organisation logistique correctement anticipée, aura un impact économique positif indéniable.

Le réemploi de matériaux ne présente un intérêt environnemental et économique que si la chaîne d'approvisionnement est locale. Le poids du transport est extrêmement fort sur l'approvisionnement et l'organisation du chantier. Faire venir des matériaux de réemploi d'un lieu très éloigné présentera peut-être un intérêt d'image pour le chantier, mais on risque de tomber dans le *greenwashing*, sauf à prouver une nécessité particulière (produit exceptionnel pour un projet très spécifique).

Le plan d'installation du chantier engagé dans le réemploi devra définir une zone de stockage identifiée selon les critères ci-dessous :

- taille compatible avec le volume de matériaux nécessaires ;
- disponibilité avant le début du chantier ;
- emplacement limitant les déplacements de matériaux en fonction des besoins en approvisionnement ;
- intégration d'un espace atelier pour apporter les éventuelles modifications nécessaires ;

Logistique et modèle économique du réemploi

– proximité et accessibilité par rapport au chantier : limitation des déplacements des compagnons, transports ;
– évaluation des surcoûts engendrés par l'éventuelle location d'un espace tampon, le transport des matériaux, le temps de main-d'œuvre pour la manutention de ces produits.

Les entreprises de travaux ont de toute évidence l'habitude de gérer la temporalité des approvisionnements de matériaux en fonction de l'avancée du chantier pour un déroulement fluide et moins coûteux. Pour un chantier de réemploi, cette coordination temporelle, plus complexe, doit être fortement anticipée, sécurisée et suivie.

Où trouver des produits de réemploi

Tab. 2.04-2. Quelques plateformes d'achat/vente de matériaux de réemploi

Stock Pro	https://www.stock-pro.fr/
Cycle-Up	https://www.cycle-up.fr/home
Mineka	https://mineka.fr/
Backacia	https://www.backacia.com/
Breek	https://www.destockage-habitat.com/
Destockage-Habitat	https://breek.com/
Articonnex	https://articonnex.com/
Bâti Récup	https://batirecup.com/

Expertise et ressources humaines

Le temps nécessaire pour les opérations liées à la démarche réemploi est souvent sous-estimé et génère donc des surcoûts non anticipés, ce qui peut fortement impacter la marge de l'entreprise. La FFB pointe le lien entre cette sous-estimation, le besoin de montée en compétence des équipes et leur suivi/accompagnement sur toute l'amplitude du chantier(28). Il sera nécessaire de motiver les compagnons, de fédérer les équipes et surtout de les former à ces nouvelles pratiques.

Une démarche d'économie circulaire nécessite un accompagnement au changement des pratiques. Bien évaluer les besoins de ses équipes pour adapter le mode d'accompagnement/suivi/formation semble primordial. On s'attachera ensuite à motiver les acteurs, à renforcer le travail collaboratif, pour que chacun puisse s'engager à la recherche de solutions et comprendre le sens global de son action.

Désigner des référents, une équipe dédiée qui pourra également gérer les questions de gestion des déchets, chantier propre ou vert, réduction du gaspillage et des nuisances est également propice à la bonne exécution du chantier.

(28) FFB, Synthèse – Étude REx chantiers sur le réemploi dans le bâtiment – Programme Recherche et Développement Métier de la FFB, juin 2021.

Les formations réemploi clés-en-mains pour les entreprises ne sont pas aujourd'hui très nombreuses mais elles sont sûrement amenées à se développer, au fur et à mesure des besoins (cf. ci-après S'informer, se former).

L'enjeu, pour l'entreprise sera de trouver le moyen de valoriser son expertise dans le domaine, tout en conservant un chiffrage économiquement viable et restant correctement situé dans le domaine concurrentiel. On peut imaginer que peu à peu l'intégralité des maîtrises d'ouvrage publiques intégreront dans leurs critères de sélection un taux élevé de critères liés à la compétence, faisant passer ainsi l'ensemble de l'achat public du moins-disant au mieux-disant. Les dernières évolutions législatives et réglementaires vont dans ce sens.

Chiffrage, quelques précautions

L'entreprise devra être particulièrement vigilante à chiffrer l'ensemble des coûts, y compris les coûts cachés, afin de préserver sa marge. La FFB suggère de proposer plusieurs chiffrages, dans la mesure du possible :
– « Un chiffrage dans le cas où le gisement est ou sera identifié par l'équipe projet et où les produits de réemploi seront fournis à l'entreprise. Ce chiffrage pourra intégrer différents coûts en fonction des tâches et travaux qui incombent à l'entreprise. Il comprend la pose mais également potentiellement de nombreux autres frais liés au reconditionnement des produits, à leur transport et stockage.
– Un chiffrage d'approvisionnement, lorsqu'il existe, *via* un fournisseur « industriel » de matériaux de réemploi (exemple de Mobius, Radiastyl, etc.). Le chiffrage intégrera alors la fourniture et la pose du produit.
– Un chiffrage « plan B » avec fourniture de matériau neuf. Le chiffrage intégrera alors la fourniture et la pose du produit. »(29).

L'étude réalisée par la FFB constitue une base de travail très sécurisante pour les entreprises qui répondront aux appels d'offre de projets de réemploi. À consulter impérativement !

DOCUMENTATION

FFB, Retours d'expérience chantiers sur le réemploi dans le bâtiment – Fiches chantier, juin 2021

Étude de 8 chantiers ayant expérimenté la mise en œuvre de matériaux, produits ou équipements de réemploi sur les aspects suivants : approche économique technique, assurantielle, environnementale juridique, normative.

https://www.ffbatiment.fr/-/media/Project/FFB/FFB/Articles/Nationale-1005/PDF/etude-rex-reemploi-synthese.pdf

MATERIAUXREEMPLOI.COM

Carte interactive permettant d'identifier localement les acteurs du réemploi en 5 catégories : concepteurs, constructeurs, vendeurs, formations, autres. La *Carte des acteurs du réemploi* est développée par Cynthia Schützer, Morgan Moinet (REMIX – materiauxreemploi.com), Frantz Daniaud (L'Écrouvis) et Hannah Höfte.

Chaque fiche comprend :
– le nom et les coordonnées de l'entreprise ;
– son activité ;
– sa description.

Il est possible de proposer des modifications et d'ajouter de nouveaux acteurs, d'effectuer une recherche ciblée par type d'activité p ex : démontage sélectif, ou plateforme collaborative ou encore certification etc. En accès libre https://carte-des-acteurs-du-reemploi.gogocarto.fr/

(29) FFB, Synthèse – Étude REx chantiers sur le réemploi dans le bâtiment – Programme Recherche et Développement Métier de la FFB, juin 2021.

Logistique et modèle économique du réemploi

Opalis

Il s'agit d'un annuaire de fournisseurs professionnels de matériaux de réemploi établis en France, en Belgique et aux Pays-Bas. Le site propose également des informations détaillées sur des matériaux et produits de réemploi couramment disponibles. Il présente en outre une sélection de projets inspirants ainsi que de la documentation susceptible d'aider les particuliers et les professionnels à récupérer et réemployer des matériaux dans des projets de rénovation et de construction. https://opalis.eu/fr

Circolab

Communauté d'acteurs de l'immobilier au service de l'économie circulaire, Méthodologie globale pour une démarche de réemploi. Guide méthodologique – https://www.circolab.eu/publications/?id=5eb926b316de200004be925b

CHAPITRE 3

Mieux connaître les déchets de chantier et leurs filières de traitement

Déchets de chantier, un monde complexe

FICHE **3.01**

Tout au long de cet ouvrage nous utilisons l'appellation déchets de chantier, de préférence à déchets du BTP. En effet, un chantier implique toute une chaîne d'acteurs avec différents niveaux de responsabilité vis-à-vis des déchets. Les déchets produits par tous ces acteurs ne relèvent pas uniquement de la responsabilité des entreprises de BTP.

Outre que le ciblage « BTP » peut susciter une image très négative pour la profession lorsqu'il s'agit de dépôts sauvages ou décharges illégales, l'appellation uniquement centrée sur le BTP occulte toute la chaîne de responsabilités et la cohérence des actions menées par tous pour réduire, réemployer, valoriser, protéger l'environnement.

1 La classification des déchets

L'article R. 541-8 du Code de l'environnement définit les contours des classes de déchets.

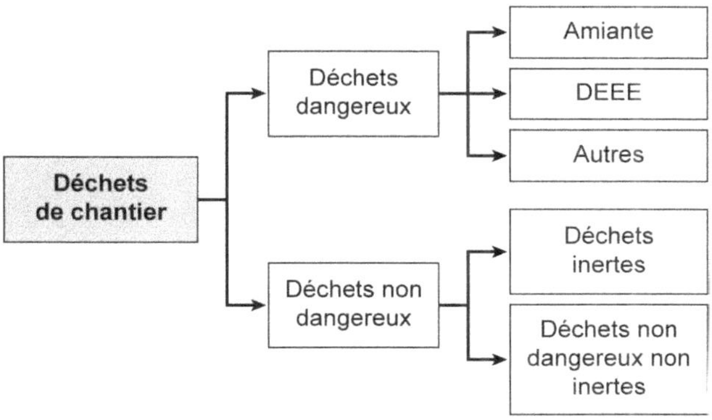

Fig. 3.01-1. Typologie des déchets de chantier

« Déchet dangereux : tout déchet qui présente une ou plusieurs des propriétés de dangers énumérées à l'annexe III de la directive 2008/98/CE du Parlement européen et du Conseil du 19 novembre 2008 relative aux déchets et abrogeant certaines directives. Ils sont signalés par un astérisque dans la liste des déchets mentionnée à l'article R. 541-7.

Déchet non dangereux : tout déchet qui ne présente aucune des propriétés qui rendent un déchet dangereux.

Déchet inerte : tout déchet qui ne subit aucune modification physique, chimique ou biologique importante, qui ne se décompose pas, ne brûle pas, ne produit aucune réaction physique

Déchets de chantier, un monde complexe

ou chimique, n'est pas biodégradable et ne détériore pas les matières avec lesquelles il entre en contact d'une manière susceptible d'entraîner des atteintes à l'environnement ou à la santé humaine. »[(1)].

Dangers physiques				
 Explosif	 Inflammable	 Comburant	 Corrosif pour les métaux	 Gaz comprimé, liquéfié, dissout
Dangers pour la santé				**Dangers pour l'environnement**
Dangers aigus élevés		***Danger chronique ou aigu moyen***	***Danger chronique élevé***	
 Toxique	 Corrosif pour la peau, les yeux	 Irritant sensibilisant	 i) CMR, ii) STOT danger par aspiration	 Milieu aquatique

Et pour les produits les plus anciens :

 =  ou 

Fig. 3.01-2. Identifier les produits dangereux : pictogrammes réglementaires

Les opérations de construction génèrent une très grande diversité de déchets de matériaux simples ou composites, d'équipements et de produits. Tri et gestion très complexes, traitement coûteux en énergie et en transport, filières et techniques de traitement peu développées ou inexistantes pour certains items, les déchets de chantier coûtent cher et l'on perd ainsi un précieux potentiel de matière première secondaire.

(1) Code de l'environnement, art. R. 541-8.

2 Bien trier pour bien valoriser

C'est la première phase, essentielle du processus de réduction des déchets puis de valorisation de ces derniers.

Lorsque le tri est effectué à la source, sur chantier, le taux de valorisation sera plus élevé. On isolera d'abord ce qui est destiné au réemploi (déconstruction sélective, excédents de matériaux divers), puis on s'attachera à trier les matériaux dans des contenants séparés, en fonction du phasage du chantier, de l'espace disponible et de l'organisation des rotations de collecte.

Les matériaux collectés en mélange, sans être souillés, pourront être triés par le prestataire de gestion de déchets selon les méthodes de tri ci-dessous :

Tab. 3.01-1. Méthodes de tri

Tri mécanique	Pré-tri réalisé par un opérateur à l'aide de machines (pelle, grappin) sur les déchets de grande taille qui seront ensuite déchiquetés ou broyés et criblés.
Tri aéraulique	Utilisation d'un puissant jet d'air qui permet de séparer les éléments plus légers des éléments plus lourds. Vitesse de retombée et distance parcourue grâce à la propulsion sont proportionnelles à la masse des différents matériaux. Ils sont collectés dans des bacs séparés selon leur point de retombée.
Tri hydraulique	Utilisation d'une phase aqueuse pour mettre en jeu la densité et la viscosité des déchets dans le fluide. Il permet notamment de produire des granulats de qualité à partir d'une terre polluée.
Tri par séparation balistique	Les cribles ou séparateurs balistiques permettent de trier tous types de déchets. basée sur le mouvement de projectiles. Les objets sont lancés et acquièrent ainsi une trajectoire qui leur est propre*.
Tri optique	Le séparateur par tri optique fonctionne comme un scanner qui permet de regrouper les déchets par grandes familles et d'épurer les flux, permet d'augmenter la capacité de tri des plateformes de traitement.
Tri magnétique	Utilisation d'un overband (aimant permanent) qui permet d'extraire les parties métalliques ferreuses d'un flux de déchets. Cette méthode est utilisée entre autres pour le déferraillage des déchets de construction.
Tri par courant de Foucault	Le séparateur à courant de Foucault permet en de séparer magnétiquement des éléments métalliques non ferromagnétiques (aluminium etc.).
Tri manuel	Séparation par des agents trieurs, valoristes (chaîne de tri) – outillage simple, repérage visuel.

* Une vidéo du fonctionnement du séparateur balistique https://youtu.be/UtXot5UcCGs

3 Les techniques de valorisation des déchets

Principes de la valorisation des déchets

On définit la valorisation matière par l'utilisation de déchets en substitution à d'autres matières ou substances, à l'exclusion de l'utilisation des déchets comme combustibles.

On distingue trois opérations principales de valorisation matière :
– le recyclage : procédé de retraitement des déchets et produits en fin de vie qui permet de réintroduire certains de leurs matériaux dans la fabrication de nouveaux produits ;
– la valorisation organique : procédé permettant de valoriser les déchets organiques par un retour au sol de la matière organique (compostage, méthanisation) ;
– le remblaiement de carrières : utilisation de matériaux inertes triés (déblais de terrassement, matériaux de démolition…).

La valorisation énergétique est l'opération qui permet, à partir de la combustion de déchets préparés pour cet usage, de produire chaleur et/ou électricité.

Matières premières primaires et secondaires

La production de matières premières repose sur trois sources :

Tab. 3.01-2. Sources de matières premières

Matières premières primaires	Matières premières secondaires	
Les ressources naturelles, extraites du sol ou du sous-sol	Les résidus issus de processus de fabrication	Les produits en fin de vie recyclés

Les tensions géopolitiques sur l'approvisionnement de certaines matières premières critiques, l'augmentation exponentielle des besoins de nos industries, l'accessibilité de matériaux non renouvelables de plus en plus coûteuse et contrainte nous obligent à diversifier nos sources d'approvisionnement.

L'expression la « mine urbaine » qui fait son apparition vers les années 2000, fait écho à l'adage « les déchets sont nos ressources ». Pour que ce nouveau type de mine puisse rendre les services attendus, il convient de prendre en compte ses caractéristiques :
– dissémination sur l'ensemble du territoire qui nécessite de mettre en place un réseau de collecte ;
– composition physico-chimique en matières ou substances qui demande de trouver des solutions techniques pour des déchets post consommation qui contiennent des composites ;
– nature évolutive en quantité ou qualité des gisements qui requiert une capacité d'adaptation des techniques et des équipements.

Le recyclage mécanique

Le recyclage mécanique est le procédé traditionnel qui permet de broyer la matière usagée afin de créer de nouveaux produits. C'est le cas pour la plupart des matières (plastiques, gravats, bois, carton, verre, métaux etc.). La structure et la nature du matériau ne sont pas modifiées, mais il ne s'agit pas d'une solution complète.

Prenons l'exemple du PVC. Les tuyaux usagés, les montants de fenêtres, après avoir été collectés et triés, sont broyés sous forme de paillettes, de granulés ou de poudre micronisée. Cette matière première secondaire sera réintroduite partiellement en complément de matière vierge dans la chaîne de production, éventuellement avec des additifs destinés à garantir les qualités du produit.

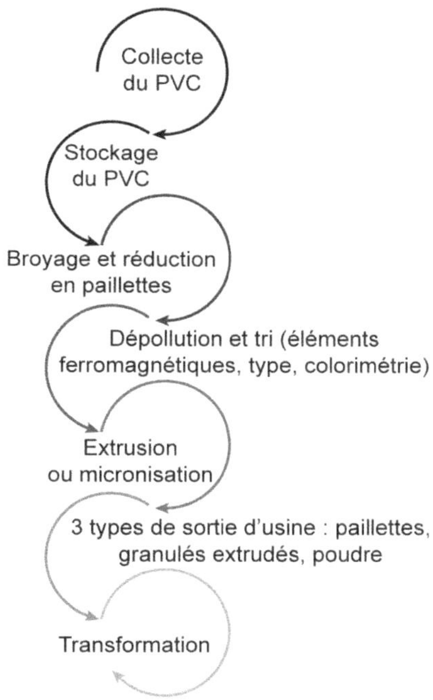

Fig. 3.01-3. Le cycle PAPREC du recyclage du PVC

Source : Le cycle du recyclage du PVC (vidéo) https://www.paprec.com/fr/comprendre-le-recyclage/tout-savoir-sur-les-matieres-recyclables/plastiques/le-recyclage-du-pvc/

Il est difficile, voire impossible selon les matières, de fabriquer de nouveaux produits ayant les mêmes qualités physiques que les produits fabriqués à partir de vierge. Chaque fois que le plastique est recyclé mécaniquement, il se dégrade et perd certaines de ses qualités, ce qui limite le nombre de fois où il peut être recyclé de cette façon. C'est aussi vrai pour d'autres matières comme le carton, qui peut se recycler jusqu'à huit fois avant que la fibre de cellulose soit trop dégradée. C'est ce qu'on appelle le downcycling.

Déchets de chantier, un monde complexe

Gypse et plâtre, comme le verre sont en principe recyclables à l'infini. Les cloisons de plâtre sont maintenant prises en charge dans une filière de recyclage, comme les laines de verre. Or, ces deux matériaux de construction sont revêtus d'une feuille de papier qu'il va falloir éliminer. Il en restera toujours une petite partie qui va dégrader la qualité de la matière primaire secondaire obtenue.

En théorie, le verre peut être fondu dans un four une infinité de fois sans que ses performances soient altérées, mais si l'on veut à chaque cycle de recyclage préserver ses qualités physiques et notamment la transparence, il faut à tout prix éviter la contamination par d'autres types de verres, comme les verres colorés, les verres au bore (isolants), les verres au plomb (cristal).

Pour corriger cette perte de qualité, les industriels doivent modifier la composition de leur produit en ajoutant des additifs ou une forte proportion de matériau vierge. Les entreprises n'ont pas toujours l'équipement et le savoir-faire pour modifier leurs process de production. Une démarche de transition demande toujours un investissement, une prise de risque et l'acceptation du changement. Si l'intérêt économique n'est pas tangible pour les chefs d'entreprise, on comprend aisément pourquoi nous peinons à atteindre nos objectifs de valorisation matière.

Les métaux, en revanche, bénéficient d'une particularité : ils sont recyclables à l'infini. En effet, leur nature intrinsèque les prédispose à un usage répété, évitant ainsi les impacts environnementaux et la dépense énergétique liés à l'extraction minière. De plus, les déchets métalliques ont une vraie valeur marchande et nul sur un chantier ne l'ignore.

La capacité de recyclage à l'infini est donc liée à plusieurs facteurs :
- la composition du produit ;
- son niveau de contamination ;
- la capacité du procédé industriel à transformer le déchet en matière première secondaire, identique à la matière première naturelle.

Le recyclage chimique

Ces techniques concernent surtout le recyclage des plastiques qui ne peuvent pas être recyclés mécaniquement, car trop contaminés ou composites. La recherche dans ce domaine est assez récente et les techniques industrielles sont très consommatrices d'énergie.

Les processus technologiques(2) mis en œuvre dans le recyclage chimique modifient la structure chimique des déchets polymères. Ces derniers sont alors transformés en substances pouvant être utilisées comme matières premières pour la fabrication de plastiques ou d'autres produits. L'intérêt de ces techniques est la production de matière d'une pureté semblable au matériau vierge.

(2) Pyrolyse, gazéification, hydrocraquage et dépolymérisation.

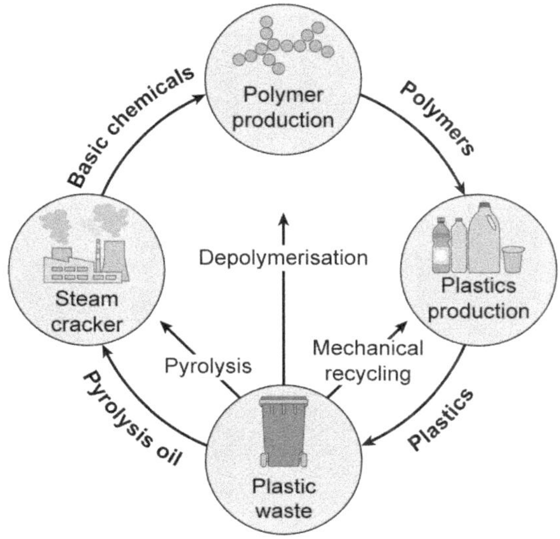

Fig. 3.01-4. Le recyclage chimique des polymères
Source : ACHEMA, *Will chemical recycling close the loop for plastics ?*
https://www.achema.de/en/magazine/article/will-chemical-recycling-close-the-loop-for-plastics

Le recyclage organique

Le secteur de la construction et des travaux publics est peu concerné par la production de déchets organiques ou biodéchets. En revanche, les aménagements paysagers peuvent générer des déchets verts qu'il est impérativement obligatoire de diriger vers une plateforme de compostage : le brûlage de déchets sur le chantier, y compris de déchets verts est strictement interdit.

La valorisation énergétique

Les déchets qui ne peuvent être recyclés en matière première sont utilisés comme combustible afin de produire de l'énergie, le combustible solide de récupération (CSR). Il est défini par la norme NF-EN-15359 qui permet de distinguer les CSR des autres combustibles dérivés de déchets en fixant des critères de qualité.

« La préparation de CSR nécessite en général diverses étapes qui sont fonction de la nature et de la qualité des déchets utilisés, ainsi que de la qualité (spécifications) du CSR. Il est d'usage de considérer comme CSR les classes 1, 2 et 3. Sinon, le produit est considéré comme combustible issu de déchet (CDD), dont les voies d'utilisation sont plus difficiles.

Des spécifications plus complètes sont établies par l'utilisateur du CSR pour assurer que sa combustion se fasse dans les conditions requises par le procédé utilisateur. Outre les trois paramètres de la norme, les spécifications portent sur la granulométrie, l'humidité, la teneur en cendres, la teneur en polluants (halogènes, métaux lourds, etc.). »(3).

(3) ADEME, Combustibles solides de récupération, https://expertises.ademe.fr/economie-circulaire/dechets/passer-a-laction/valorisation-energetique/dossier/combustibles-solides-recuperation/caracterisation-combustibles-solides-recuperation

Déchets de chantier, un monde complexe

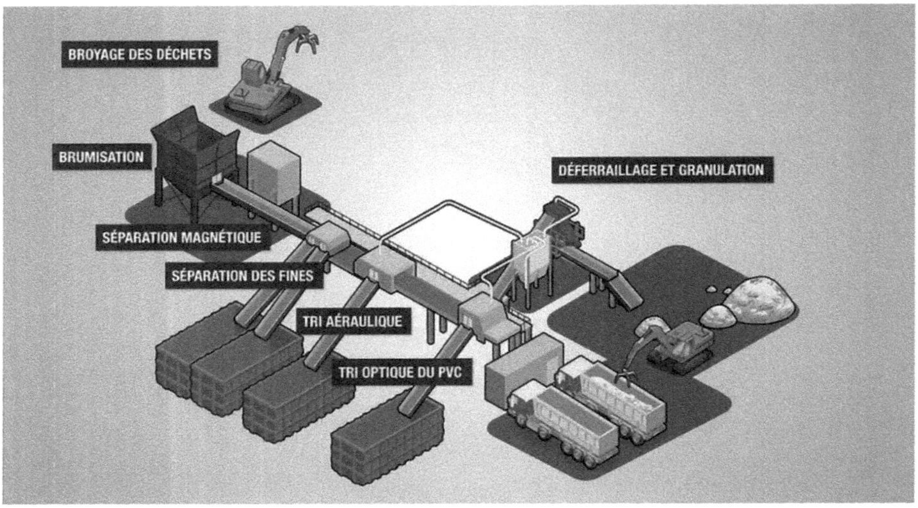

Fig. 3.01-5. Process de fabrication du combustible solide de récupération
Source : PAPREC, Process de fabrication du combustible solide de récupération.
https://www.youtube.com/watch?v=5XxzXBOWsV4

L'utilisation des CSR comme combustible de substitution des ressources fossiles primaires permet de produire de la chaleur et/ou de l'électricité.

En France, l'utilisation de cette source alternative d'approvisionnement en énergie par l'industrie cimentière dans des installations de co-incinération[(4)] permet de limiter le coût énergétique de production du clinker.

Les CSR se substituent principalement aux combustibles fossiles primaires comme le charbon, le coke de pétrole ou le gaz naturel utilisés par les installations de co-incinération. Ils contiennent une part variable de composants comme le papier, le carton ou le bois selon les déchets d'origine. Cette fraction de déchets, considérée comme neutre en CO_2, constitue donc une source d'énergie renouvelable.

Ces combustibles « peuvent être utilisés dans des chaudières dédiées en remplacement des chaudières fonctionnant aux énergies fossiles. Afin d'optimiser les investissements correspondants, ces unités doivent fonctionner en continu. Elles alimenteront de préférence des industries ou des réseaux de chaleur urbains. De même, une attention devra être portée à la réversibilité des combustibles utilisés afin de ne pas freiner le développement du recyclage matière.

Une nouvelle rubrique ICPE 2971 vient d'être créée pour ces chaudières (...)[(5)].

---

(4) Arrêté du 20 septembre 2002 relatif aux installations d'incinération et de co-incinération de déchets dangereux : « Installation de co-incinération : une installation fixe ou mobile dont l'objectif essentiel est de produire de l'énergie ou des produits matériels et qui utilise des déchets comme combustible habituel ou d'appoint ou dans laquelle les déchets sont soumis à un traitement thermique en vue de leur élimination, par incinération par oxydation ou par d'autres procédés de traitement thermique, tels que la pyrolyse, la gazéification ou le traitement plasmatique, pour autant que les substances qui en résultent soient ensuite incinérées. ».

(5) Décret n° 2023-153 du 2 mars 2023 modifiant la nomenclature des installations classées pour la protection de l'environnement.

Les CSR pourraient également être valorisés dans des unités de pyrolyse ou de gazéification, qui convertissent ces déchets solides en liquides ou gaz combustibles. »

Les travaux du Plan déchets 2015-2025 font apparaître la nécessité de détourner 2,5 Mt par an de refus de tri pour atteindre l'objectif de diminution de 50 % des quantités stockées en 2025 par rapport aux quantités stockées en 2010.

Depuis 2021, l'ADEME a lancé des appels à projet permettant d'aider à financer les études et le déploiement de nouvelles chaudières, afin de développer tant des projets de chaufferies aux CSR, que de centres de préparation de ces derniers.

Certains déchets dangereux sont également valorisés énergétiquement dans des installations de co-incinération.

4 Créer une filière de traitement de déchets, pas si simple

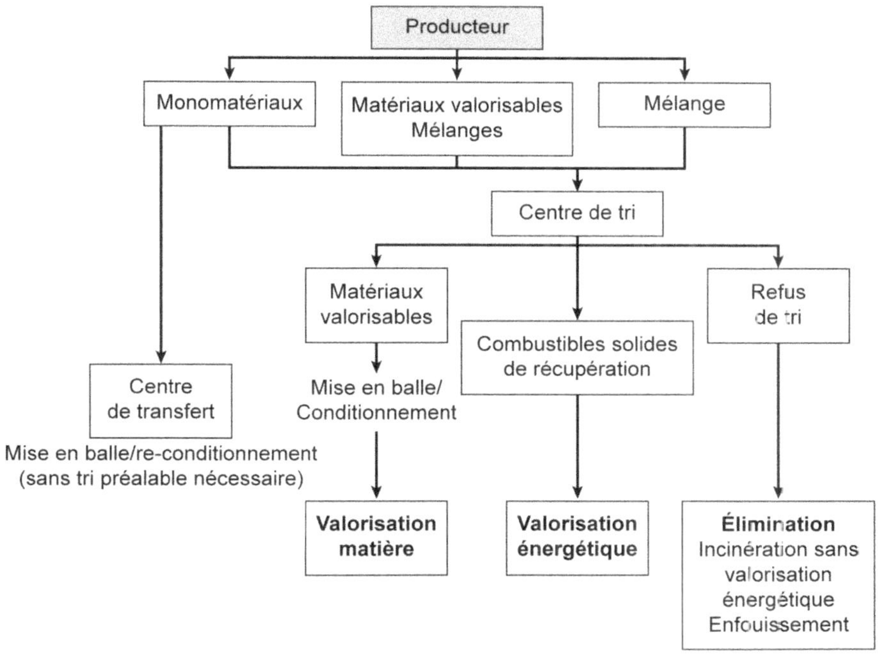

Fig. 3.01-6. Fonctionnement général de la filière des déchets non dangereux
Source : FNADE – ADEME, État des lieux des centres de tri des déchets non dangereux des activités économiques en France – données 2010

Avant qu'un déchet puisse être convenablement valorisé, de gros moyens techniques, financiers et commerciaux doivent être mobilisés, ce qui prend souvent de nombreuses années et nécessite l'engagement de chefs d'entreprises ambitieux. La rentabilité d'une nouvelle filière est soumise à de multiples facteurs. Les subventions peuvent bien évidemment faciliter ce développement, mais la durabilité du modèle économique doit être sérieusement pensée. Elle s'inscrit dans un temps long et dans la mobilisation massive de tous les acteurs.

Déchets de chantier, un monde complexe

Tab. 3.01-3. Méthodes Enjeux et étapes de la construction d'une filière de valorisation matière

Analyser le gisement potentiel	Organiser la collecte	Créer des plateformes de traitement	Dynamiser le circuit commercial
Éloignement, distance	Comment l'optimiser ?	Tri	Intégration de la MPS dans la chaîne de production
Dispersion	Maillage territorial	Dépollution	Compétitivité économique
Quantité	Massification	Préparation déchet	Durabilité du modèle économique
Accessibilité	Espace de stockage	Préparation MPS	Développer le réseau d'acheteurs
Qualité	Coût du transport	Investissement	
	Impact économique et environnemental	Matériel	

Compte tenu de la diversité de taille des chantiers, ainsi que de leur dispersion, dans les zones rurales par exemple, le gisement n'est pas toujours simple à collecter et massifier pour permettre de construire un modèle économique rentable. Les contraintes de manque d'espace de stockage ou d'accessibilité des chantiers de centre-ville ne vont pas simplifier les procédures de tri à la source, ce qui va forcément dégrader la qualité du déchet et générer un surcoût lié au tri sur plateforme. D'autre part, certaines techniques de mise en œuvre ou de déconstruction employées par les entreprises produisent du déchet souillé, ce qui rend son recyclage difficile, voire impossible.

Le coût de la collecte, du transport pèse lourd dans la balance. Il varie selon plusieurs facteurs, notamment la densité de la matière transportée, l'éloignement du site, la distance à parcourir et la durée de la rotation. On comprend aisément qu'il sera nécessaire de compacter les matériaux légers comme les emballages et le polystyrène expansé avant transport pour ne pas alourdir la facture et l'impact environnemental. Pour un camion de 19 t, on évalue à 102 g/km la production de gaz à effet de serre.

Les procédures de prétraitement, préparation des déchets nécessitent des machines complexes et coûteuses. La plateforme de tri devra donc pouvoir traiter une quantité importante de déchets pour rentabiliser ce lourd investissement. Elle devra s'appuyer sur des entreprises de collecte performantes et un réseau de proximité de chantiers.

Quant à l'industrie du recyclage qu'il soit mécanique ou chimique, elle doit se fonder sur de nombreuses années de recherche et développement pour mettre au point de nouveaux procédés. Selon la région où les industriels souhaitent intervenir, ils seront confrontés à de sévères problématiques foncières, d'acceptabilité sociale, de maillage territorial, d'accessibilité etc.

La commercialisation de ces matières premières recyclées n'est pas des plus faciles. Nombreux sont les maîtres d'ouvrage qui hésitent à prescrire l'utilisation de matières recyclées par manque de confiance dans ces matériaux ou de connaissances techniques. L'obligation qui leur est faite par la réglementation devrait accélérer le processus.

Un autre écueil à un fonctionnement fluide de ces filières de recyclage est le prix de revient de la matière première secondaire. Nous avons généralement tendance à penser que le « recyclé coûte moins cher », justement car il est fait à partir de déchet, donc de moindre valeur. Or, la gestion des déchets est très coûteuse en énergie, en logistique, en équipements.

Pour le plastique, par exemple, le coût de fabrication du matériau vierge est aligné sur le prix du baril de pétrole. Lorsque le prix du baril est bas, le coût de fabrication du plastique vierge est moins élevé que celui du matériau recyclé. On comprend donc aisément que le marché du recyclage des polymères ne soit pas aussi florissant qu'il pourrait l'être.

Lorsque les prix d'achat sont identiques ou proches, les maîtres d'ouvrage, en majorité, auront malheureusement tendance à préférer la matière première primaire qui jouit d'une image plus positive.

Il est urgent de combattre ces habitudes, ces craintes et ces réflexes et de s'engager résolument dans une démarche d'économie circulaire, indispensable au maintien d'un développement durable.

DOCUMENTATION

FFB, Déchets de chantier

Le site propose une documentation riche et diversifiée sur les déchets de chantier et leur gestion :
– documents à télécharger en PDF ;
– vidéos ;
– bordereaux et documents ;
– textes réglementaires ;
– liens utiles.

https://www.dechets-chantier.ffbatiment.fr/documentation.html

FFB, « Une signalétique pour trier vos déchets sur les chantiers. »

La FFB propose des pictogrammes à télécharger, libres de droit, pour affichage sur les bennes de tri par exemple, afin d'identifier leur contenu – https://www.dechets-chantier.ffbatiment.fr/pictos-dechets.html

Ministères de la transition écologique, cohésion des territoires, transition énergétique, Déchets dangereux, février 2022

Article très complet sur les déchets dangereux et leur traitement, leur transport. Des liens pour approfondir https://www.ecologie.gouv.fr/dechets-dangereux

FICHE **3.02**

Mieux connaître les déchets de chantier…

La filière REP Produits, Matériaux de Construction du Bâtiment

1 Introduction

Création de la filière REP PMCB

La Responsabilité Élargie du Producteur est l'obligation pour les producteurs de produits et matériaux (fabricants, importateurs et distributeurs de leur propre marque) de contribuer ou de pourvoir à la collecte des déchets issus des produits qu'ils mettent sur le marché.

« L'article L. 541-10-23 du code de l'environnement dans sa rédaction issue de l'article 72 de la loi « AGEC » fixe les obligations qui incombent aux éco-organismes et aux distributeurs concernés par cette nouvelle filière REP. Il prévoit notamment un fonctionnement mixte financier et opérationnel pour les éco-organismes qui sont tenus à la fois de couvrir les coûts de toute personne qui assure la reprise des déchets du bâtiment collectés séparément et de pourvoir à cette reprise lorsque cela est nécessaire pour assurer le maillage territorial.

Pour les opérations de transport et de traitement, le fonctionnement peut être mixte.

Cet article fixe également les obligations des éco-organismes dans l'élaboration du maillage territorial des points de reprise en concertation avec les collectivités territoriales et les opérateurs des installations de reprise.

Enfin, il modifie les conditions de l'obligation de reprise par les distributeurs qui avait été instaurée initialement par la loi relative à la transition énergétique pour la croissance verte (LTECV) du 17 août 2015. Ainsi les conditions de l'obligation qui repose actuellement uniquement sur les distributeurs de produits à destination des professionnels perdurent jusqu'à ce qu'au moins un éco-organisme prenne en charge les déchets issus de PMCB. À compter de cette date, l'obligation est étendue aux distributeurs de produits et matériaux destinés également aux ménages. »(6).

La REP PMCB affiche deux objectifs(7) :
– nettoyer et réduire les dépôts sauvages des déchets du bâtiment ;
– améliorer les taux de recyclage de ces déchets, en particulier des éléments du second œuvre, en déployant un maillage territorial de points de reprise sans frais.

C'est la reprise gratuite ou quasi-gratuite des déchets sur chantier qui est visée (à partir de 50 m^3), lorsqu'ils font l'objet d'une collecte séparée ; leur traçabilité doit être assurée.

Pour atteindre ces objectifs, les producteurs de produits et matériaux versent une écocontribution à l'un des éco-organismes agréés (Valobat, Ecominéro, Valdelia et Ecomaison). C'est à ces éco-organismes que revient le soin de pourvoir à la reprise des déchets et d'organiser leur traitement(8).

(6) https://www.ecologie.gouv.fr/produits-et-materiaux-construction-du-secteur-du-batiment-pmcb

(7) Code de l'environnement, art. L. 541-10-1.

(8) Code de l'environnement, art. L. 541-10-23.

La filière REP Produits, Matériaux de Construction du Bâtiment

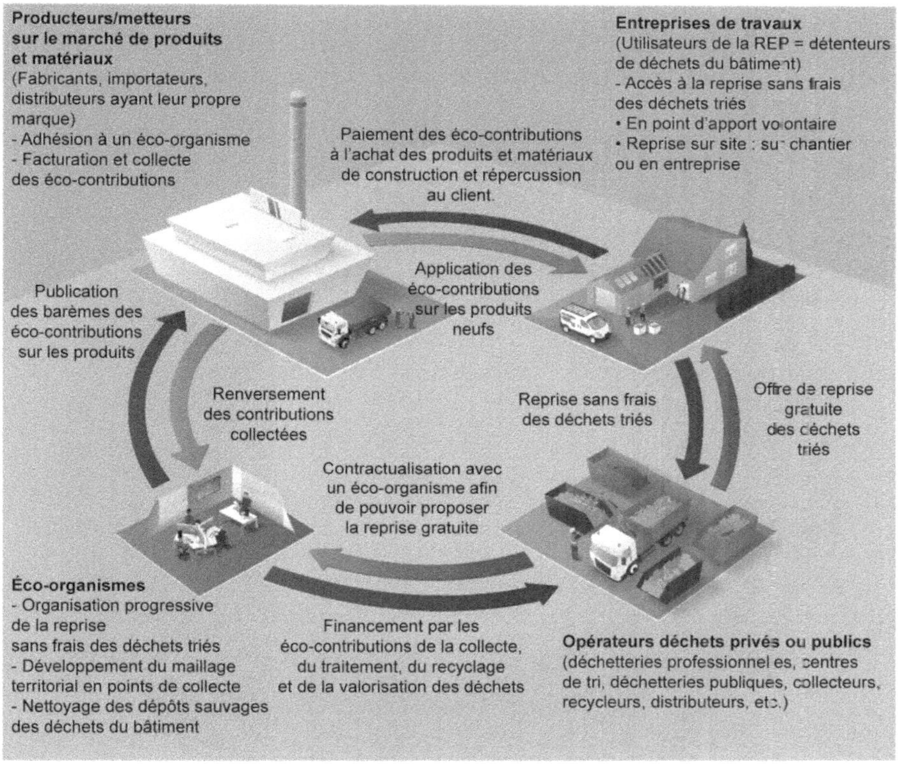

Fig. 3.02-1. Fonctionnement de la filière REP PMCB
Source : FFB, Déchets de chantier : c'est quoi la REP Bâtiment ?
https://www.ffbatiment.fr/gestion-entreprise/organiser-mon-chantier/dechets-de-chantier-bonnes-pratiques-environnementales/dossier/dechets-de-chantier-c-est-quoi-la-rep-batiment

Mise en œuvre

Entrée en vigueur au 1er janvier 2023, la REP PMCB se met en œuvre progressivement.

Au 1er janvier 2023 :
– tous les producteurs des produits et matériaux de construction du secteur du bâtiment doivent être en mesure d'assurer leur responsabilité pour les produits et matériaux de construction du bâtiment en adhérant à un éco-organisme agréé ;
– les entreprises concernées doivent également se préparer à intégrer les écocontributions de leur éco-organisme dans leur système d'information ;
– le déploiement de la prise en charge des déchets s'organise pour les détenteurs de déchets de chantier et les opérateurs de gestion de ces derniers.

Pour faciliter cette mise en œuvre, les éco-organismes ont décidé d'appliquer les écocontributions pour les produits facturés à compter du mois de mai 2023, tout en accompagnant les entreprises dans leur démarche d'adhésion.

À l'horizon 2024 :
– aménagement de 50 % des points de reprise dans un maillage de 10 ou 20 km selon les zones (soit 2 419 points de collecte hors service public de gestion des déchets au 31 décembre 2023) ;
– au moins 80 % des frais de traitement des déchets à la charge de l'éco-organisme, le reste à la charge du client ;
– prise en charge à 50 % des coûts de transport par l'éco-organisme.

À l'horizon 2025 :
– prise en charge des dépôts sauvages auprès des collectivités ;
– augmentation progressive du barème des écocontributions.

À l'horizon 2026 :
– prise en charge à 80 % des coûts de transport par l'éco-organisme.

À l'horizon 2027 :
– une installation de traitement devra être présente tous les 10 km.

2 Les matériaux concernés

C'est le décret n° 2021-1941 du 21 décembre 2021[9] qui fixe le périmètre des produits et matériaux concernés ainsi que les possibilités d'agrément des éco-organismes selon deux catégories :

Tab. 3.02-1. Liste des PMCB

Les PMCB à base de minéraux et ne contenant ni verre, ni laine minérales, ni plâtre relèvent de la catégorie 1	Les PMCB constitués d'autres matériaux, divisés en neuf familles, relèvent de la catégorie 2
– béton et mortier ou concourant à leur préparation ; – chaux ; – pierre types calcaire ; – granit ; – grès et laves ; – terre cuite ou crue, ardoise ; – mélange bitumineux ou concourant à la préparation de mélange bitumineux, à l'exclusion des membranes bitumineuses ; – granulat ; – céramique	– constitués majoritairement en masse de métal ; – constitués majoritairement en masse de bois ; – mortiers, enduits, peintures, vernis, résines, produits de préparation et de mise en œuvre, y compris leur contenant, autres que ceux mentionnés au 7° de l'article L. 541-10-1 ; – menuiseries comportant du verre, parois vitrées et produits de construction connexes ; – à base de plâtre – constitués majoritairement en masse de plastique, – à base de membranes bitumineuses, – à base de laine de verre, – à base de laine de roche, – d'origine végétale, animale, ou autres matériaux non cités dans une autre famille de cette catégorie.

(9) Code de l'environnement, art. L. 541-289.

Les éco-organismes pourront limiter la prise en charge des déchets issus de produits dont la mise en marché a été interdite avant le 1er janvier 2022 aux déchets collectés par le service public de gestion des déchets (par exemple l'amiante). Ne sont pas concernés les produits, matériaux et équipements qui relèvent déjà d'une filière REP comme la filière DEEE (Déchets d'Équipements Électriques et Électroniques) ou la filière DDS (Déchets Diffus Spécifiques).

Sont exclus du champ d'application de cette section :
– les terres excavées ;
– les outils et équipements techniques industriels ;
– les installations nucléaires ;
– les monuments funéraires.

L'arrêté du 7 septembre 2023, applicable depuis le 17 septembre 2023, complète l'arrêté du 12 décembre 2022. Une annexe précise les modalités de transmission spécifiques aux éco-organismes agréés pour la filière PMCB, le statut de producteur, les catégories et familles de PMCB ainsi que la notion d'origine de collecte.

C'est dans cette annexe que sont également listées les informations complémentaires devant être fournies par les producteurs de PMCB à l'ADEME :
– quantité de PMCB mise sur le marché ;
– exprimée en tonne ;
– ventilée par catégorie et famille de PMCB ;
– précisant le statut de producteur ;
– ainsi que les informations qui doivent être mises à la disposition du public par les éco-organismes.

La Fédération Française du Bâtiment a mis à jour les pictogrammes qu'elle propose pour que les entreprises puissent afficher les informations sur les bennes, en conformité avec la nouvelle réglementation.

Ils sont téléchargeables sur le site « Déchets de chantier FFB ».

3 Objectifs de collecte et de valorisation

La création de cette nouvelle filière REP, les exigences de leurs cahiers des charges respectifs vont permettre d'affiner le tri à la source qui devra se conformer aux différentes familles de produits dans chaque catégorie, de manière à obtenir une future matière secondaire de grande qualité.

La filière REP Produits, Matériaux de Construction du Bâtiment

Tab. 3.02-2. Les objectifs de collecte et valorisation fixés aux éco-organismes

Catégorie de déchets	Objectifs	2024	2027	Objectifs généraux
N° 1 (minéraux ne contenant ni verre, ni laines minérales ou plâtre)	Taux de collecte	82 %	93 %	90 % de valorisation matière 45 % recyclage des déchets*
	Taux de recyclage	35 %	43 %	
	Taux de valorisation y compris le remblayage	77 %	88 %	
N° 2	Taux de collecte	53 %	62 %	Doublement de taux de valorisation matière énergie**
	Taux de recyclage	39 %	45 %	
	Taux de valorisation	48 %	57 %	
Objectifs pour certains matériaux	Béton	60 %	60 %	
	Bois	42 %	45 %	
	Plâtre	19 %	37 %	
	Plastiques	17 %	24 %	
	Verre	4 %	18 %	

* La valorisation de la matière englobe toutes les opérations de valorisation (préparation en vue du réemploi, recyclage, remblaiement).
** Cf. Étude de préfiguration de la filière REP ADEME (https://librairie.ademe.fr/dechets-economie-circulaire/4573-etude-de-prefiguration-de-la-filiere-rep-produits-et-materiaux-de-construction-du-secteur-du-batiment.html)

4 Plan d'action sur le réemploi

Selon les dispositions de leurs cahiers des charges, les éco-organismes ont remis aux pouvoirs publics leur plan d'action sur le réemploi.

Stratégie visant à massifier la pratique du réemploi de matériaux sur le territoire(10), stimuler l'émergence de solutions, multiplier les projets inspirants avec entre autres les structures de l'ESS(11), études pour identifier les obstacles et les bonnes pratiques, Appel à Manifestation d'Intérêt pour la création de plateformes de réemploi, création de référentiels et guides méthodologiques pour les professionnels du secteur(12) ne sont qu'une partie des actions prévues par les éco-organismes qui s'engagent résolument dans cette voie.

(10) https://www.construction21.org/france/blog/h/un-plan-d-action-tourne-vers-le-reemploi-pour-valobat.html
(11) https://batiment.valdelia.org/notre-vision-et-nos-solutions/
(12) https://www.valobat.fr/wp-content/uploads/2023/10/AMI_Plateformes_Reemploi_19102023.pdf

5 Les éco-organismes

OCA Bâtiment

La société OCA Bâtiment a été agréée en février 2023 en tant qu'organisme coordonnateur des éco-organismes agréés. Elle est chargée d'assurer la coordination des travaux entre les éco-organismes agréés, d'organiser et de financer un guichet unique d'accès simplifié aux services de la filière REP. Elle a également pour mission de répartir les obligations des éco-organismes agréés en ce qui concerne la gestion des déchets issus de PMCB et la mise en place des nouveaux points de maillage.

Le guichet unique d'accès simplifiera la contractualisation des collectivités avec les éco-organismes, ainsi que l'accès des professionnels et des particuliers. Des consignes communes de tri des déchets seront élaborées et harmonisées, une cartographie des points de collecte sera mise à disposition.(13)

À compter du 16 octobre 2022, quatre éco-organismes ont été agréés par les pouvoirs publics pour la gestion des déchets de PMCB.

Déchets de catégorie 1 : ECOMINERO et VALOBAT

Déchets de catégorie 2 : ECOMAISON, VALDELIA, et VALOBAT

Ecomaison

« Créé en 2011 – alors sous le nom d'Eco-mobilier – par 24 distributeurs et fabricants français de mobilier, Ecomaison est désormais composé de 68 actionnaires issus des secteurs de l'ameublement, de la literie, du bricolage, du jardin, du jouet et du bâtiment. »

Dans le cadre de la loi AGEC et des obligations liées à la Responsabilité Élargie du Producteur (REP), la loi prévoit que les magasins de distribution de produits et matériaux de construction deviennent des points de collecte en organisant la reprise en magasin pour les typologies de produits, objets ou matériaux commercialisées par ces mêmes enseignes, et ce gratuitement et sans obligation d'achat dans certains cas. À partir du 1er janvier 2024, les distributeurs vont devoir reprendre les déchets PMCB de leurs clients. L'article L. 541-10-8 du Code de l'environnement en précise les modalités(14).

Toutes les enseignes disposant d'une surface de vente supérieure à 4 000 m², espaces de stockage compris, devront opérer une reprise de tous les déchets des professionnels et des particuliers issus de chantiers de rénovation ou de construction, sans obligation d'achat.

Si les déchets sont triés, la reprise se fera **sans frais**.

Ecomaison a lancé un AMI pour encourager et soutenir les activités de collecte, de tri et de réemploi des éléments d'ameublement au cœur des territoires.

---

(13) Cartographie du réseau des points de collecte en cours d'élaboration, https://oca-batiment.org/reseau-points-de-collecte/

(14) https://ecomaison.com/actualites/

La filière REP Produits, Matériaux de Construction du Bâtiment

Ecominéro

Créé à l'initiative des industriels de la filière minérale, Ecominéro a pour objectif de « permettre à tout détenteur de déchets inertes, particulier ou professionnel, de se défaire gratuitement de ses déchets triés issus de travaux de construction, rénovation ou démolition, pour faciliter leur réemploi, recyclage ou valorisation des matériaux. »[15].

Le comité des parties prenantes comprend plusieurs collèges[16] :
– les producteurs ;
– les opérateurs ;
– les collectivités ;
– les ONG ;
– la Fédération des distributeurs de matériaux de construction
– censeur d'État, membre permanent.

L'éco-organisme Ecominero, qui intervient exclusivement sur la filière minérale, affiche plus de 1 000 points de reprise affiliés[17]. L'un des objectifs fixés aux éco-organismes de cette toute nouvelle filière est de développer le maillage local des installations de collecte et de traitement, car le transport pèse lourd dans la facture environnementale et budgétaire du chantier.

Tout détenteur professionnel de déchets inertes pourra ainsi se défaire gratuitement de ses déchets inertes triés issus de travaux de construction, rénovation ou démolition, à condition de contractualiser avec l'éco-organisme. Ecominero vise une valorisation de 90 % de ces déchets à l'horizon 2028.

L'éco-organisme a mis en ligne fin 2023, un guide des consignes de tri pour la reprise sans frais des déchets inertes. Ce fascicule a été rédigé en collaboration avec la CAPEB et la FFB. Le document est téléchargeable sur le site de l'éco-organisme.

Dans la période de mise en place du fonctionnement de la filière, qui devrait arriver à terme en 2025, la gratuité de la reprise par l'éco organisme sera progressive :
– 50 % jusqu'à fin 2023 ;
– 80 % en 2024 ;
– 100 % en 2025.

À ce jour, le transport et la collecte ne sont pas pris en charge, ils resteront à la charge de l'entreprise détentrice ou productrice de déchets.

De manière à améliorer la traçabilité des déchets, tout détenteur de déchet devra s'inscrire dans une procédure d'acceptation préalable avec un numéro identifiant unique.

Ecominero, dans le cadre de son cahier des charges intervient également dans la sensibilisation aux bonnes pratiques de tri, le soutien à l'écoconception des produits et matériaux de construction ainsi qu'aux collectivités locales pour le ramassage et le traitement des déchets abandonnés.

(15) Découvrir Ecominero, https://www.ecominero.fr/rep-ecominero/eco-organisme-rep-dechets-pcmb/

(16) Membres du comité des parties prenantes Ecominéro, https://www.ecominero.fr/wp-content/uploads/2022/11/membres-du-comite-des-parties-prenantes-mise-a-jour-du-9-novembre-2022.pdf

(17) https://www.ecominero.fr/point-de-collecte/

La filière REP Produits, Matériaux de Construction du Bâtiment

L'éco-organisme, dans le respect de son cahier des charges, a également lancé des appels à projets de réemploi afin de soutenir, accompagner :
– les maîtrises d'ouvrage pour la réalisation de diagnostics ressources (déconstruction, réhabilitation, rénovation) ;
– les chantiers et opérations de déconstruction, réhabilitation, rénovation, construction pour le réemploi ou la réutilisation des produits, équipements et matériaux inertes ;
– les études de faisabilité pour de nouvelles activités de réemploi, plateformes physiques et numériques, matériauthèques ;
– le développement des activités de réemploi, plateformes physiques et numériques, matériauthèques(18).

Valdelia

Valdelia, agréé pour la gestion des matériaux et produits de catégorie 2, a déjà l'expérience de la filière REP puisque cet éco-organisme intervient depuis 2011 sur la collecte et le recyclage des Déchets d'Éléments d'Ameublement professionnels.

L'éco-organisme affiche une volonté d'innovation pour la seconde vie des PCMB(19) :
– innovation pour élargir la chaîne de valeur des PMCB ;
– R&D pour explorer de nouvelles voies d'utilisation de la matière ;
– initier et industrialiser des process d'utilisation de la matière en fin de vie.

Valdelia met également en ligne la cartographie des points de reprise gratuite Valdelia. La carte interactive permet d'accéder à une fiche prestataire, indiquant le type de matériaux acceptés(20).

Valobat

« La société Valobat est née d'une initiative portée par 48 entreprises leaders dans la fabrication de Produits et Matériaux de Construction du Bâtiment (PMCB). (...)

Valobat a pour ambition de devenir l'éco-organisme multi-matériaux pour la gestion de l'intégralité des déchets du bâtiment, tout en proposant une approche différenciée et spécifique pour chacune des filières produits. »

Valobat a reçu l'agrément pour les matériaux de catégorie 1 et catégorie 2. Ci-dessous la liste des comités de secteurs comprenant les produits ou matériaux qui ont une même logique de mise sur le marché et d'organisation de gestion des déchets. Ces comités de secteur sont représentés au sein du conseil d'administration(21) :
– les métaux de construction : revêtements, bardage et charpente métalliques, canalisations, panneaux sandwichs, portails... ;
– les métaux des équipements : quincaillerie, robinetterie, câbles... ;
– le bois : parquet, charpente, panneaux, bardages... ;
– les menuiseries, parois vitrées et produits connexes ;
– les revêtements de sols : PVC, à base de textiles, non tissés ou encore géotextiles ;

(18) https://www.ecominero.fr/reemploi/aap-reemploi/

(19) Valdelia, Pourquoi Adhérer ? https://batiment.valdelia.org/ladhesion/

(20) https://batiment.valdelia.org/trouvez-votre-point-de-reprise/

(21) Valobat, La gouvernance de l'éco-organisme, https://www.valobat.fr/la-gouvernance-de-l-eco-organisme-valobat/

– les matériaux inertes : terre cuite, terre crue, ciment, pierre, céramique, ardoise, granulats, béton… ;
– les plastiques rigides, membranes et isolants plastiques présents dans les canalisations en polypropylène ou PVC, les isolants de type PSE ou XPS, les résines et les membranes en polyuréthane, les produits à base de bitume, ou dans l'univers de la piscine… ;
– les produits à base de laines minérales : laine de verre, laine de roche…

L'éco-organisme s'engage aussi en faveur du réemploi. Il a lancé, fin 2023, un appel à manifestation d'intérêt (AMI), s'adressant « aux acteurs du réemploi et du reconditionnement qui ont une activité de stockage et de vente de matériaux/produits du bâtiment de réemploi (plateforme) et souhaitant développer leurs activités, expérimenter de nouvelles solutions et consolider leur modèle économique »(22).

Cet AMI est intégré dans le plan d'action en faveur du réemploi de Valobat qui fait suite à l'étude qui a mis en lumière :
– « Une demande forte et unanime des acteurs de créer de lieux physiques implantés dans les territoires afin d'y faciliter la circularité des matériaux issus de la déconstruction ;
– un besoin de massifier les flux pour répondre aux demandes de matériaux des maîtres d'ouvrage ;
– un besoin de contrôler l'aptitude à l'usage des matériaux avant leur réintégration dans de nouveaux bâtiments ;
– un besoin de rationaliser les flux logistiques dans une approche locale ».

6 Les impacts de cette nouvelle filière

Pour une part, les maîtres d'ouvrage, publics comme privés devraient bénéficier d'une baisse des coûts de la gestion de leurs déchets de chantiers du fait de la reprise gratuite de ceux-ci par les éco-organismes, mais d'autre part, ils devront adapter leur prévision budgétaire à l'augmentation du coût des matériaux concernés par l'écocontribution.

Dans la phase de mise en place de cette nouvelle filière, il sera difficile d'évaluer précisément les impacts financiers, d'autant plus que pour les marchés publics en cours les prix sont fermes « sauf dans les cas où la réglementation prévoit des prix révisables ou si les documents particuliers du marché prévoient de tels prix et qu'ils comportent une formule de révision des prix »(23).

Pour la rédaction des nouveaux marchés, l'enjeu pour la maîtrise d'ouvrage sera de pouvoir distinguer les prestations impactées par la REP, en fonction du calendrier de mise en place et susceptibles d'entraîner une baisse des coûts pour le titulaire.

Les coûts de collecte et de transport des déchets de chantier, leurs coûts de traitement, seront isolés dans les pièces financières. La MOA pourra choisir de préciser ces éléments, à minima pour les catégories 1 et 2 de déchets, ou de privilégier une approche plus fine par flux. Les déchets repris gratuitement par un point de reprise REP devront figurer dans ces documents.

(22) https://www.valobat.fr/wp-content/uploads/2023/10/AMI_Plateformes_Reemploi_19102023.pdf
(23) CCAG-Travaux, art. 9.4.1.

La filière REP Produits, Matériaux de Construction du Bâtiment

Le maître d'ouvrage pourra instaurer un critère de sélection permettant de juger du meilleur rapport coût/efficacité/taux de valorisation dans les conditions de gestion des déchets proposées par le soumissionnaire.

L'exigence de transmission des justificatifs de facturation de gestion des déchets permettra au maître d'ouvrage, en complément des documents de traçabilité obligatoires, d'effectuer un réel suivi de la gestion des déchets dont il est le producteur. En outre, ces pièces lui permettront d'acquérir une connaissance beaucoup plus fine des coûts de gestion de ses déchets.

En ce qui concerne l'augmentation du prix des matériaux, le législateur a prévu pour certaines filières, l'obligation d'afficher dans la facture, en sus du prix le montant de l'écocontribution, pour tous les acteurs de la chaîne d'approvisionnement jusqu'au client final. Toute réfaction sur ce montant de l'écocontribution est exclue. Double intérêt pour l'acheteur : transparence sur la part d'écocontribution dans le prix et sensibilisation environnementale.

La situation est un peu plus complexe pour la filière PMCB puisque le Code de l'environnement délègue à l'éco-organisme le choix d'afficher ou non la part de l'écocontribution à ses adhérents(24).

« En pratique, les contrats d'adhésion de Valobat et de Valdelia, par exemple, imposent l'affichage de l'écocontribution dans les factures émises par leurs adhérents, tandis que l'éco-organisme Ecomaison « recommande » seulement aux adhérents d'indiquer le montant de l'écocontribution en pied de facture. En toute hypothèse, l'obligation d'affichage fixée par l'éco-organisme ne pèse que sur les producteurs (fabricants, importateurs, etc.), et aucune obligation ne pèse sur les acquéreurs ultérieurs (notamment les distributeurs), qui peuvent choisir ou non de rendre visible le montant de l'écocontribution. »(25).

L'entreprise n'aura donc pas de moyen de contraindre l'acheteur public à assumer le surcoût de l'écocontribution PMCB pour les marchés en cours.

Lors de la rédaction de nouveaux marchés, le maître d'ouvrage peut choisir de considérer que l'éco-participation est un coût de revient, totalement imputable au titulaire. S'il souhaite prendre à sa charge l'augmentation des écocontributions, les entreprises de travaux rencontreront des difficultés, voire une incapacité à identifier le montant de la hausse des coûts puisque l'affichage du montant de l'écocontribution PMCB n'est pas obligatoire sur l'ensemble de la chaîne de distribution.

Les différents appels d'offre et AMI lancés par les éco-organismes (réemploi, transports gros volumes, recyclage huisseries vitrées, etc.) attestent d'un vrai travail de structuration et de développement d'une filière qui bien que complexe à installer, commence sous les meilleurs auspices. Bien sûr, en phase de négociations, les divers ajustements, augmentations des tarifs et autres délimitations des champs d'intervention, font quelquefois grincer des dents certains acteurs, mais on constate que globalement, les problèmes sont peu à peu posés clairement et que la volonté commune est de construire des solutions.

---

(24) Code de l'environnement, art. R. 543-290-3 « Le contrat type établi par l'éco-organisme conformément à l'article R. 541-119 peut prévoir que le producteur précise dans ses conditions générales de vente que la part du coût unitaire qu'il supporte pour la gestion des déchets est répercutée à l'acheteur sans possibilité de réfaction. »

(25) E. Gelot et R. Jacquot, « Commande publique – Entrée en vigueur de la REP PMCB : quels impacts pour les marchés de travaux ? », lemoniteur.fr.

La filière REP Produits, Matériaux de Construction du Bâtiment

DOCUMENTATION

Portail dédié à la gestion des déchets issus des PMCB

Vous y trouverez : le réseau des points de collecte, le guichet unique pour les collectivités, les consignes de tri et diverses ressources. Eco-organisme coordonnateur OCAB. https://oca-batiment.org/

Tarifs de l'écocontribution Ecominero

https://www.ecominero.fr/eco-contribution-participation-rep/bareme-eco-contributions/

Trouver un point de reprise VALOBAT

https://www.valobat.fr/point-de-reprise/

Le guide adhérent VALDELIA

https://batiment.valdelia.org/wp-content/uploads/2023/01/2022_Guide_Adherent-Valdelia-PMCB_V.2023.pdf

Trouver où donner, réparer, recycler

Ecomaison vous propose une carte interactive pour trouver un point de collecte pour les meubles, jeux et jouets, bricolage et jardinage. https://ecomaison.com/trouvez-ou-donner-reparer-recycler/

Mieux connaître les déchets de chantier...

Les déchets dangereux (DD)

FICHE
3.03

1 Généralités

Déchets dangereux relevant d'une filière REP pour la reprise gratuite :

Autres déchets dangereux :

Fig. 3.03-1. Pictogrammes déchets dangereux. FFB

Les déchets dangereux constituent 1,2 % des tonnages de déchets de chantier ce qui représente 2,615 Mt pour l'année 2020[26]. À la fois risque conséquent pour la santé et impact environnemental important, les déchets dangereux représentent toutefois une source non négligeable de ressources en matières premières lorsqu'ils sont valorisés.

Conformément à l'article L. 541-7-1 du Code de l'environnement : « Tout producteur ou, à défaut, tout détenteur de déchets est tenu de caractériser ses déchets et en particulier de déterminer s'il s'agit de déchets dangereux. [...] Tout producteur ou détenteur de déchets est tenu de fournir les informations nécessaires à leur traitement lorsque les déchets sont transférés à des fins de traitement à un tiers. [...]. Ainsi, préalablement à l'envoi d'un déchet

(26) SDES, La production et le recyclage des déchets en 2019 et 2020 en France – Synthèse des connaissances, 2022 – https://www.statistiques.developpement-durable.gouv.fr/la-production-et-le-recyclage-des-dechets-en-2019-et-2020-en-france-synthese-des-connaissances

Les déchets dangereux (DD)

dans une filière de traitement, le producteur/détenteur de déchets doit réaliser une évaluation de la dangerosité de ses déchets aussi complète que possible. »[27].

Leur dangerosité nécessite des précautions et des procédures spécifiques pour leur manipulation, leur transport et leur gestion.

« Voici les principaux déchets dangereux qu'on peut trouver sur un chantier (liste non exhaustive) :
– déchets de matériaux de construction contenant de l'amiante ;
– équipements pollués par des fibres d'amiante ;
– matériaux et produits traités avec des produits dangereux (bois fortement traités, produits recouverts de peinture au plomb…) ;
– débris et poussières dangereuses (poussières d'amiante ou de peinture au plomb, débris d'opérations de décapage…) ;
– restes, emballages et contenants de produits dangereux (lasures, fongicides, colles, solvants…) ;
– outils et matériels souillés par des substances dangereuses (brosses, filtres, chiffons…) ;
– déchets d'équipements électriques et électroniques (DEEE) ;
– terre polluée par des substances dangereuses ;
– bouteilles sous pression/gaz ;
– eau polluée par des substances dangereuses (eau de lavage du matériel souillé, eau polluée par des hydrocarbures…) »[28]

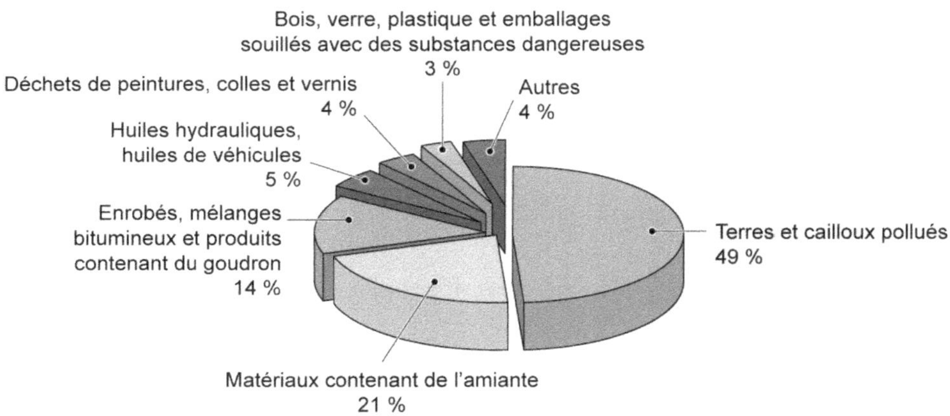

Fig. 3.03-2. Déchets dangereux produits par le secteur du BTP en 2014 en France
Source : A. Lachat. *Le réemploi appliqué au domaine de la construction : principe, impact environnemental et mesure dans le cadre d'une économie circulaire*, Thèse, École des Ponts Paris Tech, 2022

(27) Consulter le guide de l'INERIS (maj 2016) sur le classement en dangerosité des déchets (référence : INERIS-DRC-15-149793-06416A) – https://www.ineris.fr/sites/ineris.fr/files/contribution/Documents/rapport-drc-15-149793-06416a-guidehp-vf2-1456135314.pdf

(28) FFB, « Gestion des déchets dangereux sur le chantier », https://www.ffbatiment.fr/gestion-entreprise/organiser-mon-chantier/dechets-de-chantier-bonnes-pratiques-environnementales/dossier/gestion-des-dechets-dangereux-sur-le-chantier

Les emballages ayant contenu des déchets dangereux sont identifiables grâce aux pictogrammes de danger. Pour identifier la dangerosité d'autres types de déchets, il faut quelquefois avoir recours à un diagnostic (diagnostic amiante, plomb) ou à des analyses en laboratoire (terres polluées).

Le port des EPI (équipement de protection individuel) par les salariés amenés à manipuler des déchets dangereux sur le chantier est obligatoire (gants, masque/appareil de protection respiratoire, lunettes de protection, chaussures de sécurité, vêtement de travail).

Les déchets dangereux doivent être dirigés vers un prestataire habilité à les traiter. Le stockage de ceux-ci se fera dans les conditions prescrites par le prestataire de collecte (conditionnement adapté au produit, signalétique, entreposage dans un lieu sécurisé).

« Le mélange de déchets dangereux de catégories différentes, le mélange de déchets dangereux avec des déchets non dangereux et le mélange de déchets dangereux avec des substances, matières ou produits qui ne sont pas des déchets sont interdits. »[(29)].

2 Le transport de déchets dangereux

Le transport des matières dangereuses – les déchets dangereux en font partie – est strictement encadré par la réglementation TMD (transport de matières dangereuses). C'est une réglementation fondée sur divers règlements internationaux, qui permet les échanges transfrontaliers. Elle « vise à prévenir les risques pour les personnes, les biens et l'environnement, en complément d'autres réglementations comme celles visant à la protection des travailleurs ou des consommateurs. »[(30)].

Les entreprises qui transportent et collectent une quantité de déchets dangereux supérieure à 0,1 t (100 kg) par chargement doivent se déclarer auprès du préfet. Elles sont soumises à trois obligations principales :
– « s'engager à transporter les déchets vers des installations de traitement conformes à la réglementation relative aux déchets ;
– s'engager à procéder à la gestion des déchets transportés par ses soins qu'il aurait abandonnés, déversés ou orientés vers une destination non conforme à la réglementation relative aux déchets ;
– s'engager à informer sans délai le préfet territorialement compétent en cas d'accident ou de déversement accidentel de déchets »[(31)].

Il appartient à chacun des acteurs de l'opération de vérifier, à son niveau de responsabilité, que les autorisations des prestataires de transport de déchets sont bien conformes à la réglementation.

(29) Code de l'environnement, art. L. 541-7-2.

(30) Ministère de la Transition écologique et de la Cohésion des territoires. Ministère de la Transition énergétique, La réglementation du transport de marchandises dangereuses (TMD) https://www.ecologie.gouv.fr/reglementation-du-transport-marchandises-dangereuses-tmd

(31) Ministère de la Transition écologique et de la Cohésion des territoires. Ministère de la Transition énergétique, Gestion des déchets : principes généraux – https://www.ecologie.gouv.fr/gestion-des-dechets-principes-generaux

Les déchets dangereux (DD)

3 L'amiante

C'est un matériau aux multiples propriétés physico-chimiques (résistance au feu, à la déchirure, bon isolant thermique, phonique et électrique, matériau flexible, imputrescible et supportant jusqu'à 1 000 °C etc.), ce qui explique sa popularité dans le secteur industriel et pour la construction. Son usage remonte à l'Antiquité.

En revanche, la structure de ce minéral (fibres constituées de faisceaux de fibrilles se séparant très facilement sous l'effet d'usinages, de chocs, de frottements) constitue un problème majeur de santé publique et de santé au travail. Les fibrilles ainsi libérées forment un nuage de poussières très fines, souvent invisibles à l'œil nu. Elles pénètrent ainsi très profondément dans l'appareil respiratoire.

Deuxième cause de maladie professionnelle, et première cause de cancers professionnels, l'amiante est responsable chaque année de plus de 3 000 maladies reconnues comme étant liées au travail. Toute intervention sur un chantier contenant de l'amiante doit être confiée à des professionnels accrédités. L'usage de l'amiante a été interdit en 1997[(32)].

Deux grandes catégories de déchets d'amiante

Les déchets d'amiante lié sont générés par une activité de construction, rénovation ou déconstruction d'un bâtiment ou de travaux de génie civil. Les terres naturellement amiantifères et les agrégats d'enrobés bitumineux amiantés appartiennent également à cette catégorie.

Ce sont des produits dans lesquels l'amiante est attaché à des matériaux inertes naturels ou synthétiques. Ils sont dits non friables lorsqu'ils ne sont pas susceptibles de libérer des fibres sous l'effet de chocs, de vibrations ou de mouvements de l'air.

Ces déchets peuvent être stockés dans des installations de stockage de déchets non dangereux (ISDND) autorisées à recevoir ce type de déchets, dans un conditionnement adapté à la nature du déchet (alvéoles de stockage spécifiques, sous forme emballée). Ces déchets peuvent également être stockés en installation de stockage de déchets dangereux (ISDD).

EXEMPLE

Déchets d'amiante lié (technologie d'après-guerre jusqu'en 1 998)
- plaque sous-tuile en amiante-ciment
- ardoises de toiture et de façade (imitation en fibrociment)
- panneaux d'amiante-ciment contenant des fibres de cellulose (menuiserite®)
- panneaux composites de décoration
- panneaux sandwich
- carreaux de vinyle
- panneaux en fibrociment imitation marbre
- conduits de cheminée et d'air
- tuyaux d'évacuation, gouttières
- jardinières, bacs à fleurs
- appuis de fenêtre, habillages muraux

Concrètement, tant que l'amiante est bloqué et que l'on ne travaille pas dessus, on estime que le risque d'inhaler des poussières toxiques est faible. Aucun déchet amianté ne peut être admis dans les installations de stockage de déchets inertes (ISDI).

---

(32) INRS, Historique de la problématique amiante https://www.inrs.fr/risques/amiante/historique-problematique-amiante.html

Tous les autres déchets d'amiante doivent être éliminés vers des installations de stockage des déchets dangereux (ISDD) ou bien vitrifiés.

EXEMPLE

Déchets d'amiante non lié ou faiblement lié
– déchets miniers
– amiante en cordon d'étanchéité
– bourre d'amiante
– déchets connexes de chantiers contaminés (EPI, films de protection)
– isolation des tuyaux (plâtre friable)
– feutre d'amiante (utilisé en sous-couche revêtements de sol en vinyle)
– amiante projeté

À noter que l'amiante peut être présent dans les enrobés de chaussée selon les dates de réalisation des travaux (entre 1970 et 1995). Le diagnostic qui doit être conduit relève de la responsabilité du maître d'ouvrage.

Les filières de traitement

« Avant d'être éliminés dans une des filières ISDD ou ISDND(33), les déchets d'amiante, lié uniquement, peuvent être acceptés dans des déchèteries autorisées et dans des centres de transit, regroupement, tri.

Les adresses des installations de stockage des déchets d'amiante peuvent être obtenues auprès des préfectures, des [services régionaux] des mairies, des DREAL et de l'ADEME (consulter le site Sinoe Déchets)(34).

Tous les déchets contenant de l'amiante sont soumis à de strictes conditions d'emballage et de transport. Ils doivent être enfermés dans un double emballage totalement étanche, sur lequel doit figurer l'étiquetage « amiante » et doivent ensuite être acheminés en respectant les règles précises relatives au transport de matières dangereuses (ADR). Tous les déchets d'amiante éliminés en ISDD doivent de plus comporter un scellé indiquant le numéro de Siret de l'emballeur, quelle que soit leur nature (libre ou liée). »

Tab. 3.03-1. Mesures à prévoir pour le conditionnement des déchets amiantés
Source : Déchets amiantés issus du BTP –
Éliminer sans risques ces déchets dangereux. INRS Déchets Amiantés.
https://www.inrs.fr/metiers/environnement/collecte-tri-traitement/dechet-amiante.html

Amiante lié	– Canalisation : conditionnées en racks (de taille supérieure ou égale aux canalisations), filmées et scotchées – Plaques : palettisées (sur des palettes plus grandes que les plaques à stocker) et filmées de façon étanche – Vrac : mise en grand récipient vrac (GRV) homologué ADR avec double sac étanche
Amiante libre	Dans un double sac étanche lui-même placé dans un emballage supplémentaire (GRV homologué ADR) scellé et numéroté

(33) Installations de stockages de déchets dangereux ou non dangereux.

(34) https://www.sinoe.org/filtres/index/thematique#table-annuaire

Les déchets dangereux (DD)

Les techniques de traitement

À ce jour, il n'existe que deux solutions industrielles de traitement de ces déchets : l'enfouissement et la vitrification par torche plasma, proposée par l'entreprise INERTAM.

En portant les déchets à leur point de fusion (entre 1 400 et 1 600 °C), les fibres d'amiante sont fondues. Le vitrifiat obtenu ne représente plus de risque pour la santé.

Les gaz et fumées émis par le process de fusion sont traités afin de perdre leur toxicité. Le vitrifiat ou cofalit refroidi se présente comme un verre noir ou une roche basaltique. Il sera ensuite concassé pour pouvoir être utilisé sous forme de granulats, en tant que sous-couche routière(35).

Cette technique est fortement consommatrice en énergie. L'entreprise INERTAM est la seule entreprise au monde à utiliser cette technologie. Elle a redémarré son activité en 2020.

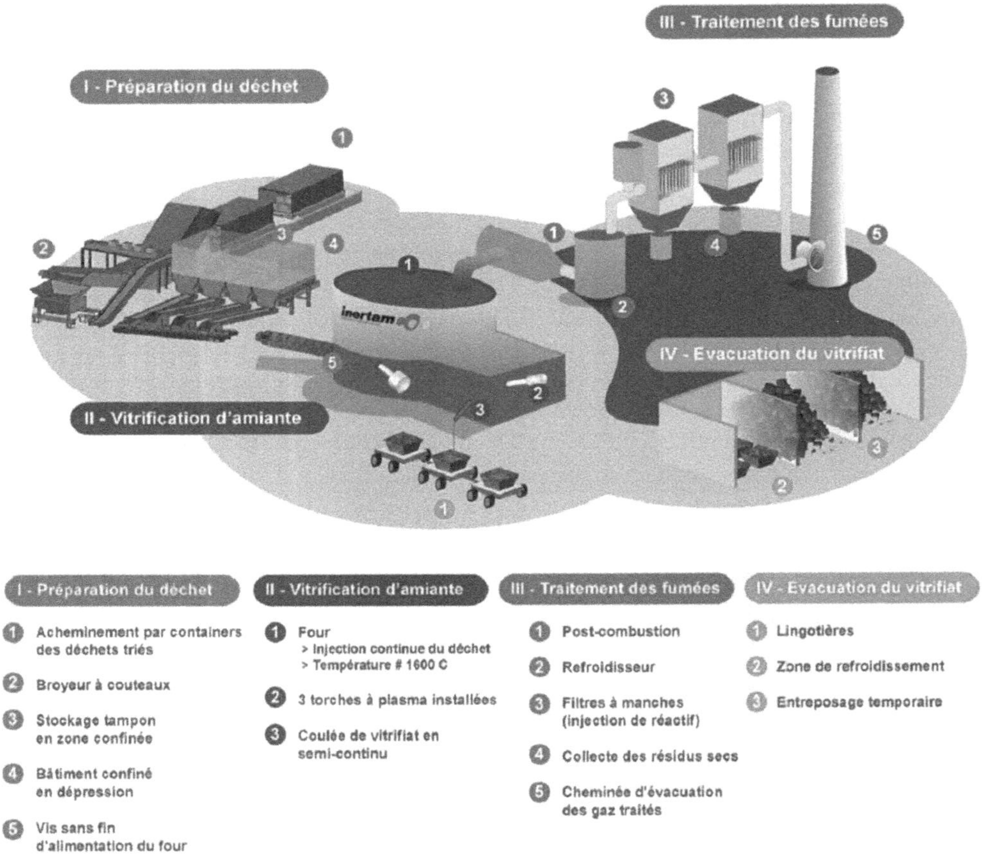

Fig. 3.03-2. Process de vitrification de l'amiante

Source : INERTAM, Notre procédé. https://www.inertam.com/notre-procede/

(35) EUROPLASMA, Fiche technique Cofalit, https://europlasma.1fr1.net/t37-cofalit-qu-est-ce-que-c-est-et-le-projet-sesco

La loi AGEC exige[36] que soit établie une feuille de route, au plus tard le 1er janvier 2022 afin de proposer des solutions alternatives au stockage des déchets amiantés.

Le rapport remis en décembre 2021 au ministère de la Transition écologique s'attache à analyser la destination de ces déchets et pointe le fait que faute de solution satisfaisante pour les particuliers et les artisans, une partie de ces déchets, n'étant pas collectés, se retrouve en décharge sauvage. Ce point sera amélioré par la mise en place de la REP PMCB puisque ces déchets entrent dans le champ de compétence des organismes agréés.

Le rapport réalise un état de l'art des projets de solutions de traitement de ces déchets :
– France : procédé chimique (VALAME, NEVADA, MEGAMIANTE, Amiante Nouvel Horizon) ;
– Étranger : procédé thermochimique (ARI) thermique (Thermal Recycling, Purified Metal Company).

Il conclut en préconisant une concertation avec les acteurs avant d'esquisser une feuille de route à compter de 2023 et d'organiser une mise en route progressive.

Le rapport alerte sur le renchérissement des coûts de traitement pour les solutions alternatives à l'enfouissement.

4 Les DEEE

Généralités

Piles et accumulateurs, équipements contenant des gaz à effet de serre, composants contenant du mercure, condensateurs pouvant contenir des PCB, etc. Les déchets d'équipements électriques et électroniques (DEEE) contiennent souvent des substances ou composants dangereux pour l'environnement. En revanche, ils présentent un fort potentiel de valorisation des matériaux qui les composent : métaux ferreux et non ferreux, métaux rares, verre, plastiques, etc.

Les DEEE professionnels sont des équipements électroniques et électriques usagés qui ont été utilisés dans un cadre professionnel par une entreprise ou une administration. Ils peuvent également provenir d'opérations de curage, de rénovation, de déconstruction.

Ils sont extrêmement variés. Certains sont dangereux, d'autres ne le sont pas et tous seront confiés à un éco-organisme agréé.

EXEMPLE

Exemples de DEEE (en gras les déchets dangereux)
– installation électrique courant fort (**luminaires**, interrupteurs, prises de courant, groupes électrogènes, armoires TGBT, **tubes fluorescents**, **onduleurs**, **batteries**, **transformateurs**, etc.)
– réseau VDI informatique, téléphone (conjoncteur téléphone, prise RJ45, ferme de répartition, **batteries**, etc.)
– appareils d'éclairage (**appareillage autonome de sécurité**, **luminaires à tubes ou à LED, tubes fluorescents**, etc.)
– climatisation (climatiseurs mobiles, **ventilo-convecteurs**, **groupe extérieur**, etc.)
– ascenseurs et monte-charges (**luminaires**, armoire électrique, armoire de commande etc.)

(36) Loi n° 2020-105 du 10 février 2020, art. 114.

Les déchets dangereux (DD)

– chauffage (équipements électriques)
– ventilation (centrale de traitement d'air, extracteur, bouche VMC, humidificateur etc.)
– sécurité incendie (déclencheur sonore automatique, **détecteur manuel DFCI**(37), armoires et coffrets ECS et CMSI, etc.)(38)

Attention : les transformateurs anciens (avant 1994) peuvent contenir du PCB et doivent être traités d'une manière spécifique.

Certains de ces équipements peuvent être réemployés sur site (prises, interrupteurs, luminaires, chemins de câbles métalliques), en tenant bien évidemment compte des contraintes techniques, réglementaires et de sécurité propres à chaque type d'équipement. Le diagnostic PEMD donnera des indications précieuses à ce sujet.

La filière REP DEEE

L'Union européenne a défini les conditions de mise sur le marché de ces équipements ainsi que le cadre de gestion lorsqu'ils sont en fin de vie.(39) Une filière REP spécifique de collecte et de recyclage des DEEE a été mise en place. En France, elle est opérationnelle depuis le 22 juillet 2005 pour les DEEE professionnels.

La plupart des déchetteries professionnelles proposent des prestations de collecte et de traitement des DEEE adaptées au type d'équipements concernés. Il est important que ces déchets soient triés à la source car ils ne relèvent pas tous de la même catégorie, et donc du même éco-organisme.

D'autre part, les entreprises seront attentives à bien choisir à l'achat des équipements électriques et électroniques à moindre impact environnemental ou social, avec peu de substances dangereuses et de préférence labellisés. Pour limiter leur production de DEEE, ces entreprises opteront pour le réemploi des équipements, produits ou appareils qui ne sont pas encore hors d'usage (reconditionnement, revente, don).

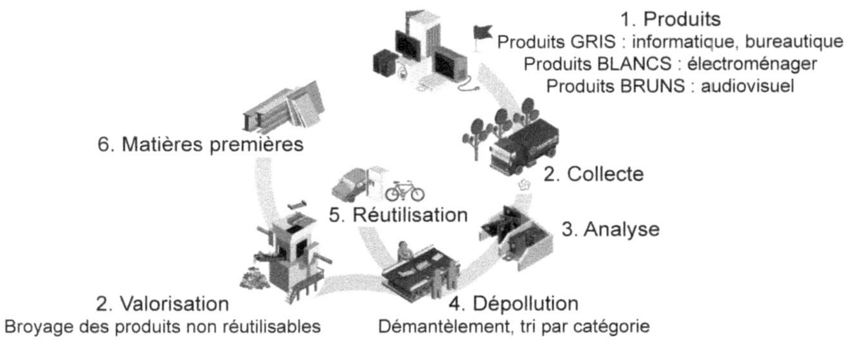

Fig. 3.03-3. Quelles sont les étapes du recyclage des DEEE ?
Source : Informatiques et Hautes technologies.
https://www.informatiqueethautetechnologie.com/quelles-sont-les-etapes-du-recyclage-des-deee/

(37) Source radioactive.

(38) Démoclès, Extrait de *20 fiches pratiques du diagnostiqueur*, https://democles.org/diagnostic-dechets/#grille

(39) Directive 2002/95/CE du 27 janvier 2003 relative aux substances dangereuses contenues dans ces équipements (dite directive RoHS) et Directive 2002/96/CE du 27 janvier 2003 relative aux déchets d'équipements électriques et électroniques.

Dans le cahier des charges des éco-organismes chargés de la gestion de ces déchets, le législateur impose des objectifs de collecte et de valorisation. À compter de l'année 2024, le pourcentage minimal des DEEE produits collectés doit atteindre :
– 80 % sur la base des EEE produits estimés ;
– 65 % sur la base des EEE mis sur le marché les trois années précédentes.

Pour la période 2022-2027, les éco-organismes agréés pour les DEEE professionnels ont les objectifs suivants de valorisation, préparation en vue de la réutilisation, recyclage définis par l'arrêté du 27 octobre 2021 :

Tab. 3.03-2. Objectifs de valorisation des déchets d'équipements électriques et électroniques

Eco-organisme	Catégorie de déchets	% minimaux de valorisation (DEEE collectés séparément pour chaque catégorie)	% minimaux de recyclage et de préparation en vue de la réutilisation des quantités de DEEE collectés séparément pour chaque catégorie
ECOLOGIC ECOSYSTEM	1-Équipements d'échange thermique	95 %	80 %
	2-Écrans, moniteurs et équipements comprenant des écrans d'une surface supérieure à 100 cm^2	80 %	70 %
ECOSYSTEM	3-Lampes d'équipements électriques et électroniques		87 %
ECOLOGIC ECOSYSTEM	4-Gros équipements	88 %	80 %
	5-Petits équipements	85 %	75 %
	6-Petits équipements informatiques et de télécommunications	85 %	76 %
ECOLOGIC	8-Cycles et engins de déplacement personnel motorisés (EEE)	85 %	70 %

Les déchets dangereux (DD)

5 Les déchets chimiques

Peintures, vernis, solvants, colles

L'ensemble des déchets solides ou pâteux issus de l'activité des fabricants et applicateurs du bâtiment sont répertoriés déchets dangereux en raison de leur composition. En effet, ils font apparaître nombre de polluants nocifs, comme des composés organiques volatiles (COV) contenus dans les peintures solvantées, des métaux lourds présents dans certains pigments (plomb, étain, cadmium, chrome, mercure...), ainsi que des produits phytosanitaires (anti mousses, anticryptogamiques), des adjuvants, des conservateurs etc.

EXEMPLE

- peinture, colle, vernis, résine...
- boues de peinture
- emballages métalliques et plastiques souillés de peinture ou pleins (0.250 à 200 litres)
- papiers, plastiques, collants de protection
- pinceaux, rouleaux, chiffons
- bidons contenant des peintures ou des solvants
- bombes aérosols
- peintures à base d'aluminium
- pâtes d'aluminium
- décapants
- acides, bases, phytosanitaires
- durcisseurs et emballages ayant contenu des durcisseurs...

Les peintures en phase aqueuse, bien que présentant un impact moins grave sur l'environnement que les peintures en phase solvant, contiennent des polluants et présentent un risque pour l'environnement contrairement aux idées reçues. L'OPPBTP(40) précise qu'elles contiennent entre 2,5 et 5 % de solvants, principalement de type glycol.

Lorsque ces déchets sont jetés dans le réseau d'assainissement, ils perturbent le fonctionnement des stations d'épuration, en détruisant les organismes microbiens en activité. Les boues ainsi produites ne sont pas stabilisées.

De plus, les peintures contribuent chaque année au rejet de près de deux millions de tonnes de particules de plastique dans les océans, les lacs et les cours d'eau. Une étude publiée par des scientifiques suisses montre que cette pollution est supérieure à celle liée aux fibres textiles et aux poussières de pneu réunies.

Les effluents de nettoyage de façade, ou de toiture utilisant quelquefois des décapants ou des anti-mousses, sont en général rejetés sans sourciller dans le réseau pluvial, contribuant ainsi à la pollution de nos cours d'eaux et océans.

Il est bien sûr strictement interdit de déverser fonds de pots et eaux de lavage dans le réseau collectif, mais cette règle est rarement respectée. Des solutions existent pour la protection et le nettoyage des brosseries.

(40) Organisme professionnel de prévention du BTP.

Les fournisseurs de matériel de peinture recommandent d'emballer, entre deux couches, le matériel du peintre dans un sac en plastique, un gant, du film alimentaire afin de le protéger du contact de l'air et éviter le durcissement de la peinture. Avant de commencer à peindre, dans un délai d'environ 48 h, il conviendra de tremper la tête de l'outil dans l'eau.

Lorsqu'il s'agit de peinture solvantée, l'emploi du White-spirit est recommandé.

Pour le nettoyage à l'eau des outils du peintre, les entreprises doivent utiliser des stations autonomes de lavage à l'eau des brosses, manchons, rouleaux et accessoires chargés de peinture ou de colle en phase aqueuse. Le nettoyage des rouleaux s'effectue par système rotatif vertical. Le lavage des autres outils se fait par pistolet à eau.

Les eaux de lavages ne doivent en aucun cas être jetées dans le réseau d'assainissement, ni le pluvial, ni dans la terre. Elles doivent être récupérées et traitées par floculation et filtration en circuit fermé.

Les résidus secs inertes et solides seront ensuite confiés au prestataire habituel de gestion des déchets.

Cet équipement nomade sur les chantiers, ou fixe au dépôt des entreprises, peut être également mis à disposition chez les revendeurs de peinture. Le maître d'ouvrage, devra s'assurer que l'entreprise utilise bien ces procédés de traitement de ses déchets au lieu de les déverser dans des espaces inappropriés.

Si d'aventure ces déchets sont mélangés aux ordures ménagères, ils peuvent produire des substances toxiques capables de polluer l'air, le sol et l'eau lors de l'incinération. Enfouis ou déposés illégalement dans des décharges sauvages, ils peuvent provoquer des infiltrations de polluants dans les nappes phréatiques par lixiviation de leurs composants.

Certains vieux mastics peuvent contenir de l'amiante. Même si ce produit n'est plus présent dans les mastics plus récents, ces produits et leurs emballages restent des produits dangereux.

Il est donc impératif d'éliminer ces déchets selon les procédures adéquates, afin de préserver l'environnement.

La filière REP (PCHIM CAT3-10)

Les contenus et contenants de produits chimiques de catégorie 3 à 10 sont traités dans le cadre de la filière PCHIM. C'est l'éco-organisme ECODDS qui a été agréé pour la mise en œuvre de cette gestion. Comme pour tous les éco-organismes, les coûts de la collecte et du traitement des déchets sont pris en charge par l'éco-participation versée par les metteurs en marché des produits concernés, dans le respect du cahier des charges de l'éco-organisme.

Les produits des catégories ci-dessous sont collectés par ECO-DDS :
– **03 – Produits à base d'hydrocarbures** ;
– **04 – Produits d'adhésion, d'étanchéité et de réparation** (colles de bricolage, colles autres usages tels sols, murs et carrelage, résines non conditionnées en aérosols, produit de traitement des matériaux hors bois, produits de traitement du bois (y compris les biocides ménagers de type 8)) ;

Les déchets dangereux (DD)

– **05 – Produits de traitement et de revêtement des matériaux et produits de préparation de surface** (peinture, vernis, lasures et dérivés – y compris laques, sous-couches, hydrofuges-oléofuges de surface –, peintures antifouling et antisalissures – y compris biocides ménagers de type 21 –, pigments, couleurs, teintes, et autres additifs pour les peintures et les enduits décoratifs, hors produits pour machine à teinter, enduits intérieurs muraux minéraux et organiques : enduits décoratifs, enduits de réparation, de rebouchage, de ragréage, de finition, de jointement et de lissage) ;
– **06 – Produits d'entretien spéciaux et de protection** ;
– **07 – Produits chimiques usuels** (produits antirouille, acides, soude sous toutes ses formes, alcools, combustibles éthanol, bio éthanol, peroxyde d'hydrogène).

Les entreprises déposent les déchets correspondant au cahier des charges dans les points de collecte installés par l'éco-organisme chez les négociants et distributeurs (dispositif REKUPO(41) – contenants inférieurs à 25 l, 30 kg). Le dispositif de collecte est également ouvert aux déchets d'outillage du peintre, à l'exclusion des chiffons souillés.

Les déchets peuvent également être collectés, sur contrat spécifique, au dépôt de certaines entreprises. Pour bénéficier de ce service nommé MPV (Midsize Pickup Volume), l'entreprise doit justifier d'un montant d'achat annuel de peintures, RPE, enduits, colles, mastics, d'au moins 200 000 € et répondre aux conditions ci-dessous :
– stockage et gestion de 5 bacs de 600 litres sous abri ;
– tri des déchets effectué entre acryliques et solvantés ;
– une personne référente de l'entreprise chargée de la supervision de ce dispositif et de l'accueil des camions de collecte dans les 5 jours ouvrés suivant la demande d'enlèvement.

Les entreprises de résine de sol entrent sans condition dans ce dispositif. ECO-DDS n'organise pas de collecte sur chantier(42).

Les autres déchets chimiques

C'est à un prestataire de collecte et de traitement de déchets dangereux qu'il faudra les confier, au coût en vigueur.

(41) https://www.ecodds.com/ecodds/le-dispositif-de-collecte-rekupo/
(42) https://www.ecodds.com/ecodds/le-dispositif-de-collecte-pickup-volume/

Tab. 3.03-3. Autres déchets chimiques

Déchet	Matière dangereuse	Danger/ risque	Conditionnement	Traitement/ valorisation
Aérosols	Gaz en récipient à pression contenant des substances dangereuses	Inflammable Risque d'explosion Projection	Fûts étanches et tenus éloignés de toute source de chaleur.	Valorisation matière (acier, aluminium après dépollution)
Solides imprégnés, emballages souillés (absorbants, sciures, chiffons, gants, papiers de marouflages, filtres cabine de peinture imprégnés)	Hydrocarbures, diluants, solvants, peintures, de colles, de mastics…	Matières dangereuses et polluantes (milieux, santé)	Contenants ou fûts étanches. Collecté et traité comme le produit par lequel il a été souillé	Valorisation énergétique
Boues industrielles : boues de lavage des brosseries, boues de séparateurs hydrocarbures, déshuileurs	Peintures vernis solvants organiques, hydrocarbures, huiles minérales	Pollution des milieux Santé	Déshydratation maximale Fûts étanches et tenus éloignés de source de chaleur selon la nature des boues.	
Huiles usagées	Huiles minérales souillées **PCB (réglementation spécifique)**	Pollution des sols et des eaux	Fûts étanches et isolés	Valorisation énergétique (cimenteries) Régénération par « reraffinerie »

PCB et goudrons

Les polychlorobiphényles (PCB) sont des produits chimiques synthétiques qui appartiennent au groupe des hydrocarbures aromatiques chlorés. Substances qui se désagrègent très peu dans l'environnement et s'accumulent dans différents milieux, en particulier dans les sols, ce sont des polluants organiques persistants (POP).

Leur production et utilisation sont interdites depuis 1987. On peut retrouver des PCB dans les produits d'origine animale (viande, poisson, œufs). Des zones de pêche ont par exemple été contaminées par des PCB qui se sont fixés sur les matières en suspension et les sédiments de cours d'eaux, de canaux. Les PCB font partie des polluants environnementaux les plus toxiques pour l'organisme de l'être humain et ont été classés par le CIRC (Centre International de Recherche sur le Cancer) comme cancérogène certain pour l'être humain.

Dans le bâtiment, on en trouve comme plastifiant dans des systèmes fermés (condensateurs, transformateurs, liquides de refroidissement, etc.) ou sur des utilisations ouvertes (joints,

Les déchets dangereux (DD)

matériaux d'étanchéité, colles, peintures, isolants thermiques etc.). Ces substances, très résistantes ont été utilisées pendant des années, on en retrouve donc souvent dans les bâtiments antérieurs à 1986.

Si une suspicion de PCB existe, il convient de suivre très précisément les procédures ci-dessous, la responsabilité du MOA est engagée :
– diagnostic ;
– repérage et échantillonnage *in situ*, par des spécialistes reconnus, des matériaux susceptibles de contenir des PCB ;
– détermination des filières de traitement et estimation des coûts ;
– suivi des travaux de dépollution ;
– traçabilité rigoureuse des déchets.

Il est fondamental d'effectuer la décontamination des appareils, outils et matériaux qui ont pu être en contact avec des PCB avant traitement du PCB proprement dit. Deux types de traitement existent :
– lavage aux solvants en autoclave sous vide ;
– traitement physico-chimique par déchloration des déchets (APROCHIM)[(43)].

Les outils, équipements ou matériaux décontaminés peuvent ensuite être valorisés selon leur type de matière.

Il s'agira ensuite de procéder à la destruction du PCB par incinération, dans une ICPE spécialisée pour la destruction des déchets chlorés[(44)]. C'est un traitement qui doit être parfaitement maîtrisé par l'installation, car mal contrôlé, le procédé produira des dioxines ou des furanes, hautement cancérigènes.

On confond souvent bitumes (issus de la distillation du pétrole), utilisés en revêtement routier et goudron. Or, si le bitume est un matériau inerte, le goudron, quant à lui, est une matière dangereuse.

C'est un sous-produit de la transformation de la houille en coke. En raison de sa sensibilité thermique et de sa dangerosité, on lui a progressivement substitué le bitume. Les goudrons ne sont plus utilisés depuis 1993, et les dérivés houillers depuis 2005.

Il contient des huiles lourdes, de la créosote, des composés aromatiques polycycliques (HAP) comme, entre autres, le naphtalène, le pyrène, le phénol, reconnus comme cancérigènes et représentant un danger pour l'environnement. Il participe à la pollution atmosphérique par relargage d'HAP lors de travaux routiers (enrobage à chaud) et à l'usage de la route.

Depuis le XXe siècle, en France, c'est le goudron qui a été systématiquement utilisé, quel que soit le type de chaussée. Ce sont ses caractéristiques techniques (adhésion, cohésion, viscoélasticité) ainsi que sa résistance aux solvants pétroliers qui lui ont assuré un succès prolongé. Il a été largement utilisé sur des espaces spécifiques comme les gares de fret des aéroports, parkings d'autoroutes, d'engins agricoles ou poids-lourds etc.

(43) Groupe Chimirec.

(44) Trédi Saint Vulbas. Groupe Séché.

Afin de déterminer la possibilité de recycler à chaud ou à froid un enrobé, la connaissance de sa teneur en HAP est nécessaire. Si l'analyse révèle une teneur en HAP supérieure à 50 mg/kg, qui laisse supposer la présence de goudron, le recyclage de ces déchets en enrobage à chaud n'est pas autorisé.

La caractérisation des enrobés concernés est de la responsabilité du donneur d'ordre, maître d'ouvrage ou propriétaire de l'infrastructure concernée, comme c'est le cas pour la recherche d'amiante.(45)

Du fait de leur classement en déchet dangereux, ils ne peuvent être stockés en installation de stockage de déchets inertes. Ils doivent être dirigés vers une installation habilitée à traiter ces déchets.

6 Le plomb et autres métaux lourds

Où trouve-t-on des métaux lourds ?

La présence de métaux lourds dans les bâtiments est essentiellement liée aux peintures minérales appliquées sur des crépis, métaux ou surfaces de bois. Celles-ci contiennent, en plus des liants et des diluants, des quantités significatives de pigments, souvent des métaux lourds, comme plomb, cadmium, chrome, zinc ou mercure.

Elles ne présentent pas de risque pour la santé lorsqu'elles sont en bon état. En revanche, lorsqu'elles sont dégradées, ou en cas de travaux le risque sera déterminé en fonction de la nature et de la teneur de ces métaux ainsi que de leur mode de traitement. Il est accru si le procédé génère beaucoup de poussière et de chaleur sur les éléments contenant des métaux lourds. Lors du traitement de peintures anticorrosion, les émissions de polluants sont élevées.

En fonction de la teneur en polluants et de la méthode de retrait, des mesures de protection (EPI, mesures organisationnelles ou techniques) doivent être prises. Ainsi, par exemple lors du retrait de peintures contenant beaucoup de plomb (minium), il est nécessaire de prendre non seulement des mesures pour limiter l'empoussièrement, mais également des mesures contre les vapeurs inorganiques (protection respiratoire appropriée et ventilation de la zone de travail).

Outre la problématique poussière lors des travaux de rénovation, la dangerosité de ces métaux est fonction du taux de lixiviation(46). La teneur en métaux lourds lixiviable conditionne la filière de traitement de ces déchets.

(45) Code du travail, art. R. 4412-97.

(46) « Percolation lente de l'eau à travers le sol permettant la dissolution des matières solides qui y sont contenues. Le liquide résultant est appelé lixiviat. », Actu Environnement.

Les déchets dangereux (DD)

Filières d'évacuation des déchets

L'exemple du plomb :

Tab. 3.03-4. Comment sont traités les déchets de plomb ?

<table>
<tr><th>Installation de traitement</th><th>Type de déchets</th><th>Teneur en plomb lixiviable</th></tr>
<tr><td>ISDI (Installations de stockage de déchets inertes)</td><td>Matériaux inertes (briques, pierre, bloc en béton sauf plâtre) revêtus de peinture au plomb</td><td>inférieur à 0,5 mg/kg</td></tr>
<tr><td>ISDND (Installation de stockage des déchets non dangereux non inertes)</td><td>Éléments non déstructurés en bois ou métalliques, éléments en plâtre, revêtus de plomb</td><td></td></tr>
<tr><td>ISDD (Installation de stockage des déchets dangereux)</td><td rowspan="2">Débris et poussières de peinture de plomb</td><td>inférieure à 50 mg/kg</td></tr>
<tr><td>Installation spécialisée traitant le déchet afin d'abattre la teneur en plomb lixiviable</td><td>supérieure à 50 mg/kg</td></tr>
</table>

De manière générale, les déchets de décapage de peintures, enduits de façades et autres résidus contaminés aux métaux lourds sont remis à un prestataire accrédité pour la gestion de ces déchets dangereux.

7 Les bois traités, classe C

Tout déchet de bois, fortement adjuvanté, ayant subi un traitement à cœur (autoclave), imprégné de sels métalliques, ayant subi un traitement biocide ou peint avec des peintures contenant des métaux lourds ou de l'amiante, est un déchet dangereux.

Ils peuvent être imprégnés de **créosote**, un matériau goudronneux présent notamment dans les cheminées de chauffage au bois, dont la mise sur le marché et l'installation sont interdites depuis le 23 avril 2019. La réutilisation de traverses de chemin de fer pour des aménagements extérieurs est donc interdite.

EXEMPLE

Bois concernés
- poteaux électriques et téléphoniques,
- traverses de chemin de fer,
- bois à usage extérieur
- écrans acoustiques,
- piquets de vigne et d'arboriculture
- meubles destinés au jardin
- palissades traitées

Ce bois peut être valorisé en installations d'incinération de déchets dangereux produisant de l'énergie. Le recyclage matière n'est pas autorisé. Lors du tri à la source, ils doivent être différenciés des bois de classe A et B.

8 Les déchets radioactifs

Lors d'une opération de déconstruction d'un bâtiment ancien il est possible d'être confronté à la gestion d'équipements contenant des éléments radioactifs :

– les paratonnerres à tête radioactive : installés par milliers jusqu'en 1987, ils ont été répertoriés dans l'Inventaire national des paratonnerres radioactifs (Inaparad) ;

– les détecteurs de fumée ioniques : installés sur les lignes de détection incendie des entreprises et des bâtiments publics dès le début des années 1940. Depuis 2011, un plan de retrait de ces détecteurs a été lancé par l'Autorité de sûreté nucléaire ;

– les fontaines au radium : sont des appareils utilisés dans les années vingt pour enrichir l'eau fraîche en radon. Elles sont souvent stockées dans des caves ou des greniers et oubliées.

Fig. 3.03-4. Quelle conduite tenir en cas de découverte d'équipements contenant des sources radioactives

Source : https://www.irsn.fr/savoir-comprendre/environnement/linventaire-citoyen-signalement-accelere

Les déchets dangereux (DD)

DOCUMENTATION

INERIS, Classification réglementaire des déchets Guide d'application pour la caractérisation en dangerosité

https://www.ineris.fr/sites/ineris.fr/files/contribution/Documents/rapport-drc-15-149793-06416a-guidehp-vf2-1456135314.pdf

Dépliant INRS

L'INRS propose de nombreux conseils et procédures pour l'identification et la gestion des produits et matériaux dangereux. « Les déchets dangereux sont présents dans toutes les activités industrielles. Ce dépliant présente succinctement la conduite à tenir pour identifier les dangers, organiser la collecte, le conditionnement, le stockage, le traitement et l'enlèvement des déchets dangereux, dans le respect de la sécurité et de la réglementation ».

https://www.inrs.fr/dms/inrs/CataloguePapier/ED/TI-ED-824/ed824.pdf

DREAL Grand Est, Guide de gestion des déchets amiantés

https://www.grand-est.developpement-durable.gouv.fr/guide-gestion-des-dechets-amiantes-a15810.html

CGEDD, « Une feuille de route pour le traitement des déchets amiantés »

Rapport https://www.economie.gouv.fr/files/files/directions_services/cge/dechets-amiante.pdf?v=1651224931

Prévention amiante

Où trouver de l'amiante ? Photothèque dédiée à l'amiante dans le bâtiment. https://prevention-amiante.fr/ou-trouver-amiante/

ADEME, Équipements électriques et électroniques : données 2020

Rapport annuel de la filière – https://librairie.ademe.fr/cadic/6667/equipements-electriques-electroniques_deee_donnees2020_rapport2021.pdf

FFB, Les pictogrammes « Déchets dangereux »

« Cette signalétique a été élaborée par la Fédération Française du Bâtiment afin d'aider les entreprises de bâtiment à mieux trier leurs déchets. Destinés à être apposé sur les bennes, les pictogrammes sont en téléchargement libre au format PDF pour une utilisation sur chantier uniquement. » – https://www.dechets-chantier.ffbatiment.fr/pictos-dechets.html

Conseil National de l'Industrie – Comité Stratégique de Filière Bois

Référentiel de classification des déchets bois. « Ce document est le fruit des travaux d'un groupe de représentants d'organisations intéressées à la question de l'amélioration du recyclage et de la valorisation énergétique des déchets de bois en France, groupe mis en place dans le cadre du Défi 3 du Comité Stratégique de Filière Bois (CSF Bois), qui a œuvré à l'élaboration, puis à la mise en œuvre du Plan Déchets du CSF bois » – https://www.codifab.fr/uploads/media/62867d4fa564a/csf-classification-dechets-bois-v0.pdf

Plastic paints the environment A global assessment of paint's contribution to plastic leakage to Land Ocean & Waterways – EA – Environmental Action, Lausanne, Switzerland.

L'objectif d'EA est de produire de la connaissance autour de la pollution plastique, ainsi que de développer des méthodologies et des données qui permettent d'évaluer l'empreinte plastique et de développer des solutions systémiques – https://www.e-a.earth/_files/ugd/425198_59e6ab7d3a8d474780c85ea7bf90274c.pdf

FNTP, Guide d'aide à la caractérisation des enrobés bitumeux

« Investigations préalables aux travaux de rabotage, démolition, recyclage et réutilisation d'enrobés bitumineux pour déterminer l'absence ou la présence d'amiante ou de HAP en forte teneur » – https://www.fntp.fr/sites/default/files/content/guide_ceb_novembre_2013.pdf

Mieux connaître les déchets de chantier...

Les déchets inertes DI

FICHE **3.04**

1 Généralités

Déchets inertes relevant d'une filière REP pour la reprise gratuite :

Autre déchet inerte :

Fig. 3.04-1. Pictogrammes Déchets Inertes. FFB

Principalement composés de déchets minéraux produits par l'activité de construction et de travaux publics, les déchets inertes ne se décomposent pas, ne brûlent pas et ne produisent aucune réaction physique ou chimique. Ils ne détériorent pas d'autres matières en contact, de manière préjudiciable à l'environnement ou à la santé humaine. Ce sont donc des déchets non dangereux.

Deux types de déchets inertes sont produits par le secteur du BTP :
– les déchets issus de la déconstruction : béton, enrobés, cailloux, etc. qui sont recyclés en granulats ;
– les déchets issus du terrassement, ou du dragage : mélanges de terre et de pierres qui sont valorisés en réaménagement de carrière, de terres agricoles, zones humides, boisements, zones de loisirs, etc.

Tab. 3.04-1. Classification des déchets inertes

Code déchet	Description
17 01 01	Béton
17 01 02	Briques
17 01 03	Tuiles et céramiques
17 01 07	Mélange de béton, tuiles et céramiques ne contenant pas de matières dangereuses
17 02 02	Verre
17 03 02	Mélanges bitumineux ne contenant pas de goudron
17 05 04	Terres et pierres ne contenant pas de substances dangereuses (à l'exclusion de la terre végétale et la tourbe)

Les déchets inertes DI

Les déchets qui contiennent du gypse et de l'anhydrite (plâtre, chape anhydrite), bien que minéraux, ne sont pas considérés comme des déchets inertes, compte tenu de leur forte teneur en sulfate, qui les rend incompatibles avec le critère de « non-désintégration ou dissolution significative, ni aucune autre modification significative ».

La terre végétale n'est pas considérée comme un matériau inerte du fait de la présence de matières végétales (compost) dans sa composition.

Répartition des déchets inertes

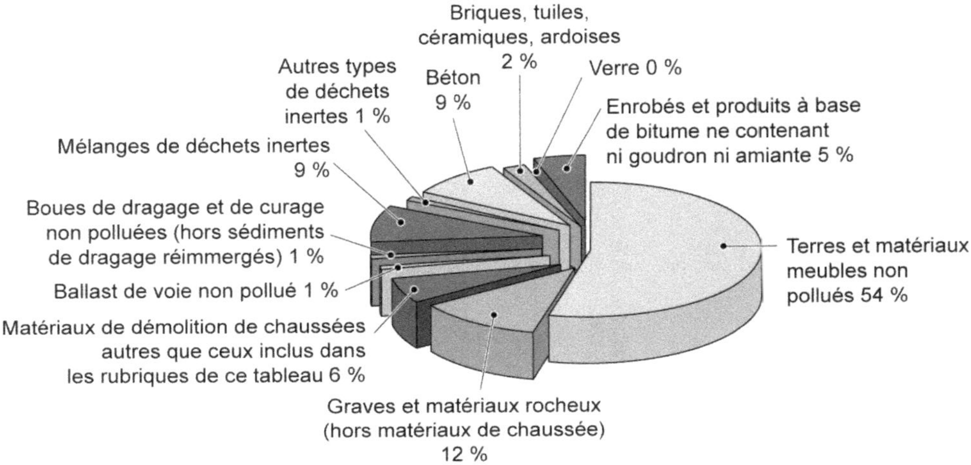

Fig. 3.04-2. Principaux déchets inertes produits par le secteur du BTP en 2014 en France
Source : A. Lachat, *Le réemploi appliqué au domaine de la construction : principe, impact environnemental et mesure dans le cadre d'une économie circulaire*, thèse – École des Ponts Paris Tech 2022

Valoriser les déchets inertes

Sur site

Le déchet le plus économique est celui qu'on ne produit pas. Ainsi que le précise l'article L. 541-4-3 du Code de l'environnement, le statut de déchet peut être évité en anticipant le devenir des matériaux en amont de la déconstruction. Si « la substance ou l'objet est couramment utilisé à des fins spécifiques » ou encore si elle/il « remplit les exigences techniques aux fins spécifiques et respecte la législation et les normes applicables au produit », alors le matériau inerte répond aux critères qui lui permettent de ne pas intégrer le statut de déchet.

Il est tout à fait profitable de réutiliser ces matériaux, qu'ils soient issus des opérations de travaux publics ou de démolition sur site. En effet, l'utilisation d'un cribleur – concasseur mobile sur le site du chantier permet à la fois :

– une économie substantielle par substitution de matière recyclée à l'achat de matériau de carrière sur les usages adaptés au matériau ainsi qu'une économie sur les frais de mise en stockage en carrière ou ISDI (environ 6 à 8 fois moins) ;

– une réduction importante du nombre de kms effectués (environ 6 à 8 fois moins) ;

– une réduction importante des gaz à effet de serre liés aux transports.

L'entreprise qui choisit ce mode de traitement des terres excavées ou matériaux inertes de démolition, pour une durée de six mois maximum, relève de la procédure de déclaration si la puissance de ses équipements est supérieure à 40 kW, mais inférieure ou égale à 350 kW, et de la procédure d'enregistrement si cette puissance est supérieure à 350 kW.

Des entreprises proposent à la location ou à la vente des matériels de recyclage mobiles : concasseurs, mini ou micro-concasseurs, cribles, convoyeurs etc. Divers modèles permettent de répondre à des besoins spécifiques, petits chantiers, chantiers à accès difficiles(47). Il sera toujours plus économique de réaliser le tri et le concassage des matériaux pour réemploi *in situ*, plutôt que de le transporter sur une plateforme.

Consulter également : Chapitre 4 Les outils de la traçabilité, fiche 4.02.

En installations classées

Le recyclage des déchets inertes s'effectue au sein d'installations soumises à la réglementation sur les installations classées pour la protection de l'environnement (ICPE). Les procédures de traitement mis en œuvre dans ces installations permettent la sortie du statut de déchet, afin que le matériau obtenu soit utilisable comme matière première secondaire.

Les déchets inertes sont admis dans des installations relevant des régimes de l'enregistrement ou de la déclaration. Le régime dont relève l'ICPE concernée dépend de la puissance maximale de l'ensemble des machines fixes pouvant concourir simultanément au fonctionnement de l'installation, de la capacité de transit ou de la superficie de l'aire de transit.

Il est de la responsabilité du producteur et du détenteur de déchets de vérifier que le prestataire auquel il en confie la gestion est bien habilité à traiter ceux-ci. En effet, certaines installations illégales ont l'apparence de la légalité.

(47) Exemple entreprise PACAMAT équipement – https://www.pacamat.fr/

Les déchets inertes DI

Tab. 3.04-2. Les différents régimes des ICPE de traitement de déchets inertes

Rubrique	Type d'installation	Conditions requises	Régime
2515	Installations de broyage, concassage, criblage, ensachage, pulvérisation, lavage, nettoyage, tamisage, mélange de pierres, cailloux, minerais et autres produits minéraux naturels ou artificiels ou de déchets non dangereux inertes, en vue de la production de matériaux destinés à une utilisation	Puissance machines > 200 kW	Enregistrement
		Puissance machines > 40 kW mais ≤ 200 kW	Déclaration
	Installations de broyage, concassage, criblage, mélange de pierres, cailloux, minerais et autres produits minéraux naturels ou artificiels ou de déchets non dangereux inertes extraits ou produits sur le site de l'installation, **fonctionnant sur une période unique d'une durée inférieure ou égale à six mois**	Puissance machines > 350 kW	Enregistrement
		Puissance machines > 40 kW, mais ≤ 350 kW	Déclaration
2516	Station de transit de produits minéraux pulvérulents non ensachés tels que ciments, plâtres, chaux, sables fillerisés* ou de déchets non dangereux inertes pulvérulents	Capacité de transit > 25 000 m^3	Enregistrement
		Capacité de transit > 5 000 m^3 mais ≤ 25 000 m^3	Déclaration
2517	Station de transit, regroupement ou tri de produits minéraux ou de déchets non dangereux inertes autres que ceux visés par d'autres rubriques	Superficie aire de transit > 10 000 m^2	Enregistrement
		Superficie aire de transit > 5 000 m^2 mais ≤ 10 000 m^2	Déclaration

* Matière minérale à grains très fins utilisée comme agglomérant en travaux publics

Ces installations ne peuvent accepter :
- des déchets présentant au moins **une des propriétés de danger** énumérées à l'annexe I de l'article R. 541-8 du Code de l'environnement ;
- des déchets contenant de **l'amiante** (matériaux de construction, matériaux géologiques excavés agrégats d'enrobé contenant de l'amiante) ;
- des déchets **liquides** ou dont la siccité est inférieure à 30 % ;

– des déchets dont la **température** est supérieure à 60 °C ;
– des déchets **non pelletables** ;
– des déchets **pulvérulents**, sauf s'ils sont préalablement conditionnés ou traités (prévention de la dispersion sous l'effet du vent) ;
– des déchets **radioactifs.**

Avant autoriser l'entrée de déchets inertes sur son installation, l'exploitant doit en vérifier la nature par une procédure d'acceptation préalable :
– vérification des documents fournis par le producteur/détenteur de déchets ;
– contrôle visuel à l'entrée de l'installation et au déchargement du camion ;
– vérification :
• qu'un tri préalable a été réalisé ;
• que les terres ne proviennent pas de sites contaminés ;
• que les déchets d'enrobés sont exempts d'amiante et goudron (test réalisé).
– accusé de réception : document d'acceptation préalable complété par la quantité de déchets admise (en t) // date et heure de l'acceptation des déchets.

Les bois, plastiques, plâtre, métaux et autres éléments pouvant altérer le recyclage sont enlevés avant criblage et concassage.

Les granulats obtenus pourront être utilisés en complément ou en substitution des granulats de carrière, selon les caractéristiques du couple produit/usage. (ex : NF P11-300 *Exécution des terrassements – Classification des matériaux utilisables dans la construction des remblais et des couches de forme d'infrastructures routières*). Le CEREMA, référence en ce domaine, a publié divers guides sur l'utilisation de matériaux alternatifs.

Taux de valorisation

Depuis le 1er janvier 2022, il est interdit de mettre en décharge, toute benne constituée en masse de plus de 30 % de fraction minérale inerte (béton, briques, tuiles, céramiques et de pierres)(48). En effet, la loi AGEC interdit progressivement l'élimination de matériaux valorisables. En 2025, il en sera de même pour toute benne composée en masse de plus de 70 % de déchets inertes valorisables.

Les acteurs de la construction et de la démolition sont soumis depuis juillet 2021 à l'obligation de tri à la source, de sept flux, comprenant la fraction minérale. Tout producteur ou détenteur de déchets doit justifier de la valorisation de ces déchets par une attestation annuelle de collecte et de tri à la source remise par les installations de collecte et de traitement avec lesquelles il opère.

Selon les types de déchets inertes, leur valorisation matière se situe entre 65 % et 85 %. Plus de la moitié de ces déchets est constituée de bétons de démolition. Ils représentent une ressource intéressante lorsqu'ils sont valorisés en tant que granulat recyclé. Ils sont majoritairement utilisés en sous-couches routières, en remblai dans le cadre d'aménagements.

Le réaménagement de carrières permet d'augmenter sensiblement les performances car cela reste une des principales filières pour les terres, cailloux, briques et tuiles qui représentent 18 % du gisement.

(48) Décret n° 2021-1199 du 16 septembre 2021.

Les déchets inertes DI

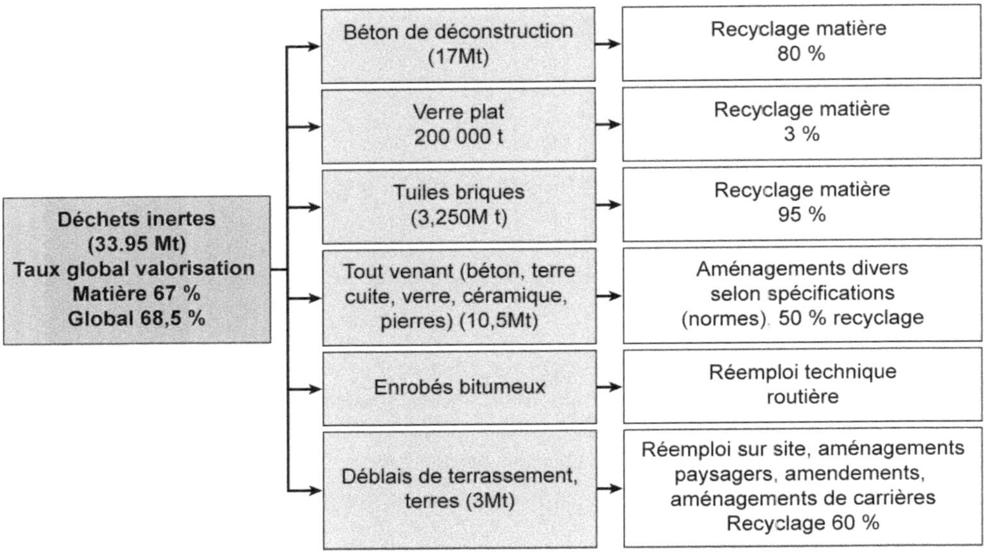

Fig. 3.04-3. Devenir des déchets inertes par typologie

Source : Étude de scénarii pour la mise en place d'une organisation permettant une gestion efficace des déchets du bâtiment dans le cadre d'une économie circulaire. Synthèse. https://www.dechets-chantier.ffbatiment.fr/res/dechets_chantier/PDF/190606_Synth%C3%A8se%20 EtudeFili%C3%A8re_RepriseD%C3%A9chetsB%C3%A2timent.pdf

Ecominéro et Valobat sont les deux éco-organismes agréés pour le traitement de ces déchets de catégorie 1. En ce qui concerne les verres, ils font partie de la catégorie 2 et sont donc de la responsabilité des éco-organismes Valobat et Valdelia (cf. précédemment La filière REP PMCB).

2 Le béton

Valoriser le béton ? Incontournable !

Le béton, matériau phare de la construction des XXe et XXIe siècles, possède une qualité essentielle : sa stabilité chimique. Durable, résistant au feu, d'une véritable souplesse d'utilisation, il affiche toutefois un impact environnemental élevé.

Prenons pour exemple une dalle pleine de béton armé (ép. 20 cm), durée de vie 100 ans(49). La production, le transport, la mise en œuvre, l'utilisation et la fin de vie de 1 m^3 de béton armé pour cet élément produira, entre autres, les effets ci-dessous :
– production de GES : ≈275 kg eq CO_2 ;
– pollution de ≈1 871 m^3 d'eau douce et de ≈17 871 m^3 d'air ;
– mise en œuvre d'un flux matière de ≈2 237 kg ;
– utilisation nette d'eau douce ≈1,8 m^3 ;
– consommation d'énergie ≈790 kWh.

(49) INIES https://www.base-inies.fr/iniesV4/dist/infos-produit/22908

Selon Infociments l'empreinte carbone d'1 m^3 de béton classique sans armature est de 197 kg eq CO_2.

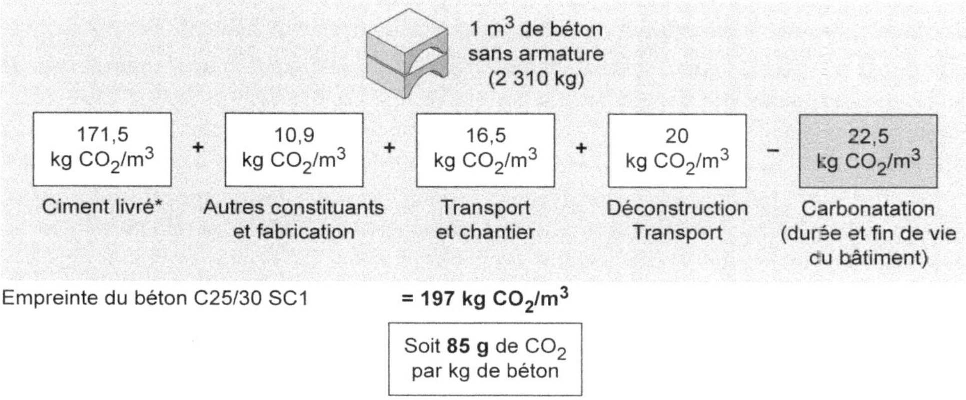

Fig. 3.04-4. Empreinte carbone d'1 m^3 de béton sur son cycle de vie
Source : https://www.infociments.fr/reduire-les-emissions-de-co2/lempreinte-carbone-du-beton

En France, sur environ 200 millions de tonnes de déchets inertes produites par an par le secteur du bâtiment et des travaux publics, 17 millions de tonnes sont à base de béton de déconstruction.

Deux types de flux de bétons sont recyclables ou valorisables :
– issus des procédés de fabrication : déchets de béton frais, déchets de béton durci, rebuts de fabrication et retours de chantiers qui peuvent être réintégrés *in situ* (usine de préfabrication ou unité de production de béton prêt à l'emploi) pour la fabrication de nouveaux produits, ou recyclés une fois durcis, sans nécessité de tri complémentaire, dans des installations de concassage ;
– issus de la déconstruction : traités dans des installations ICPE (concassage, criblage, tri complémentaire), ils sont valorisés à 80 % en remblaiement ou en applications routières (couche de forme, couches d'assises de chaussées, bétons de fondation…).

La valorisation de ces 14 Mt de béton, environ, représente une économie équivalente de ressources naturelles et un marché de près de 15 M€.

Lors de la démolition de bâtiments ou d'infrastructures, les techniques de déconstruction, dépose sélective puis tri à la source sont fondamentales pour produire un déchet qui permettra de réaliser un matériau secondaire de qualité. Les bétons doivent être séparés des autres matériaux (plâtre, PVC, ferrailles, bois, etc.) sur le chantier puis lors du traitement des déchets sur les plateformes de tri et de regroupement.

Les 20 % de béton de déconstruction qui ne sont pas valorisés aujourd'hui, sont dirigés vers des installations de stockage de déchets inertes (ISDI). L'absence de tri lors de la démolition, les lacunes dans le maillage des installations de traitement, en zone rurale notamment, ne permettent pas de valoriser cette part de déchets avec un modèle économique valable.

Les déchets inertes DI

Optimiser la valorisation des bétons

L'évolution des techniques de démolition, une meilleure prise en compte du tri à la source, le diagnostic PEMD préalable à la déconstruction ainsi que la mise en place de la filière REP PMCB devraient permettre d'améliorer la qualité du déchet de béton de déconstruction.

Le contexte normatif a évolué permettant aux acteurs de la filière béton de s'engager dans le recyclage plus poussé de ce matériau. La norme NF EN 12620+A1(50) « spécifie les caractéristiques des granulats et des fillers élaborés à partir de matériaux naturels, artificiels ou recyclés et des mélanges de ces granulats qui sont utilisés pour la fabrication du béton. ».

Ce matériau concassé peut donc être réincorporé dans de nouvelles compositions de béton, permettant de remplacer, selon les spécificités techniques, 10 à 30 % de granulats vierges. La mise en place d'une économie circulaire plus efficiente autour du béton permettra le développement d'une activité plus locale, en réduisant les transports de matériaux.

Le projet national de recherche et développement « RECYBETON », lancé en 2012, avait pour objectif de réaliser un état de l'art des procédés existants et de les optimiser dans le but d'un recyclage complet des bétons de déconstruction. Il s'agit d'utiliser à la fois les éléments fins et les granulats du béton concassé dans la fabrication de bétons. Les résultats de cette recherche publiés en 2018, devraient produire un impact tout à fait positif sur le taux de réincorporation des granulats recyclés dans le béton. Outre une économie substantielle sur les gisements de ressources naturelles, ces avancées devraient ouvrir un bel essor économique à la filière de recyclage des bétons déconstruits.

Comme le montre le tableau ci-dessous, les impacts environnementaux du béton recyclé sont très inférieurs à ceux du béton traditionnel :

Tab. 3.04-3. Indicateurs d'impacts environnementaux des échantillons de bétons

Source : Evaluation environnementale de bétons de granulats recyclés de béton et de béton de granulats recyclés de terre cuite à partir d'analyses de cycle de vie. Nicolas Serres, Sandrine Braymand, Françoise Feugeas. Conférence Matériaux 2014 – Colloque Ecomatériau, Nov 2014, Montpellier, France. hal-01144339. https://enpc.hal.science/hal-01144339/document

Catégories d'impacts	Unité	Béton mixte	Béton recyclé	Béton traditionnel
Consommation des ressources énergétiques	10^3 MJ	1,60	1,39	2,14
Épuisement des ressources (ADP)	Kg éq. Sb	1,19	0,87	1,64
Consommation d'eau	10^5 L	6,67	5,85	7,80
Déchets solides	10^2 kg	9,87	8,88	1,88
Changement climatique	10^2 kg éq. CO_2	3,79	3,35	4,44
Acidification atmosphérique	kg éq. SO_2	1,08	1,22	0,86
Eutrophisation	kg éq. PO_4^{3-}	0,17	0,13	0,22

(50) https://www.boutique.afnor.org/fr-fr/norme/nf-en-12620-a1/granulats-pour-beton/fa157250/31276

Catégories d'impacts	Unité	Béton mixte	Béton recyclé	Béton traditionnel
Pollution de l'air	10^5 m^3	5,41	4,02	7,53
Pollution de l'eau	10^3 m^3	2,72	2,22	3,38
Destruction de la couche d'ozone stratosphérique	10^{-5} kg CFC éq. R11	2,10	2,01	2,87
Formation d'ozone photochimique	kg éq. C_2H_4	0,10	0,07	0,13
Remarques : pour les catégories d'impacts prises en compte par plusieurs méthodes d'évaluation des impacts, une valeur moyennées est considérée. Par ailleurs, les cases colorées représentent les valeurs des catégories d'impacts considérées par la nouvelle norme EN 15804.				

3 Terres cuites

L'argile est un matériau renouvelable considéré comme inépuisable car il se renouvelle plus vite que nos besoins de consommation. À titre d'exemple, 4,1 Mt d'argiles ont été extraites en France en 2018, dont 5 % ont été utilisés pour la céramique. Chaque année, on estime à 20 Mt la création de nouveaux sédiments dont 5 à 7 % sont compatibles avec la fabrication.

Briques et tuiles

Les matériaux en terre cuite (argile) présentent de nombreux avantages dans l'économie générale de la construction :
– 98 % des tuiles et briques utilisées en France sont produites en France ;
– l'industrie française est la deuxième industrie de terre cuite européenne avec 4 300 emplois directs (899 M€ en 2018) ;
– les constructions en terre cuite ont une durée de vie qui peut atteindre plusieurs siècles ;
– c'est un matériau qui offre de bonnes performances d'isolation ;
– il peut être utilisé comme élément décoratif.

Ces matériaux affichent toutefois une empreinte carbone non négligeable du fait de l'énergie nécessaire pour la cuisson. En revanche, leur durée de vie est très longue : les calculs d'ACV prennent en compte cent ans pour la brique de construction. D'autre part, il y a très peu d'importations de matériaux dans ce secteur, ce qui réduit fortement l'impact environnemental du transport.

En 2019, la production de terre cuite en France représentait 0,2 % des émissions en France. La Fédération Française des Tuiles[51] et Briques s'est engagée à réduire cette empreinte à 115 kg eq CO_2/t à l'horizon 2027, puis à 32 kg eq CO_2/t en 2050.

(51) https://www.briques.org/emissions-de-ges/

Les déchets inertes DI

Sur un gisement de 3,25 Mt, 95 % des déchets de terre cuite sont revalorisés :
– réutilisation en rénovation des briques et tuiles récupérées sur les sites de déconstruction après les avoir débarrassées du plâtre ou mortier (taux de valorisation ≈40 %) ;
– concassage ou broyage : remblaiement et stabilisation de routes, intégration dans la terre battue des surfaces de courts de tennis, intégration dans le compost (taux de valorisation ≈55 %).

Il est également possible de réintégrer des déchets de terre cuite broyés dans le cycle de fabrication en substitution d'autres éléments. Pour la construction de tuiles de toitures, et afin de ne pas nuire à la qualité des produits, un ajout de broyat de tuiles de toiture de 3 % maximum en masse est recommandé. Pour la production de briques de support, une substitution jusqu'à au moins 10 % en masse, même avec une forte teneur en impuretés, semble réalisable(52).

Céramiques

Utilisés principalement dans le revêtement de surfaces (sol, murs), ainsi que les éléments sanitaires, ces matériaux présentent des propriétés spécifiques en fonction de leur composition chimique et de leur température de cuisson, qui font varier leur usage. La température moyenne d'un matériau de céramique se situe aux environs de 1 200 °C (6 à 800 °C pour la terre cuite non émaillée) et peut atteindre 1 800 °C selon le type de céramique. Leur durée de vie effective est plus courte, du fait de l'obsolescence décorative de ces produits et non leur durabilité réelle ce qui augmente leur poids environnemental sur la durée du cycle de vie.

Les plus grands volumes de déchets de céramique proviennent des chantiers de déconstruction et de TP. Il convient, comme pour tout matériau ou équipement issu de la déconstruction, d'évaluer son potentiel de réemploi ou réutilisation, avant de le diriger vers les filières de recyclage.

Une fois triées et isolées des autres déchets, les céramiques, suivent le process habituel de recyclage des DI : concassage, criblage, contrôle de qualité.

Essentiellement utilisé comme remblai pour renforcer ou terrasser les sols, sous-couche routière, le granulat de céramique, s'il est conforme à un cahier des charges précis (propreté, dureté, granulométrie) peut également être réintégré dans un béton utilisant du granulat recyclé.

4 Les verres

Le verre, matériau solide transparent, homogène et cassant, résiste bien au feu et au contact de pratiquement tous les liquides et solides connus. Sa résistance à la compression est très élevée et dépasse de loin celle des autres matériaux de construction.

C'est un solide non cristallin (amorphe) qui a une structure particulière, due à un état particulier de la matière : l'état vitreux. Au sens chimique et physique, le verre n'est pas un solide,

(52) Ziegelindustrie International, « Developments in the recycling of clay bricks and brick masonry ». https://www.zi-online.info/en/artikel/zi_Developments_in_the_recycling_of_clay_bricks_and_brick_masonry_Part_2_-3534170.html

mais plutôt un liquide solidifié, dans lequel les ions et molécules n'ont pas eu la possibilité de s'ordonner pendant le processus de vitrification.

Le plus souvent, le verre est constitué d'oxyde de silicium (silice SiO_2) principal composant du sable. Afin d'abaisser la température de fusion, on ajoute des fondants (soude, oxyde de potassium, de magnésium), des stabilisants (oxydes de calcium, de zinc, de fer, de plomb…) selon la qualité de verre qu'on recherche ainsi que des colorants.

Les différents éléments entrant dans la composition du verre sont fondus à une température d'environ 1 550 °C. Le verre en fusion est modelé selon la forme recherchée. Il subit ensuite un refroidissement qui permet la vitrification. Il sera ensuite découpé, usiné, poli en fonction des usages futurs.

Le verre ménager creux (bouteilles, contenants) est depuis longtemps recyclé à l'infini. En revanche des verres plus techniques, verres culinaires, verres plats, etc. doivent être recyclés séparément car leur température de fusion varie.

Les tonnages collectés de verre plat sont faibles car la dépose nécessite une main-d'œuvre plus importante et les déchets de verre, généralement mélangés aux autres déchets, ne peuvent donc pas être recyclés.

On estime le gisement de ces verres à environ 200 000 t, constitué de 2/3 de façades et cloisons, 1/3 de fenêtres. Les acteurs de la filière ont signé en 2017 un engagement pour la croissance verte qui vise la valorisation en verre plat de 40 000 tonnes par an en 2020 et 80 000 tonnes par an en 2025. En 2021, un peu moins de 10 000 tonnes provenant de la collecte des menuiseries en fin de vie ont été collectées. Le secteur de la déconstruction affiche une tendance à la hausse même si les objectifs ne sont pas atteints.

Le verre est un matériau qui se prête parfaitement au recyclage. En effet, il est possible de fabriquer du verre avec 100 % de contenu recyclé sans qu'il y ait de modification des caractéristiques du verre ainsi produit. Les qualités optiques de ce verre recyclé sont comparables au verre fabriqué avec des matières premières primaires, ses performances mécaniques identiques et sa durabilité équivalente.

L'utilisation de calcin issu des vitrages en fin de vie permet de réduire significativement l'empreinte carbone du verre fabriqué. L'ajout d'une tonne de calcin dans le process permet de diminuer de 60 % les émissions de CO_2 dans l'atmosphère (-900 kg eq CO_2) et de préserver les ressources naturelles pour les raisons suivantes :
– besoin en énergie moins élevé pour la fonte du calcin (25 % d'énergie en moins) ;
– absence de réaction de décarbonatation avec le calcin ;
– évitement de l'extraction d'1,2 tonne de matières premières dont 700 kg de sable.

Les verriers qui fabriquent du verre plat sont très demandeurs de calcin verre recyclé. Leur cahier des charges, très exigeant, nécessite un calcin de qualité. La collecte, le tri à la source mal adaptés sont les principales causes du non-recyclage des vitrages en boucle fermée. La mauvaise qualité du déchet collecté, empêche le retour du calcin fin de vie vers les producteurs de verre plat.

Ce matériau relève de la catégorie 2 des déchets collectés par la REP PMCB dans le cadre de la collecte des menuiseries comportant du verre, parois vitrées et produits de construction connexes.

5 Terres excavées et sédiments

Le gisement des terres excavées représente près de 9 % (3 Mt) de l'ensemble des déchets inertes (34 Mt). Le transport et le traitement de ces terres représentent un enjeu majeur, techniquement et économiquement dans le cadre des projets d'aménagement du territoire et renouvellement urbain.

« Les chantiers de reconversion de sites se traduisent fréquemment par l'excavation et l'évacuation hors site de quantités importantes de terres, liées à la dépollution du site mais également aux terrassements nécessaires au projet d'aménagement. Les coûts importants associés à ces évacuations hors site peuvent influer de manière significative sur l'équilibre économique du projet de réhabilitation (voire le remettre en question) »[(53)].

D'autre part, les difficultés de gestion de ces masses importantes de déchets, les lacunes dans le suivi de la traçabilité, favorisent le développement d'une économie parallèle, illégale, que ce soient des dépôts sauvages ou des décharges illégales.

Statut

Selon la directive européenne 2008/98/CE, transposée en droit français[(54)], les terres excavées, **polluées ou non, ont un statut de déchet lorsqu'elles sont évacuées du site dont elles sont extraites**. De plus, si le stockage des terres sur le site d'excavation « ne répond à aucune finalité utile si ce n'est la recherche d'un exutoire pour les terres, le stockage de terres excavées sur site est considéré comme un traitement de déchets relevant de l'élimination ».

En revanche, une terre excavée réutilisée sur son site à des fins de construction ne prend pas le statut de déchet.

Afin de faciliter la réutilisation des terres excavées non réemployées *in situ* mais néanmoins valorisées sur d'autres chantiers, le ministère de la Transition écologique a publié un arrêté[(55)] permettant la sortie du statut de déchets des terres excavées non réutilisées sur site mais néanmoins valorisées sur d'autres chantiers.

Les terres excavées et sédiments qui ont fait l'objet d'une préparation en vue d'une utilisation en génie civil ou en aménagement cessent d'être des déchets lorsque la personne réalisant la préparation a vérifié que la totalité des critères décrits dans l'arrêté sont satisfaits.

Valorisation

Quel que soit le projet de valorisation, quelle que soit la provenance des terres excavées, leurs modalités de valorisation hors sites sont très encadrées et interviennent dans le cadre d'un plan de gestion.

Les guides de valorisation hors site des terres excavées ont été mis à jour afin de proposer une démarche adaptée aux terres excavées et également attentive à la maîtrise des impacts environnementaux sur la qualité des sols et des milieux aquatiques, ainsi que la santé humaine.

---

(53) https://tex-infoterre.brgm.fr/fr/methodologie-guides/methodologie-de-valorisation-des-terres-excavees

(54) Ordonnance n° 2010-1579 du 17 décembre 2010, article 4.I.

(55) Arrêté du 4 juin 2021 fixant les critères de sortie du statut de déchet pour les terres excavées et sédiments ayant fait l'objet d'une préparation en vue d'une utilisation en génie civil ou en aménagement.

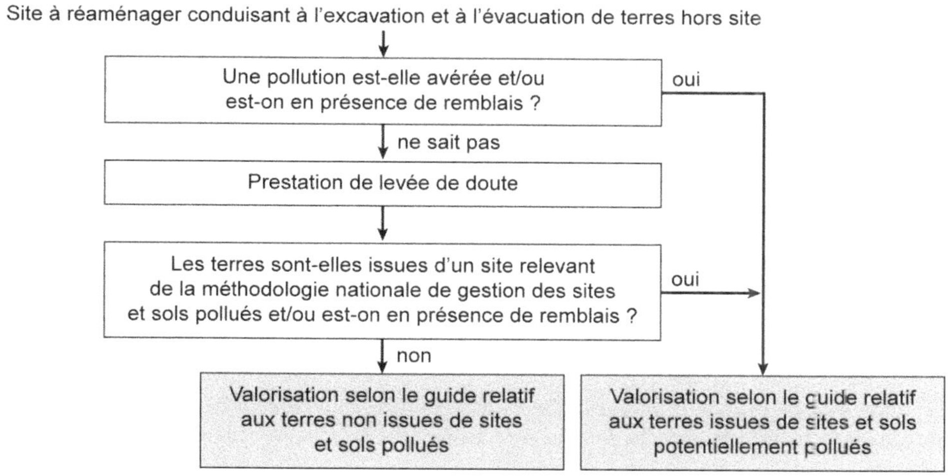

Fig. 3.04-5. Entrée dans la démarche de valorisation des terres excavées – BRGM©
Source : https://tex-infoterre.brgm.fr/fr/methodologie-guides/methodologie-de-valorisation-des-terres-excavees

Les projets d'aménagement sont souvent excédentaires en matériaux naturels. Outre la valorisation *in situ* ou sur des chantiers proches, les terres excavées peuvent être valorisées en zone agricole.

L'apport de terres excavées en zone agricole ne peut se faire que s'il s'inscrit dans une démarche de valorisation identifiée, sous la responsabilité d'un maître d'ouvrage. Trop d'exemples de tentatives d'élimination déguisée, voire de décharges illégales défigurent nos campagnes et nos massifs.

Les travaux d'exhaussements de sols (création de terrasses, lutte contre l'érosion et la sécheresse, talus), s'ils peuvent être bénéfiques à la mise en culture de parcelles incultes ou de friches agricoles, doivent être réalisés dans le respect du Code de l'urbanisme[(56)]. Ceux :
– dont la hauteur excède 2 m et qui portent sur une superficie supérieure ou égale à 100 m^2 et inférieure à 2 ha doivent être précédés d'une déclaration préalable ;
– dont la hauteur excède 2 m et qui portent sur une superficie supérieure ou égale à 2 ha sont soumis à permis d'aménager ; dans ce cas, ces projets sont soumis à étude d'impact ;
– dont la hauteur est inférieure à 2 m ne sont soumis à aucune réglementation quelle que soit la surface remblayée.

Le PLU peut également interdire ou réglementer les mouvements de sol. Une vigilance particulière doit être portée sur les secteurs d'un cahier des charges de production agricole (AOP ou AOC), ainsi que sur les sites remarquables ou les zones inondables.

L'apport de terres judicieusement sélectionnées permettra également de rééquilibrer certains sols en améliorant leur structure. Des amendements minéraux (argiles, sables, limons, calcaires, chaux etc.) amélioreront ses qualités agronomiques en dynamisant sa productivité.

(56) Code de l'urbanisme, art. R. 421-19, 20, 23, 25.

Les déchets inertes DI

Il est possible de transformer certaines terres minérales en substrat fertile en recomposant divers apports de terres excavées et sédiments et y en incorporant des amendements organiques (compost).[57]

Terres et sédiments pollués

La valorisation de ce type de matériaux est encadrée par la méthodologie nationale de gestion des terres issues de sites et sols polluées. Le guide de valorisation des terres et sédiments potentiellement pollués a été mis à jour en 2020[58].

La démarche décrite dans le guide de valorisation des terres potentiellement polluées ne s'applique pas aux matériaux ci-dessous :
– les terres qui relèvent de la catégorie des déchets dangereux au sens de l'article R. 541-8 du Code de l'environnement ;
– les terres issues de sites pollués par des substances radioactives ;
– les terres amiantifères ou polluées par de l'amiante ;
– les terres mercurielles (présence de gouttelettes de mercure élémentaire) ;
– les terres polluées par des agents pathogènes ;
– les terres dont la siccité est inférieure à 30 % et les matériaux non pelletables ;
– les sédiments dragués dans les cours d'eau, dans les ports ou extraits des dispositifs de traitement des eaux pluviales.

Pour mémoire, le mélange des déchets dangereux, en vue de la dilution d'éventuelles pollutions est interdit. Le mélange de lots distincts de terres est interdit, pendant ou après l'excavation.

Les terres excavées peuvent être valorisées si les conditions listées ci-dessous sont simultanément respectées :
– la qualité des sols du site receveur est maintenue (substances caractérisées sur le lot de terres excavées ont une teneur inférieure ou égale au fond pédo-géochimique du site receveur) ;
– la qualité de la ressource en eau est maintenue et les écosystèmes sont préservés ;
– les caractéristiques chimiques des terres excavées sont compatibles sur le plan sanitaire avec l'usage futur du site receveur.

Diverses techniques de dépollution des sédiments de dragage et des terres polluées sont mises en œuvre par des entreprises spécialisées :
– déshydratation mécanique par filtres-presses ;
– déshydratation par lagunage actif ;
– prétraitements par séparation granulométrique (cyclonage, dessablage, criblage) ;
– traitement biologique ;
– traitement physico-chimique.

Ces matériaux pourront être ensuite valorisés dans divers travaux de construction.

(57) Certification NF support de culture.

(58) https://tex-infoterre.brgm.fr/sites/websites/tex-infoterre.brgm.fr/files/documents/2022-10/2020_04_Guide_TEX_SSP_V2.pdf

6 Mâchefers

Les mâchefers sont des résidus résultant de l'incinération des déchets. Lors de la combustion, ces résidus concentrent certains polluants comme les métaux lourds. Le classement des mâchefers comme déchets dangereux ou non dangereux, dépend de la nature des déchets qui sont incinérés.(59)

L'arrêté du 18 novembre 2011 fixe les conditions de valorisation de ces déchets. Les éléments métalliques (métaux ferreux et non ferreux) peuvent être récupérés pour être valorisés en métallurgie, la matrice minérale, présentant des propriétés de liants hydrauliques, peut être utilisée dans les techniques routières, à condition qu'ils présentent une faible fraction lixiviable. Ils doivent être prétraités dans des installations spécifiques où subissent :
– des traitements mécaniques (criblage, séparation des ferreux, broyage, etc.) ;
– une maturation sur des périodes de 3 à 6 mois environ ;
– des traitements avec des liants hydrauliques ou hydrocarbonés.

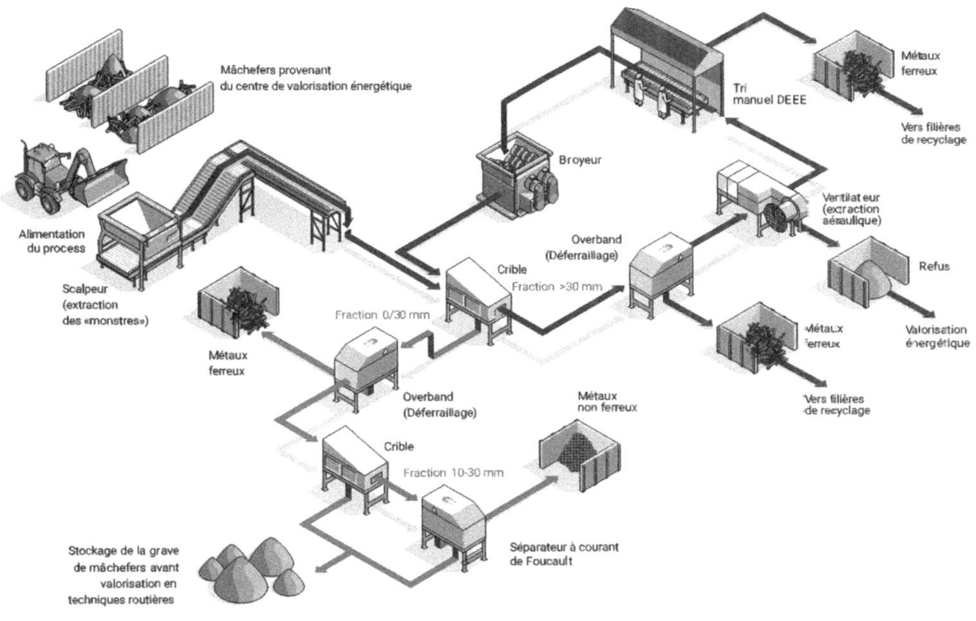

Fig. 3.04-6. Le traitement des mâchefers
Source : SUEZ https://www.econotre.fr/la-valorisation-des-machefers/

Les prestataires spécialisés dans la valorisation de ces déchets proposent à la vente des granulats alternatifs qui peuvent trouver diverses applications dans le BTP (graves routières, sables, graviers, etc.). Des projets de R&D sont en cours afin d'utiliser plus largement ces matériaux dans divers types de bétons (non structurants, bordures, bétons cellulaires etc.), des couvertures, des éléments préfabriqués, des composites (carrelages, céramiques, etc.)

(59) 19 01 11 – Mâchefers contenant des substances dangereuses. / 19 01 12 – Mâchefers autres que ceux visés à la rubrique 19 01 11.

Les déchets inertes DI

Le maître d'ouvrage s'attachera à vérifier que tout le process est suivi, contrôlé et tracé conformément aux exigences réglementaires.

Le béton de mâchefer, matériau de construction issu de scories de houille était considéré comme un matériau économique dans les bassins industriels où il était produit. Il a été employé en bâtiment à partir de la fin du XIXe siècle jusque dans les années 1970. De nombreux bâtiments situés en Auvergne Rhône-Alpes sont composés en tout ou partie de béton de mâchefer. Le CEREMA, en collaboration avec les CAUE, mène une recherche sur les propriétés mécaniques, chimiques ou hygrothermique de ce matériau.

Ces matériaux alternatifs souffrent d'une mauvaise image. Sur les 3 Mt de mâchefers d'incinération d'ordures ménagères (MIOM) produits chaque année, seuls 2 Mt sont recyclés. Le reste de la production part en décharge. Le défi actuel consiste à promouvoir leur valorisation. Le BRGM, le décrit comme un matériau techniquement fiable.

Lors du temps de maturation, le MIOM perd une bonne partie de ses capacités polluantes (abaissement du pH alcalin). La teneur en dioxine dans les mâchefers actuels est inférieure à 20 µg TEQ(60) par kg, ce qui les met au niveau d'un sol faiblement pollué.

« Des tests réalisés sur des chantiers dans les années 70 montrent une bonne durabilité mécanique des structures et une faible influence des MIOM sur la qualité des sols. De nouvelles techniques (traitement par des liants pour assurer une meilleure cohésion, ajout de gravillons, enrobage par bitume…) permettent encore d'améliorer ce matériau qui pourrait également être utilisé dans le confortement de carrières souterraines pour prévenir les effondrements. L'ajout de liant, chaux, ciment, pourrait aussi favoriser l'utilisation de mâchefers comme granulat de charge dans le béton bien que cela pose le problème de la banalisation du déchet comme matériau et donc de sa traçabilité. »(61)

Les enjeux environnementaux et économiques de recyclage des mâchefers sont nombreux :
- préservation de ressources naturelles ;
- réduction de déchets stockés ;
- réduction des émissions de GES (réduction des transports dans une économie locale) ;
- réduction du coût de traitement des déchets ;
- coût d'achat inférieur à celui des matériaux naturels (≈30 %) ;
- diminution du coût de transport(62).

7 Laitiers sidérurgiques

Les laitiers sidérurgiques sont des coproduits de la sidérurgie. Environ 4,6 Mt de ces matières minérales artificielles sont produites par an en France par l'industrie du fer et de l'acier. Les scories formées en cours de fusion ou d'élaboration du métal par voie liquide forment le laitier. Il s'agit d'un mélange composé essentiellement de silicates, d'aluminates et de chaux, avec divers oxydes métalliques, à l'exception des oxydes de fer qui ont été oxydés dans le process de production de fonte ou d'acier.

(60) Toxic Equivalent Quantity

(61) *Mâchefers d'incinération : un nouveau matériau pour le développement durable*. BRGM 2004 https://www.brgm.fr/fr/actualite/dossier-thematique/machefers-incineration-nouveau-materiau-developpement-durable

(62) Source *État des lieux du recyclage des mâchefers en France*. Enquête AMORCE mars 2018

Le laitier de haut fourneau est de composition chimique très stable. Selon le mode de refroidissement, on obtient :
– un laitier cristallisé qui sera utilisé comme granulats pour bétons, pour enrobés bitumineux, pour graves traitées au liant hydraulique, ballast, etc. Il présente une résistance mécanique élevée et une conductivité thermique faible ;
– un laitier vitrifié (granulé) utilisé dans l'industrie du verre comme source d'alumine et de silice, dans la fabrication de béton, en tant qu'addition sous forme moulue, en remplacement partiel du ciment, dans la fabrication de graves hydrauliques pour les routes, dans la production de ciment, en remplacement du clinker, dans les catégories CEM II et CEM III (jusqu'à 95 %) destinées, en particulier, à la réalisation de bétons en milieux agressifs, dans la production de liant hydraulique routier.

D'autres types de laitiers sont également utilisés dans le BTP :
– laitiers d'aciérie de conversion(63) : travaux de terrassement (remblais, merlons de protection phonique, etc.), réalisation de couches de forme, enrochement pour la construction de digues, constituant principal de liant hydraulique routier ;
– laitiers d'élaboration d'aciers carbone en filière électrique : construction d'assises de chaussées, pour la fabrication de couches de surface ou encore la réalisation d'enduits superficiels ;
– laitiers d'élaboration d'aciers inoxydables : réalisation de pistes d'accès et de chemins forestiers ou d'exploitations agricoles comme matériaux pour remblai et couches de chaussée, sous revêtement superficiel, granulats dans le béton, comme liant hydraulique dans la fabrication de briques.

Ces matériaux, aux propriétés techniques très intéressantes sont largement valorisés. Les laitiers de hauts-fourneaux en 2021 affichent un taux de 120 % de valorisation. Les 2,9 Mt produites en 2021, ainsi que 615 000 t de matériaux en stock ont été dirigées vers la filière BTP et fabrication de ciment.

De même, les laitiers d'aciérie valorisés cette même année représentent 1,647 Mt utilisés à 67 % dans le cadre d'opérations de travaux publics. En 2021, les stocks de ces laitiers étaient estimés à 18,5 Mt(64).

DOCUMENTATION

***Le béton recyclé* – Ouvrage scientifique RECYBETON**

« L'ouvrage décrit la fabrication et les propriétés des granulats de béton recyclé. Il distingue l'utilisation de la partie fine de ce matériau dans la fabrication de liants et le cas le plus courant, le béton concassé, qui sera utilisé comme granulat pour de nouveaux bétons. Le béton recyclé ainsi obtenu voit certaines de ses propriétés modifiées, à des niveaux variables selon la propriété choisie et le taux de recyclage adopté. L'ouvrage détaille ensuite la formulation du béton recyclé, et son utilisation dans les structures, illustrée par la réalisation de cinq chantiers expérimentaux. Il offre une approche de l'impact environnemental du recyclage du béton avec une estimation de la ressource en granulats recyclés, sur les aspects normatifs, sur les pratiques nationales et sur les conditions pour un recyclage respectueux des impératifs du développement durable. » – https://www.infociments.fr/sites/default/files/article/fichier/recybeton-ilovepdf-compressed.pdf

(63) Conversion de la fonte en acier.

(64) Source Centre Technique de Promotion des Laitiers Sidérurgiques CTPL https://www.ctpl.info/les-laitiers-siderurgiques/

Les déchets inertes DI

Granulats recyclés dans le secteur de la construction : enjeux et impacts environnementaux

Guide principalement destiné aux maîtrises d'ouvrage et maîtrises d'œuvre se penchant sur la question de l'usage des granulats recyclés dans leurs projets. Il est issu des travaux menés dans l'Action 3.4 du projet Interreg Poctefa RCDiGreen concernant « l'Identification de l'intérêt environnemental de remplacer les granulats vierges utilisés en BTP par des RCD ». – https://rcdigreen.eu/wp-content/uploads/2020/12/RCDiGreen_Guide-recycles-dans-les-secteur-de-la-construction.pdf

CEREMA, Acceptabilité environnementale de matériaux alternatifs en technique routière – Contrôle environnemental relatif à l'emploi des matériaux alternatifs

« Le guide propose une méthodologie avec des niveaux de contrôle adaptables aux spécificités du chantier. Les responsabilités des différents acteurs ainsi que les aspects réglementaires sont évoqués. Fondé sur les doctrines existantes, il présente une démarche de contrôle environnemental pour l'emploi des matériaux alternatifs, sous forme de fiches couvrant toute la chronologie du chantier et explicitant les contrôles envisageables selon le contexte (matériau alternatif couvert par un guide d'application, innovation, étude spécifique, etc.). » – https://doc.cerema.fr/digitalCollection/DigitalCollectionAttachmentDownloadHandler.ashx?parentDocumentId=592747&documentId=593026&skipWatermark=true&skipCopyright=true

FEDEREC VERRE, Cartographie points de collecte – A qui s'adresser pour recycler du verre plat issu d'un bâtiment ?

La FEDERC VERRE met en ligne la situation géographique des collecteurs et recycleurs de verre plat référencés par les signataires de l'ECV Verre Plat. http://recyclageverreplat.com/

Méthodologie et guides de valorisation des terres excavées et sédiments

Ces guides sont téléchargeables en PDF à parti du site du BRGM https://tex-infoterre.brgm.fr/fr/methodologie-guides/methodologie-de-valorisation-des-terres-excavees

Guide de valorisation hors site des terres excavées issues de sols potentiellement pollués dans des projets d'aménagement, version 2, avril 2020

Guide de valorisation hors site des terres excavées non issues de sols pollués dans des projets d'aménagement, version 1, avril 2020

Guide de caractérisation des terres excavées dans le cadre de leur valorisation hors site dans des projets d'aménagement et en technique routière pour infrastructure linéaire de transport

Guide d'utilisation de l'outil Hydro Tex valorisation hors site dans des projets d'aménagement, version 3, décembre 2018

Guide méthodologique SETRA – Acceptabilité de matériaux alternatifs en technique routière – Évaluation environnementale, mars 2011

Méthodologie nationale de gestion des sites et sols pollués, version 2017

INEC, La valorisation des mâchefers : une technique d'économie circulaire inscrite dans les territoires, étude

« Pour être circulaire, la valorisation des mâchefers en techniques routières doit se faire dans une logique de proximité. En effet, il est préférable de valoriser localement les déchets produits pour viabiliser ces opérations sur les aspects économiques et environnementaux. » – https://institut-economie-circulaire.fr/etude-i-la-valorisation-des-machefers-technique-deconomie-circulaire-inscrite-dans-les-territoires/

CEREMA, Acceptabilité environnementale de matériaux alternatifs en technique routière – Les mâchefers d'incinération de déchets non dangereux (MIDND)

« Le présent guide d'application vise à fournir aux maîtres d'ouvrage et aux maîtres d'œuvre, publics et privés, ainsi qu'aux entreprises, les prescriptions et exigences opérationnelles relatives à l'acceptabilité environnementale des matériaux alternatifs fabriqués à partir de mâchefers d'incinération de déchets non dangereux, et destinés à être utilisés en technique routière. » – https://www.cerema.fr/fr/centre-ressources/boutique/acceptabilite-environnementale-materiaux-alternatifs-0?v=5639

Fédération Nationale des Travaux Publics, site internet de la FNTP

Un véritable trésor de ressources diverses sur le monde des TP et les matériaux inertes. https://www.fntp.fr/

Mieux connaître les déchets de chantier...

Les déchets non dangereux non inertes DNDNI

FICHE **3.05**

1 Généralités

Déchets non dangereux relevant d'une filière REP pour la reprise gratuite :

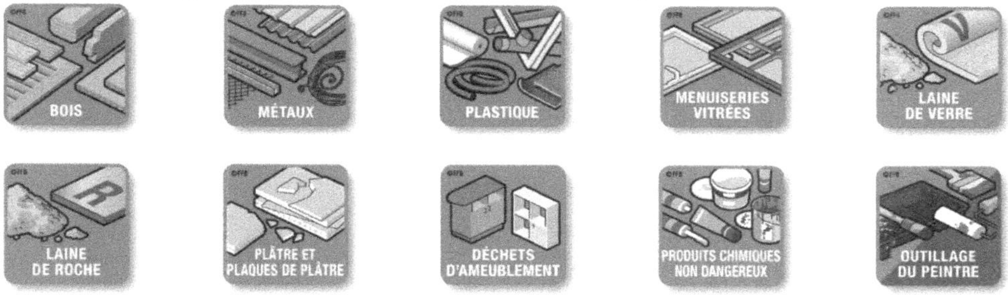

Autres déchets non dangereux :

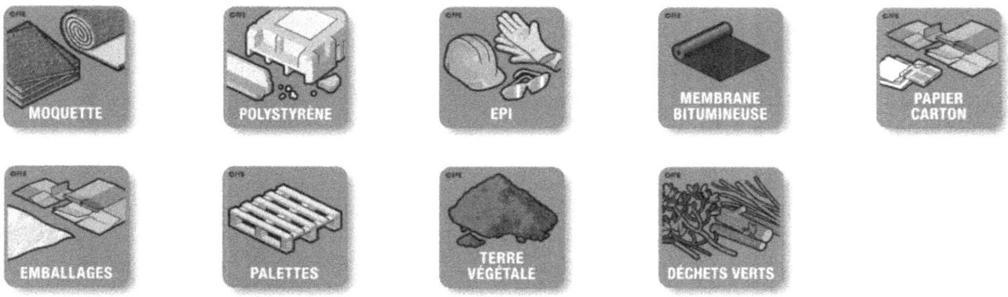

Fig. 3.05-1. Pictogrammes déchets non dangereux non inertes. FFB.

Depuis juillet 2021, l'obligation de tri à la source de 5 flux a été élargie à 7 flux. Tout producteur ou détenteur de déchet doit justifier de la valorisation de ces déchets par une attestation annuelle de collecte et de tri à la source remise par les installations de collecte et de traitement avec lesquelles il opère.

Métaux, bois, plastiques, papiers/cartons, et plâtre sont les DNDNI concernés par le décret n° 2021-950 du 16 juillet 2021. Les deux flux restants sont des déchets inertes : la fraction minérale et le verre (cf. précédemment Déchets inertes). En dehors de ces flux, dont le législateur a rendu le tri et la valorisation obligatoires, d'autres déchets, seront nécessairement triés et valorisés dès lors qu'ils seront pris en charge par la REP PMCB :
– constitués majoritairement en masse de métal ;
– constitués majoritairement en masse de bois ;
– mortiers, enduits, peintures, vernis, résines, produits de préparation et de mise en œuvre, y compris leur contenant, autres que ceux mentionnés au 7° de l'article L. 541-10-1 ;

Les déchets non dangereux non inertes DNDNI

– menuiseries comportant du verre, parois vitrées et produits de construction connexes ;
– à base de plâtre
– constitués majoritairement en masse de plastique ;
– à base de membranes bitumineuses ;
– à base de laine de verre ;
– à base de laine de roche ;
– d'origine végétale, animale, ou autres matériaux non cités dans une autre famille de cette catégorie.

L'étude collective menée par la FFB et ses partenaires en mai 2019, dans le cadre de construction de la filière REP PMCB, fait apparaître un gisement d'environ 10 Mt de déchets de chantiers non dangereux non inertes potentiellement valorisables, dont seuls 4,5 Mt seraient actuellement valorisées, en tenant compte de la valorisation énergétique. En 2021, la FEDEREC annonce 9,66 Mt de DNDNI collectés, ce qui représente 21 % de la collecte totale des déchets du bâtiment.

Les taux de valorisation sont très variables selon les types de matériaux, l'antériorité de la filière de valorisation, les types de chantiers. Les bois, métaux, cartons ne sont pas des matériaux spécifiques de la construction et les filières de valorisation fonctionnent de longue date, sur des gisements importants. Ce sont les métiers du second œuvre et de la déconstruction qui sont principalement concernés par la gestion des DNDNI. Les emballages, cartons, plastique, bois, concernent également les métiers du gros œuvre.

L'extrême diversité des matériaux de construction, la présence de matériaux composites, les gisements très variables dans l'espace et dans le temps ne permettent pas toujours de s'appuyer sur une filière de valorisation matière économiquement viable. L'investissement en R&D, en équipements est souvent lourd et de nombreux freins existent pour la réintégration de matière recyclée dans les process de fabrication.

La mise en œuvre de la filière REP PMCB devrait produire des effets positifs à court et moyen terme. La plupart des déchets et produits en fin de vie issus des chantiers sont pris en charge par la filière REP PMCB (cf. précédemment Fiche 3.02. Filière REP PMCB), par la filière DEEE, ou ECODDS (cf. précédemment Fiche 3.03. Déchets dangereux).

Ci-dessous, l'étude de quelques filières de traitement de déchets, de leurs enjeux et de leurs résultats.

2 Les métaux

Les métaux principalement employés dans la construction sont les métaux ferreux (aciers, fonte etc.) et non ferreux (aluminium, cuivre, plomb, zinc). Recyclables indéfiniment, quasiment à 100 % sans perdre leurs propriétés physiques, les déchets métalliques représentent aujourd'hui une ressource économique et stratégique. Le gisement des déchets métalliques de chantier est estimé à 3 Mt annuels. 2,7 Mt sont recyclés soit 90 %, car ils représentent un réel intérêt économique. Considérés comme valeur refuge, les métaux font partie des matières très prisées en bourse.

Malgré une concurrence mondiale féroce sur le marché de la sidérurgie et la fermeture de nombreuses mines et de sites sidérurgiques, l'Europe reste le second producteur d'acier après la Chine. Afin de maintenir sa place dans l'économie mondiale et préserver notre autonomie industrielle, les filières de recyclage des métaux mobilisent l'énergie de leurs acteurs et des pouvoirs publics.

Sécuriser l'approvisionnement de certains métaux, critiques pour le développement de notre industrie est devenu indispensable. Le cuivre, utilisé largement dans la construction (35,1 % en Europe en 2016) est un bon exemple. Sa production minière est particulièrement concentrée géographiquement (Amérique du Sud, Chine). L'augmentation de la demande mondiale, les tensions sur l'approvisionnement de matière vierge génèrent tout naturellement une hausse des cours, ce qui, de fait, rend le métal recyclé économiquement rentable. En 2023, le cours du cuivre fluctue entre 7 et 9 €/kg. Le cuivre trié et propre, racheté par un prestataire se situe entre 15 et 20 % au-dessous du prix du cours officiel.

L'extraction de minerai reste une activité particulièrement polluante et source de nombreux enjeux économiques et géopolitiques. Le recyclage des métaux permet donc de :
- limiter les **impacts environnementaux** (pollution des sols, de l'atmosphère et des eaux, déforestation) ;
- **économiser les ressources** ;
- économiser **l'énergie de 60 % à 95 % selon le métal constitutif du produit métallique** ;
- **réduire la production de GES (–1,78 t** eq CO_2/t d'acier recyclé, –6,89 t eq CO_2/t d'aluminium recyclé) ;
- rendre la matière première plus rapidement accessible et augmenter la fréquence de production et de mise sur le marché ;
- sécuriser l'approvisionnement de matières premières essentielles au développement de notre économie.

Comme tous les déchets valorisables, les métaux doivent être correctement triés et propres pour garantir une matière première secondaire de qualité.

3 Le bois

Le marché international du bois est également sous tension, à cause de la crise des matières premières et du repli de poids lourds du marché de l'industrie du bois, comme les États-Unis et la Chine. Les consommateurs industriels de bois sont donc incités à diversifier leurs approvisionnements et à davantage se tourner vers le bois issu des déchets. À l'échelle de la France, la demande aujourd'hui excède l'offre et les stocks fondent presque partout.

Le gisement de déchets non dangereux de bois dans la construction est estimé à 2,3 Mt (données 2019), hors production d'atelier mais incluant les emballages.

Ce sont les entreprises de bâtiment qui génèrent 80 % de ces déchets, 1,6 Mt pour les chantiers de rénovation, 300 000 t pour les déchets de construction neuve. Les entreprises de démolition sont, elles, responsables de la production de 400 000 t de déchets de bois. Les palettes et bois de coffrage représentent 311 000 t.

La valorisation matière des déchets de bois s'effectue au sein d'entreprises de fabrication de panneaux de particules, dans lesquels le déchet se substitue au bois issu de forêt. Sept sites français utilisent des déchets de bois comme matière première secondaire. Les autres destinations de cette matière sont la Belgique, l'Italie et l'Espagne.

Les déchets non dangereux non inertes DNDNI

Le bois valorisé énergétiquement est utilisé comme combustible dans des Unités de Valorisation Énergétique (UVE) pour la production de chaleur et/ou d'électricité. Il s'agit de :
– chaudières industrielles *(ICPE 2910B)* ;
– installations de production de chaleur ou d'électricité à partir de déchets non dangereux préparés sous forme de combustibles solides de récupération (CSR) *(ICPE 2971)* ;
– installations de traitement thermique des déchets non dangereux (*ICPE 2771)* ;
– installations de traitement thermique des déchets dangereux *(ICPE 2770)* ;
– cimenteries (*ICPE 2520).*

Tab. 3.05-1. Devenir des déchets de bois de bâtiment

Source : Gestion des Déchets Bois du Bâtiment – GDBAT Phase 1 : Gisement et devenir des déchets bois issus de la construction neuve, de la démolition et de la rénovation du bâtiment. FCBA Institut technologique. Financé par CODIFAB. https://www.codifab.fr/uploads/media/626195d5506cf/rapport-gdbat-phase1-v20220415.pdf

Mode de gestion	Types de bois	Quantités en t	Pourcentage
Réutilisation réemploi	Produits de construction	58 200	4 %
	Palettes	42 500	
Valorisation matière	Divers	953 600	41 %
Valorisation énergétique	UVE	915 600	47 %
	Cimenteries	166 400	
Stockage enfouissement	ISDND	120 000	5 %

Le bois de classe A

Le bois brut de classe A provient :
– de chutes de bois brut ;
– de panneaux de bois non mélaminés, non traités, sans souillures ;
– de déchets de bois d'emballage non traités et non peints comme palettes, caisses, cagettes, bois de calage ;
– de tourets ;
– de tambours pour câbles.

Ces bois sont à la fois recyclables et valorisables énergétiquement. Il est donc essentiel de les diriger vers les filières de traitement adéquates.

La palette est un maillon essentiel de la chaîne logistique globale, très prisée également dans le BTP. La palette en fin de vie constitue un gisement important parmi les déchets du chantier. Malheureusement, une part importante de ce gisement échappe aux systèmes de collecte. Pour le secteur de la construction, l'étude GDBAT fait état d'un gisement de déchets de palettes de 130 000 t, dont 35 % environ seulement sont collectées.

Si la part du réemploi de ces matériaux d'emballage représente 93 % des palettes collectées (42 500 t), elle ne représente qu'un tiers du gisement potentiel. 5 % des palettes collectées sont destinées à la valorisation matière et 1 % en valorisation énergétique. Il y a donc un champ d'amélioration important dans ce domaine.

Le bois de classe B

Ce sont des déchets de bois non dangereux, faiblement traités, peints ou vernis. Ils proviennent de :
- bois d'ameublement ;
- planches diverses ;
- contre-plaqué, MDF ;
- panneaux de particules ;
- bois d'œuvre ;
- bois de coffrage utilisés ;
- vieux meubles ;
- bois de démolition ;
- portes et fenêtres ;
- souches, grumes...

Le mélange de déchets sur le chantier, les modes de collecte, le traitement sur site ont pour effet de déclasser une part non négligeable de bois de classe A en classe B. Hors déchets pré-triés, comme les fenêtres, les éléments de bois réutilisés et les emballages, la quasi-totalité de ces déchets (87 %) sont devenus un déchet bois de classe B. Refus de tri et fines de broyage représentent 11 % des volumes traités.

Un tri de meilleure qualité devrait permettre de préserver au bois de classe A ses caractéristiques et en diriger une plus grande partie vers le recyclage matière.

4 Les plastiques

Les enjeux du recyclage des plastiques

Second utilisateur de polymères après le secteur des emballages, le BTP en France, utilise 19,1 % de la production globale de ces matières, 20,4 % au niveau européen.

Pas toujours apparents dans les bâtiments, les plastiques sont utilisés sur un important éventail d'applications, en constante augmentation : isolation, tuyauterie et réseaux, menuiseries, design intérieur, équipements divers, sans compter leur participation à la production de colles, résines, peintures, vernis et enduits divers.

L'appétit pour les plastiques est dû aux caractéristiques uniques de ces matériaux :
- durabilité et résistance à la corrosion ;
- isolation ;
- rentabilité ;
- hygiène ;
- nombreuses possibilités d'innovation ;
- facilité d'installation, d'utilisation et d'entretien.

Les enjeux d'un recyclage plus poussé des plastiques de chantier sont complexes. Ils font face à de nombreux freins :
- grande diversité des polymères, y compris matériaux composite non éco-conçus ;
- collecte en mélange, matières souillées, gisement pas toujours accessible ;
- exigence de traçabilité, contrôles et tests ;
- manque de robustesse de l'industrie du recyclage du plastique pour répondre à la demande ;

– moindre rentabilité économique du granulé de plastique régénéré (MPR) par rapport au matériau vierge ;
– à ce jour, tous les plastiques ne se recyclent pas ;
– difficultés pour les entreprises de plasturgie de modifier leurs process de fabrication pour intégrer des MPR ;
– mise en décharge ou dépôts sauvages sont trop souvent la solution de facilité.

L'écart de prix entre les polymères vierges et leurs équivalents recyclés constituait l'un des freins à l'adoption de ces derniers. Les pénuries de matériaux vierges dues aux récentes situations de crise, dont la pandémie, ont contribué au retour de la compétitivité économique des plastiques recyclés. Le marché européen avait été inondé par des PE(65) et des PP(66), produits à bas coûts aux États-Unis, entre 2017 et début 2020. Il était alors impossible pour les recycleurs européens de s'aligner sur de tels niveaux de prix. Aujourd'hui le marché des plastiques recyclés permet d'envisager un réel développement de ces matières.

Le gisement de déchets de plastiques issus du BTP est évalué à 157 500 t, soit 4,3 % des 3,663 Mt du gisement global de déchets de plastiques. En 2018, seulement 40,2 % de ce gisement, soit 63 000 t a été collecté en vue du recyclage(67).

Selon la durée de vie des matériaux, ou leur usage, les produits arrivant en fin de vie dans les flux de déchets ne sont pas toujours compatibles avec l'évolution des réglementations et des techniques. Avoir une vision prospective à moyen et long terme pour la filière est donc difficile. La recherche est sollicitée pour proposer des solutions de dépollution spécifique avant le recyclage et l'incorporation de ces matières recyclées dans de nouveaux produits. Régénérateurs et fabricants de pièces plastiques rencontrent des difficultés face aux flux de la déconstruction contenant plastifiants et autres additifs qui ne sont plus conformes avec REACH(68). La traçabilité de ces déchets n'étant pas toujours bien conduite, il est souvent difficile de connaître leurs spécificités techniques, ce qui nécessite des tests complexes et coûteux.

Le recyclage mécanique, décrit ci-dessous, appelé aussi régénération, est un processus qui ne change pas significativement la structure de la matière. En principe, tous les thermoplastiques peuvent être recyclés mécaniquement avec peu de perte de qualité. Ce mode de recyclage représente 99 % des quantités recyclées.

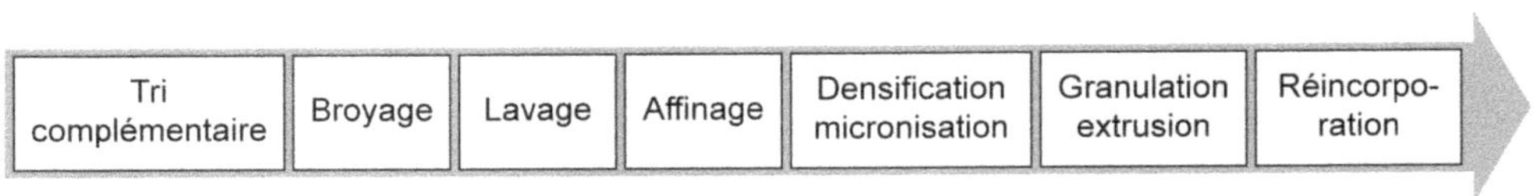

Fig. 3.05-2. Le processus du recyclage mécanique des plastiques

(65) Polyéthylène.

(66) Polypropylène.

(67) ADEME, Bilan National du Recyclage (BNR) 2010-2019 – https://librairie.ademe.fr/dechets-economie-circulaire/5233-bilan-national-du-recyclage-bnr-2010-2019.html

(68) Registration, Evaluation, Authorisation and restriction of CHemicals. Règlement de l'Union européenne adopté pour mieux protéger la santé humaine et l'environnement contre les risques liés aux substances chimiques, tout en favorisant la compétitivité de l'industrie chimique de l'UE.

La pyrolyse, l'hydrolyse ou encore la gazéification font partie des technologies de recyclage chimique permettant de reconvertir les plastiques en substances chimiques. Les substances ainsi obtenues peuvent alors être utilisées pour produire de nouveaux polymères, aux propriétés comparables à celles des matériaux vierges. On peut également les utiliser pour fabriquer d'autres produits chimiques ou des carburants. Ces process étant coûteux, surtout en énergie, les principaux acteurs du recyclage chimique des plastiques en Europe sont uniquement des majors de la pétrochimie.

Pour les déchets plastiques post-consommation non recyclés, la valorisation énergétique concerne des volumes encore significatifs. Elle est réalisée dans un incinérateur d'ordures ménagères résiduelles (OMR) avec récupération d'énergie ou sous forme de combustibles solides de récupération (CSR), à destination des cimentiers, chaufourniers et autres industriels consommateurs d'énergie.

Tous les types de plastique ne sont pas recyclables. Les plastiques thermodurcissables, utilisés pour la fabrication d'éléments particulièrement solides ne peuvent pas être recyclés aujourd'hui. Ils seront soit valorisés énergétiquement comme CSR, ou enfouis en installation de stockage de déchets non dangereux.

Quelques plastiques largement utilisés dans le BTP

Constitué de 57 % de sel de mer et de 43 % de dérivés de pétrole, le polychlorure de vinyle (PVC) représente 75 % des plastiques utilisés dans le BTP (tuyaux, encadrements de fenêtres, revêtements de sols et de murs, câbles, toitures, liners de piscines). Divers adjuvants sont ajoutés au polymère afin de lui conférer les propriétés nécessaires à son utilisation ultérieure, comme une plus grande stabilité vis-à-vis de la chaleur et de la lumière, notamment le rayonnement ultra-violet. Matériau peu coûteux à produire, facile à mettre en œuvre, aux multiples propriétés, le PVC est en revanche très sensible aux rayons ultra-violets qui le fragilisent et il durcit avec le temps. Soumis à des températures entre 250 °C et 400 °C, il génère des produits de dégradation thermiques hautement toxiques, dus à la présence de chlore.

Le gisement de déchets de PVC souple est estimé à 50 000 t/an, le PVC rigide à 60 000 t/an. Seuls 2 % du PVC souple est recyclé, alors que 33 % du PVC rigide suit les filières de valorisation.

Le PVC est bien adapté au recyclage. De gros volumes de déchets recyclables en PVC sont disponibles en particulier dans les menuiseries, il peut être recyclé plusieurs fois du fait de sa nature thermoplastique. L'injection de 70 % de PVC recyclé dans la fabrication de profilés de fenêtres permet jusqu'à 50 % d'économie d'énergie et un moindre impact environnemental (1 kg de MPR représente 6 % de l'impact carbone d'1 kg de PVC vierge, et 1 % de la consommation nette d'eau douce du vierge).

Le taux d'incorporation de MPR dans la production de profilés en PVC est évalué à 9,5 % en 2019. Les professionnels du secteur se sont engagés sur un taux de 20 % en 2025, et les régénérateurs constatent un réel effet positif avec une demande croissante de MPR.

Le polystyrène expansé (PSE) entre dans de multiples applications d'isolation du bâtiment :
– par l'extérieur sous enduits (principalement utilisé en rénovation) ;
– planchers sous toutes leurs formes ;
– toitures terrasses (compatible avec de nombreux revêtements d'étanchéité) ;

Les déchets non dangereux non inertes DNDNI

– toitures ;
– par l'intérieur (complexes de doublage) ;
– murs de bétons préfabriqués à isolation intégrée ;
– remblais routiers et paysagers.

Bonne résistance à la compression, durée de vie importante, légèreté, facilité et rapidité à mettre en œuvre, sont les qualités qui font du PSE un isolant très prisé, malgré quelques points faibles, comme son inflammabilité, sa faible résistance aux rongeurs, ses performances acoustiques modérées.

Le gisement d'isolants en PSE est évalué à 20 000 t/an avec un taux de valorisation de 47 %.

100 % recyclables, les déchets de PSE bénéficient d'une filière de valorisation dans le second-œuvre. Néanmoins, du fait que le PSE contienne 98 % d'air, il est coûteux à recycler car il prend beaucoup d'espace de stockage, tout comme il est coûteux à transporter. Pour cette raison, le recyclage du PSE est jugé trop difficile et il finit malheureusement dans des décharges ou des incinérateurs dans de nombreux endroits.

Il peut être recyclé sous forme expansée dans la fabrication de nouveaux isolants en PSE (boucle fermée), dans la fabrication de bétons allégés, utilisés comme matériau de rembourrage ou systèmes de drainage ou sous forme de granules de polystyrène.

Afin de réduire les coûts de stockage et de transport, le PSE peut être compacté sous forme de blocs rigides ou broyés sous forme de granulés. Il sera ensuite régénéré en matière première de recyclage (MPR) (cf. ci-dessus Le processus du recyclage mécanique des plastiques).

Un des inconvénients du PSE est sa légèreté qui conduit à disperser de grandes quantités de billes dans l'environnement, notamment dans les cours d'eau, alimentant la soupe de plastique des océans.

Le polypropylène (PP) a de nombreuses utilisations sur le chantier :
– isolant électrique ;
– fibres pour le renforcement des bétons, mortiers, enduits ;
– géotextiles renforcés ;
– barrières de chantier ;
– big bags et sacs ;
– regards, éléments de réseaux, caniveaux ;
– pots de peinture ;
– plaques alvéolaires (coffrages perdus de fondations) ;
– cordes.

C'est un déchet qui est parfaitement recyclable. Notons qu'il existe des big bags réutilisables et qu'il est préférable de les utiliser en lieu et place des big bags à usage unique. Le meilleur déchet est celui qu'on ne produit pas.

Le gisement de PP/PE est évalué 18 000 t, dont seulement 17 % est valorisé.

Le polyéthylène téréphtalate (PET) (pièces coulissantes, mousses d'isolation), ainsi que le polyéthylène haute densité (PEHD) (tubes et raccords, tuyaux, plaques, garde-corps) sont également très utilisés dans la construction. Le recyclage de ces matériaux permet de limiter fortement les impacts environnementaux :
– 1 tonne de PET recyclé permet de réduire les émissions de 2,29 tonnes eq. CO_2 une économie de 10,96 mégawatheures (MWh) d'énergie (soit un peu plus que la consommation annuelle d'énergie d'un habitant) et une déduction de 66 % de l'utilisation nette d'eau douce ;

– 1 tonne de PEHD recyclé permet de réduire les émissions de 1,53 tonne eq. CO_2, une économie de 7,98 MWh d'énergie et une réduction de 43 % de l'utilisation nette d'eau douce.

Les déchets d'isolants en polyuréthane (PU) représentent un gisement de 10 000 t, très peu valorisé.

Le SNPU souligne que « Les déchets polyuréthane issus de la production ou de la construction peuvent être broyés et retransformés en panneaux et profilés de haute densité pour remplacer des panneaux de particules bois. La matière recyclée ainsi est imputrescible, résistant aux moisissures et, grâce à sa faible conductivité thermique, sa légèreté et sa résistance à l'humidité exceptionnelle et à son niveau de résistance mécanique, elle peut être utilisée comme élément de construction pour façades, comme matériel pour les encadrements de fenêtres, comme cloisons ou portes, ou bien comme mobilier de cuisines ou de salles de bains. On le retrouve aussi dans les trains à grande vitesse, les camions et les caravanes.

Les déchets polyuréthane de production sont également transformés en d'autres produits isolants à base de polyuréthane, en particulier pour l'isolation thermique et acoustique des planchers. Pour cet usage, la mousse des déchets est moulue en poudre et traitée avec des additifs et autres matériaux tels que de la cellulose ou des bétons et ciments. Elle peut ensuite être uniformément distribuée sur le sol. »

Le PU peut également être recyclé chimiquement, « Les principales difficultés pour une plus large utilisation du recyclage chimique comprend l'élimination des parements, la logistique et le coût du processus de recyclage et des matières premières nécessaires ainsi que la qualité des polyols obtenus. »[69].

Lorsque ces déchets ne peuvent pas être réemployés ou recyclés, ils seront valorisés énergétiquement dans des UVE. Leur pouvoir calorique important en fait des déchets trop précieux pour être enfouis.

5 Le plâtre

Le plâtre, bien que constitué de matière minérale n'est pas un déchet inerte. En milieu fermentescible et dans certaines conditions, il réagit et forme du gaz sulfurique soluble dans l'eau. La solubilité du plâtre peut entraîner une pollution des nappes phréatiques.

Le processus de transformation du gypse en plâtre (cuisson à faible température entre 150 et 200 °C) est totalement réversible. Le gypse est donc recyclable à 100 % et à l'infini. En fonction des différentes granulométries traitées en sortie de process de valorisation matière, le gypse pourra être utilisé :
– dans l'industrie plâtrière par l'intégration jusqu'à 30 % de plâtre recyclé dans des plaques de plâtre ;
– dans l'industrie cimentière par injection de gypse mélangé au clinker qui fonctionne comme un accélérateur de prise lors de la cuisson ;
– dans le domaine agricole pour l'amendement de certains sols.

(69) SNPU (Syndicat National des Polyuréthanes), « Que deviennent les déchets de polyuréthane en fin de vie ? », https://snpu.fr/que-deviennent-les-dechets-du-polyurethane-en-fin-de-vie/

Les déchets non dangereux non inertes DNDNI

Selon les industriels, la taille du gisement potentiel de déchets de plâtre, comprenant ceux provenant de chantiers de déconstruction et les chutes de chantiers de construction et de rénovation, avoisinerait les 575 000 tonnes en France. En 2016, les industriels du secteur ont signé avec l'État, un engagement pour la croissance verte avec l'objectif de recycler 250 000 tonnes de déchets de plâtre par an à l'horizon 2020. Malgré un recyclage en croissance continue, en 2017, 91 000 t de déchets de plâtre ont été recyclées, 93 000 t en 2018, 107 000 t en 2019.

Le plâtre fait partie des sept flux qu'il est obligatoire de trier à la source depuis juillet 2021. Il est également intégré dans le cahier des charges des éco-organismes chargés de la mise en œuvre de la filière REP PMCB (cf. Fiche 3.02 La filière REP MPCB). Ces dispositions vont permettre d'atteindre les objectifs fixés, en densifiant le maillage des sites de collecte.

Comme tous les autres déchets, la qualité de la matière première obtenue après le process de recyclage dépend de la qualité du tri et de la qualité du déchet. Les déchets issus de découpe de plaques de plâtre neuves sont des flux propres qu'il est préférable de ne pas mélanger avec des plâtres issus de la déconstruction ou rénovation. Ceux-ci contiennent d'autres déchets (cartons, isolants, enduits etc.) qui perturberont l'efficacité du recyclage.

Comme l'écrasante majorité des déchets, le plâtre est valorisé par recyclage mécanique. Après un tri soigneux, qui doit permettre de retirer tous les éléments indésirables, tels que le bois, le polystyrène ou le carton, il est broyé. Les résidus de carton des plaques de plâtre sont éliminés par tamisage et soufflage. Les petits morceaux restants sont brûlés lors de l'étape de cuisson.

Le recyclage de plâtre permet l'économie des ressources de gypse qui se raréfient. Les réserves de gypses français, surtout localisées en Île-de-France (54 % de la production nationale), ne sont plus accessibles à 80 % à cause de l'urbanisation.

D'autre part une étude menée par le SNIP (Syndicat national des industries du plâtre)(70) a montré que l'impact potentiel du recyclage est inférieur à celui de l'enfouissement. La logistique étant responsable d'une grande part des impacts, le développement du maillage de collecte et des circuits courts permettra de réduire encore ces impacts.

6 Les laines minérales

Les processus de fabrication des laines minérales, laine de verre ou de roche, sont très proches.

« Les matières premières naturelles et considérées comme inépuisables (basalte, coke, chaux, matières recyclées tel que laitier et rebuts de production) sont mélangées et fondues avant d'être transformées en fibres dans des fileuses. A la différence de la laine de verre, la laine de roche contient des résidus de roche infibrés qui génèrent des produits plus lourds. Les fibres sont ensuite aspirées pour former des matelas qui sont cuits dans des étuves puis découpés avant d'être palettisés. »(71).

(70) Bilan environnemental de fin de vie du plâtre : recyclage des déchets de plâtre en gypse *versus* élimination en ISDND, dans un casier dédié aux déchets de plâtre – Synthèse https://www.lesindustriesduplatre.org/wp-content/uploads/2022/03/SNIP-FICHE-Bilan-Environnemental-fin-de-vie-platre-210x297-Fiche-15-2022-3.pdf

(71) ISOVER SAINT GOBAIN, Fabrication des laines minérales, https://www.isover.fr/connaitre-isover/notre-savoir-faire/fabrication-des-laines-minerales

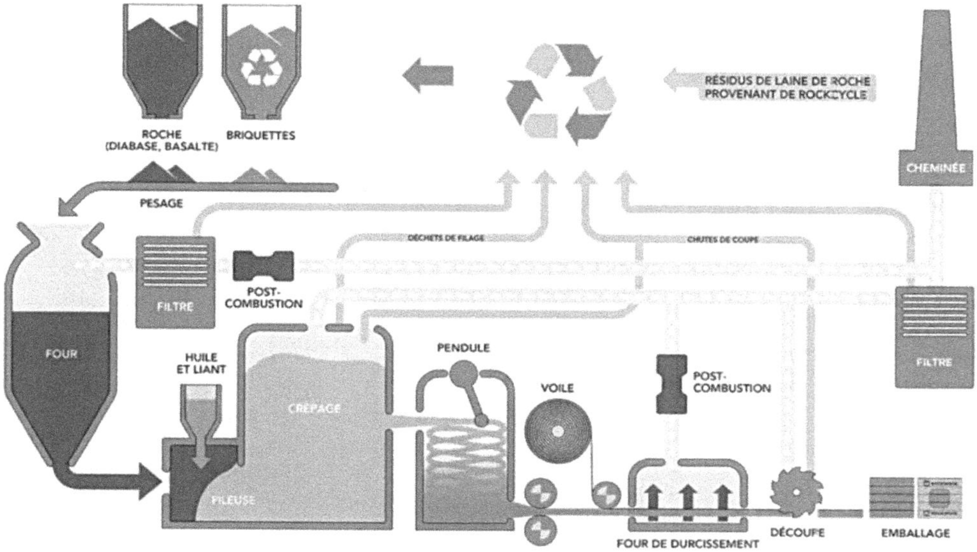

Fig. 3.05-3. Processus de fabrication de laine de roche ROCKWOOL
Source : https://www.rockwool.com/be-fr/conseils-et-inspiration/connaissances-et-conseils/durabilite-et-circularite/comment-est-fabriquee-la-laine-de-roche/

La laine de verre fait également partie des déchets de construction qui sont recyclables à 100 % et à l'infini. Le gisement des déchets de laines minérales est estimé à 250 000 t/an avec un très faible taux de valorisation à ce jour.

Les professionnels de la construction ont identifié les enjeux de développement de cette filière émergente :
- adaptation de la collecte sur chantier et dans les entreprises (petites quantités) ;
- massification et logistique pour des déchets de faible densité ;
- développement du maillage de points de collecte et de massification de proximité ;
- amélioration de la compétitivité de la filière ;
- renchérissement de l'enfouissement ;
- développement R&D (consommation du calcin).

« Le recyclage des laines minérales est aujourd'hui limité à des produits propres, essentiellement des chutes de pose, et sa logistique de collecte présente des contraintes spécifiques. Laine de verre et laine minérale présentent des problématiques semblables liées à leur faible densité. **Mais ce sont des produits distincts qui ne peuvent pas suivre les mêmes filières de recyclage, qui ne doivent pas être mélangés** et doivent faire l'objet d'une collecte séparée. Les formations à la dépose sont importantes pour apprendre à reconnaître les laines qui sont parfois difficiles à distinguer entre elles. »[72].

La dépose et le tri de la laine de verre par l'entreprise de curage est la première étape d'une bonne valorisation de ce déchet. La laine, collectée et compactée est ensuite acheminée

(72) VALOBAT, « Le recyclage des laines minérales. Comment s'organise la filière des laines minérales ? », https://www.valobat.fr/le-recyclage-de-la-laine-minerale/

vers un four. Composée de 95 % de verre et de 5 % de liant polymère, la laine de verre est un matériau composite qui sera fondu et oxydé, afin d'obtenir un calcin clair, propre à être utilisé comme matière première recyclée(73).

La reprise sans frais de déchets de laines minérales fait partie du cahier des charges des éco-organismes. L'augmentation du tonnage de collectes de matériaux triés permettra de dynamiser cette filière de valorisation matière.

7 Les membranes bitumeuses

Le bitume est une substance à base de pétrole utilisée également en technique routière. Imperméable à l'eau, il a une texture rigide à température ambiante, mais peut se liquéfier à haute température. Utilisé pour l'isolation des toitures, il peut être recyclé et réutilisé dans de nouveaux matériaux de toiture. En revanche, tous les vieux bitumes ne peuvent pas être recyclés. Le mélange avec d'autres matériaux, la contamination par d'anciennes couches de goudron, ne permettent pas de le réintroduire dans la chaîne de production en tant que MPR. Ils seront dirigés vers les filières de valorisation énergétique.

Les complexes d'étanchéité bitumeux sont en général composés :
– d'isolant : majoritairement mousse de polyuréthane, laine de roche
– membranes bitumeuses : constituées d'une armature en fibre ou toile de verre, carton, entourée de bitume.

Il sera donc nécessaire de séparer le bitume de l'armature et des autres constituants. Le bitume pourra être valorisé en boucle fermée chez les fabricants de membranes ou en boucle ouverte pour la filière routière.

Avec les résidus bitumineux auquel on ajoute des fines de bois et de mousse de polyuréthane, on fabrique un CSR normé (valeurs constantes du pouvoir calorifique, du taux de chlore, de la granulométrie) pour répondre au cahier des charges des cimentiers.

8 Les cartons

Les cartons d'emballage ne relèvent pas de la REP PMCB. Ils seront intégrés dans la REP DEIC (déchets d'emballages industriels) prévue en 2025. Les professionnels ont l'obligation de les trier à la source depuis juillet 2016. Cette obligation est renforcée par la loi AGEC qui instaure le tri 9 flux :
– 5 flux depuis juillet 2016 : papiers-cartons, verre creux, plastiques, métaux, bois
– 7 flux depuis juillet 2021 : les mêmes + plâtre + fraction minérale
– 8 flux à partir du 1er janvier 2024 : + biodéchets
– 9 flux à partir du 1er janvier 2025 : + textiles

Les cartons doivent donc être placés dans un contenant séparé pour être collecté par un prestataire en attendant la reprise sans frais dans le cadre de la REP DEIC.

(73) Déchets de laine de verre vers la fin de l'enfouissement ? Vidéo réalisée par Actu Environnement chez l'industriel ISOVER https://www.youtube.com/watch?v=kpN79SaVwAw

9 Les déchets organiques

Les déchets organiques, ou fermentescibles sont les résidus d'origine végétale ou animale qui peuvent être dégradés par les micro-organismes pour lesquels ils représentent une source d'alimentation. Ils incluent :
– les végétaux, déchets verts ;
– les déchets putrescibles d'alimentation ;
– les papiers et cartons souillés sous certaines conditions.

Comme nous l'avons vu ci-dessus, il est obligatoire de trier les biodéchets à partir du 1er janvier 2024. Pour les chantiers, cela concerne essentiellement les déchets alimentaires consommés sur le chantier ou dans des cantines d'entreprise. Les entreprises devront :
– mettre en place des mesures limitant les quantités produites ;
– analyser le gisement : connaître leur nature et leurs quantités ;
– les valoriser sur place ou *via* un prestataire agréé ;
– former et sensibiliser leur personnel.

Les déchets verts seront placés dans un contenant adapté (benne, big bag) et confiés à un prestataire de collecte et de traitement : le brûlage à l'air libre des déchets verts est interdit.

Les souches et grumes ne sont pas considérées comme déchets verts mais font partie de la classe des bois B.

10 Rappel important

Le brûlage à l'air libre sur un chantier de construction est interdit de même que tout enfouissement sur le chantier ou toute mise en dépôt sauvage. Les agents de police municipale sont compétents pour verbaliser les contrevenants, que ce soit sur un terrain public ou un terrain privé.

Le brûlage sauvage des déchets sur le site d'une entreprise constitue une infraction prévue et réprimée par l'article L. 173-1 du Code de l'environnement puisqu'elle ne possède pas d'autorisation d'incinération de déchets au titre des installations classées pour la protection de l'environnement.

Le brûlage des déchets sur chantier des matériaux contaminés par des insectes xylophages (termites, capricornes, etc.) est cependant prévu par l'article L. 133-5 du Code de la construction et de l'habitation. L'opération de brûlage doit alors répondre à certaines règles de sécurité et doit être déclarée en mairie.

DOCUMENTATION

London Metal Exchange. La bourse des métaux industriels ferreux et non ferreux

Accès gratuit. Prix en $. https://www.lme.com/

Recyclage Récupération. Revue des professionnels du recyclage et du traitement des déchets

Sur abonnement. Les actualités des filières, des matériels, la réglementation, les cours des matières premières secondaires https://www.recyclage-recuperation.fr/les-cours/

Les déchets non dangereux non inertes DNDNI

ECODROP. LAURÉAT du Concours d'innovation 2018 de l'ADEME / Économie Circulaire et de la GreenTech Verte 2020

« Créée en 2017 par une équipe de passionnés d'économie circulaire, d'experts du digital et du secteur du bâtiment, Ecodrop s'est donné la mission de faciliter la gestion des déchets des artisans du bâtiment grâce au digital, pour moins de dépôts sauvages, une meilleure traçabilité, plus de recyclage… » Le service est actuellement disponible sur toute l'Île-de-France. Il s'étendra bientôt sur l'ensemble du territoire français. https://www.ecodrop.net/

SINIAT, Bonnes pratiques du recyclage du plâtre

https://youtu.be/LTInHT8WPJk Vidéo

Gestion des fluides

1 Économies d'eau et d'énergie

La production ou la consommation inutiles, ou inutilisés, de ressources, matières ou fluides relève du gâchis, du gaspillage. Le résultat en est, en plus de dépenses inutiles, la production de déchets directs ou indirects. C'est notamment le cas lors du gaspillage d'eau potable et d'électricité, où il faut prendre en compte le poids environnemental, dont la masse de déchets produits lors de la production et de la distribution de ces deux fluides.

L'ensemble des acteurs aura à cœur, n'en doutons pas, de réduire ce gaspillage à son strict minimum, en maîtrisant les consommations d'eau et d'énergie sur leurs chantiers. Outre le gâchis évité, ces postes représentent des lignes budgétaires élevées. On aura donc tout intérêt à réfléchir en amont comment réduire les besoins et prévoir des dispositifs permettant maîtrise et contrôle.

Si sensibilisation et prévention sont indispensables, elles sont loin d'être suffisantes. Tout au long du chantier il s'agira d'organiser le suivi et le contrôle des consommations afin d'enrayer les dérapages, très coûteux.

Les carburants

Nous l'avons évoqué à de nombreuses reprises, le transport a un poids économique et environnemental important dans l'ACV du bâtiment.

En organisant au plus près le chantier dans sa dimension logistique (espaces, approvisionnements, double fret) on réduit, de toute évidence la consommation de carburant et ses impacts environnementaux.

« Changer le monde ça s'apprend » pose la FNTP en slogan sur sa plateforme tpdemain.com[74]. Pleinement consciente de la nécessité de former et d'informer les entreprises de Travaux Publics, la fédération a développé une belle bibliothèque de ressources pédagogiques dédiées aux métiers des TP. Ces ressources sont en libre accès.

Les acteurs d'opérations nécessitant l'intervention des entreprises de Travaux Publics pourront se référer à des outils comme *Choisir le bon outil pour optimiser la production mécanique et minimiser les émissions de GES, Optimiser les placements et déplacements des engins de transport,* ou *Les règles d'écoconduite et leurs impacts sur les émissions de GES, Le bio-carburant et les véhicules de TP* et bien d'autres encore.

(74) https://tpdemain.com/

Gestion des fluides

L'électricité

Le secteur de la construction est un des gros utilisateurs d'énergie en France. À ce titre, il doit s'engager dans un plan de sobriété énergétique qui concerne bien évidemment toute la filière et tous les acteurs. C'est l'enjeu des plans de rénovation énergétique, de la RE 2020, qui ne sont pas l'objet de cet ouvrage. Nous considérerons plutôt les économies d'énergie à réaliser dans le cadre du chantier.

Économiser l'électricité sur un chantier est devenu, pour l'entreprise, un élément économique fort.

Les mesures à prendre sont nombreuses, en voici quelques-unes :
- choisir les équipements les moins consommateurs ;
- équiper l'éclairage provisoire du chantier de lampes basse consommation (LED) ;
- réguler les alimentations électriques (horloge, détecteurs de présence et de luminosité) ;
- installer des panneaux photovoltaïques ;
- réguler l'utilisation du chauffage dans la base vie (thermostat) ;
- choisir un équipement de base vie isolée ;
- privilégier les ventilateurs aux climatiseurs ;
- équiper les portes de grooms, ferme-portes ;
- équiper les fenêtres avec des protections solaires ;
- produire l'eau chaude par le solaire thermique ;
- etc.

Pour sensibiliser les entreprises au potentiel de production d'électricité solaire, la plateforme tpdemain.com propose une vidéo accessible librement : *L'autoproduction électrique solaire en entreprise de TP*(75).

Une grande partie de l'efficacité de ces mesures repose sur une bonne sensibilisation des compagnons. La FFB a construit des kits d'animation adaptés à l'entreprise pour la sensibilisation des collaborateurs aux sujets environnementaux : *Le ¼ d'heure environnement*(76).

Le contrôle des consommations et le suivi régulier de l'efficacité des mesures mises en place devra être confié à un référent environnement qui coordonnera la politique environnementale du chantier, rattaché à la maîtrise d'ouvrage ou la maîtrise d'œuvre.

La première des actions à mener est de :
- mesurer la consommation d'électricité ;
- de relever régulièrement ces mesures et de les contrôler ;
- de les reporter dans un tableau pour en faire le suivi ;
- d'en faire un bilan en fin de chantier.

Sans ce suivi, les consommations et les factures s'envoleront.

(75) https://tpdemain.com/module/lautoproduction-electrique-solaire-en-entreprise-de-tp/

(76) https://www.ffbatiment.fr/outils-modeles-document/outils/animation-entreprise-quart-d-heure-environnement

L'eau douce

Connaître sa consommation

La pénurie d'eau douce est reconnue comme l'un des problèmes environnementaux majeurs, à court et long terme. Réduire la consommation d'eau de 10 % d'ici 2030 est donc l'objectif des 53 mesures prises par le gouvernement, dans le cadre du Plan Eau, afin de minimiser les impacts des sécheresses consécutives en France. Chaque filière économique doit établir un plan de sobriété en eau pour contribuer à l'atteinte de cet objectif.

Sur un chantier, l'eau occupe une place prépondérante. Or l'eau potable n'est utile et nécessaire que pour la boisson et l'hygiène des intervenants. Le process de potabilisation de l'eau rend ce fluide plus précieux encore, par son coût économique et son poids environnemental.

Malheureusement, rares sont les chantiers qui peuvent bénéficier d'un raccordement à l'eau brute ou utilisent eaux de pluie ou eaux réutilisées.

Il est difficile de trouver une moyenne de consommation d'eau en m^3/m^2 de SHON. Aucune étude ne semble avoir été publiée sur la consommation moyenne d'un chantier et il n'est pas certain que les acteurs du chantier aient une vision très précise sur leur consommation en eau. Peut-être est-ce à cause du fonctionnement du compte prorata qui, pour une part, peut déresponsabiliser chaque corps de métier, puisque la gestion en est collective. L'absence de suivi par un coordonnateur, référent, AMO environnement en est très certainement l'une des raisons.

Comme pour l'électricité, la première des mesures à mettre en place est le suivi précis et régulier des consommations en installant des compteurs distincts sur la base vie et sur le chantier. Et comme pour l'énergie il s'agira d'en faire l'analyse pour prendre les mesures correctives qui s'imposent.

Une des rares références au ratio de consommation d'eau par m^2 de SHON, sur la phase chantier, émane du bilan de fin du chantier de construction de l'IRSET, rédigé par le bureau d'études Cap-Terre : 0,14 m^3 d'eau par m^2 de SHON, pour une construction de 6 787 m^2.

954 m^3 d'eau ont été consommés sur le chantier avec une proportion de 36,7 % pour le fonctionnement de la base vie. Il convient de signaler que ce chantier était un chantier à faibles nuisances(77). On peut imaginer que la consommation moyenne d'eau est plus élevée en général, car les types d'actions conduites par Cap-Terre ne sont pas mises en place sur tous les chantiers.

Comment maîtriser sa consommation ?

La première action de suivi à mettre en place est la suppression des fuites. Vérifier la bonne tenue des raccordements, contrôler la consommation par le suivi des compteurs permettront de substantielles économies.

Les équipements du quotidien peuvent être adaptés pour réduire les consommations :
– équiper les tuyaux d'eau de raccords rapides qui coupent l'eau automatiquement après déconnexion ;
– équiper les lances des tuyaux d'eau d'un régulateur de débit (permet de réaliser des économies entre 30 et 50 % d'eau) ;

(77) https://leres.ehesp.fr/wp-content/uploads/2016/07/IRSET_Bilan-de-fin-de-chantier-_v1.pdf

– privilégier des sanitaires qui consomment peu d'eau (par exemple des toilettes sèches) ;
– installer des robinets temporisés dans la base vie.

La sensibilisation des compagnons aux gestes d'économies d'eau et le suivi régulier de ces mesures sont indispensables.

Selon les régions et leur pluviométrie, il est possible d'installer une citerne pour récolter les eaux de pluie. De même, on pourra après traitement, réutiliser les eaux.

Une bonne organisation spatiale du chantier limitera les tentations de gâchis d'eau. Si le robinet d'arrêt est trop éloigné du poste de travail, l'eau risque de couler trop longtemps, ou la réserve d'eau débordera trop souvent.

Ces mesures sont frappées au coin du bon sens, pourtant, les exemples de ces négligences sont bien trop souvent observés sur les chantiers.

Le phasage du chantier en fonction de la météo permettra de mieux gérer la ressource en eau : couler du béton les jours de forte chaleur nécessitera d'utiliser une plus grande quantité d'eau, etc.

Des modes constructifs moins consommateurs d'eau

La filière sèche privilégie les constructions en bois, les cloisons légères, les chapes sèches, etc. Ces modes constructifs permettent de réduire la consommation en eau en amont du chantier car ils sont plus sobres que le process de fabrication du béton. La consommation d'eau sur le chantier diminuera également car la mise en œuvre de ces éléments préfabriqués ne nécessite pas d'eau. De plus, ils ne nécessiteront pas de surconsommation de chauffage en hiver, lors de périodes de séchage.

La préfabrication hors site des éléments en béton est annoncée comme permettant de réduire l'impact environnemental du bâtiment, d'optimiser les coûts de construction, en plus de réduire la consommation d'eau sur le chantier. C'est un des axes de recherche de la filière béton, avec le béton bas carbone.

2 Gestion des effluents industriels

Les chantiers sont des lieux où la gestion des eaux est très importante car de nombreux effluents présentent des risques conséquents de contamination de l'environnement.

Les eaux d'exploitation

« Pour des raisons environnementales et sanitaires, les déchets liés aux activités industrielles doivent être maîtrisés à la source. Cette maîtrise permet de limiter les polluants dans les rejets d'eaux usées et donc d'avoir un fonctionnement optimal des stations d'épuration. Le respect des conditions de déversement permet de diminuer le risque de pollution des milieux naturels et le risque sanitaire pour les riverains ainsi que pour les agents qui interviennent dans les réseaux d'assainissement. »[(78)].

Le rejet d'effluents industriels dans les réseaux d'assainissement des eaux domestiques, sans autorisation préalable ou non-conformes à l'autorisation, correspond à un délit, soit 10 000 €

(78) https://www.est-ensemble.fr/les-rejets-deaux-usees-issus-des-activites-non-domestiques-industriels

d'amende ou 20 000 € d'amende en cas de récidive.[79] Pour pouvoir autoriser certains rejets, les gestionnaires des réseaux d'assainissement fixent des valeurs limites. Prenons pour exemple Est-Ensemble :

Tab. 3.06-1. Valeurs limites imposées au rejet. Est-Ensemble

Paramètres	Valeurs maximales autorisées
MES	600 mg/l
DCO	2 000 mg/l
DBO5	800 mg/l
Azote global	150 mg/l
Phosphore total	50 mg/l
Fer + Aluminium	5 mg/l
Pour tous les autres polluant organiques et inorganiques, les valeurs limite sont celles fixées dans les règlements d'assainissement en vigueurs, ou par défaut celles de l'arrêté du 2 février 1998 relatif aux prélèvements et à la consommation d'eau ainsi qu'aux émissions de toute nature des installations classées pour la protection de l'environnement soumises à autorisation. Les valeurs limites peuvent être modifiées selon le type d'activité.	

Il est tout aussi interdit de déverser des eaux usées, sans autorisation préalable, quelle qu'en soit la composition, dans le milieu naturel (sol, sous-sol, cours d'eaux, mer). Le Code de l'environnement protège les eaux salées (article L. 218-73) et les eaux douces (article L. 432-2) en prévoyant de lourdes amendes et des peines d'emprisonnement.

Les eaux d'exploitation du chantier sont des effluents industriels qui doivent être traités par différents process afin d'être conformes aux valeurs limites imposées au rejet en milieu naturel. On utilise généralement la décantation, la filtration, la floculation et la déshydratation des boues.

La laitance de béton est un mélange liquide d'eau, de ciment et de fines qui remonte à la surface du béton lorsqu'il prend. Les eaux de lavage des outillages, des bétonnières, bennes, pompes à béton, ou eaux d'exploitation, sont chargées à la fois en agrégats, sables, ciment, également en particules fines et autres impuretés comme des métaux, dus aux adjuvants. Elles sont basiques (pH 12 ou 13).

Ces eaux chargées présentent des risques sanitaires (santé des ouvriers, rejets corrosifs), techniques (encombrement et dégradation des réseaux), environnementaux (sédimentation dans le sol, obstruction du milieu naturel, altération de la faune et la flore). Elles seront dirigées vers un système de récupération et de décantation étanche ou filtrant, installé par exemple dans un bassin creusé au sol :
– les particules solides se déposent au fond s'il s'agit d'un bassin de décantation étanche ;
– l'eau est filtrée si l'entreprise a choisi un filtre de type big bag ou autre media filtrant, l'eau s'écoulant dans le bassin.

(79) Code de la santé publique, art. L. 1331-10.

Certains fournisseurs d'installations proposent des solutions conteneurisées et compactes. Les gros éléments sont traités par un débourbeur, des réactifs sont utilisés pour traiter les particules plus fines, permettant de précipiter les éléments et créer des flocs qui vont ensuite décanter. Les déchets solides, selon leur composition, seront dirigés vers le recyclage d'inertes ou le traitement des déchets dangereux.

Après traitement des eaux d'exploitation, il est envisageable de les réutiliser afin de nettoyer le matériel par exemple, ou de les réintroduire dans le process.

Les centrales à béton, mines, carrières, plateformes de traitement des agrégats, doivent également veiller à réutiliser ou rejeter des eaux conformes. Le système de presse à boue permet une séparation liquide/solide optimale.

Après lavage des équipements, les effluents sont déchargés dans un séparateur à vis ou un crible de déshydratation qui évacue le matériau lavé, prêt à être réutilisé dans le processus de production.

L'eau chargée est stockée dans un silo externe, agitée pour l'homogénéisation puis envoyée vers la presse à boue pour déshydratation.

Les boues sont épaissies, par décantation gravitaire (épaississement statique) ou par concentration dynamique. L'objectif étant de déshydrater les boues afin d'en réduire le volume pour en favoriser l'évacuation et le recyclage. L'eau propre peut être réutilisée dans le cycle de production et les boues compactées sous forme de briquettes (20 % d'humidité résiduelle environ) peuvent être dirigées vers des exutoires de valorisation conforme à leur nature et composition (valorisation en agriculture, en paysagisme urbain, réaménagement de carrières, etc.).

Pour les chantiers de petite taille, chantiers de particuliers, il n'est pas simple de trouver des solutions ergonomiques pour le traitement des eaux de lavage et de leur réutilisation *in situ*. Les entreprises n'ont pas toujours les équipements adéquats. La volonté de récupérer le maximum d'eaux de lavage dans un contenant, laisser sédimenter, réutiliser l'eau clarifiée dans la bétonnière ou le nettoyage des outils, casser le résidu durci et le mettre dans la benne des inertes n'est pas toujours au rendez-vous. On préfère trop souvent laisser s'écouler ces effluents au sol sur l'emprise du chantier, ce qui outre le caractère non réglementaire a un impact totalement négatif pour les sols et leurs hôtes vivants.

Les autres types d'effluent

Les eaux de nettoyage des engins et des véhicules doivent être également traitées avant réutilisation ou rejet au milieu. C'est aussi le cas des eaux de lessivage de voirie (eaux pluviales qui en s'écoulant lessivent le chantier). Ces eaux chargées de matières en suspension (MES) et d'hydrocarbures sont particulièrement polluantes.

Le lavage des véhicules, de chantier ou de transport de personnel, ainsi que les engins de travaux publics, doit se faire sur une aire de lavage dédiée, directement sur le chantier ou sur le site de l'entreprise. Le lavage à haute pression permettra de limiter la quantité d'eau utilisée. De plus, l'eau traitée de manière adéquate (filtration efficace et asepsie) pourra être réutilisée en boucle fermée sur la station de lavage. Les déchets solides seront dirigés vers la filière de traitement des déchets dangereux.

Les eaux pluviales de lessivage, comme les effluents de lavage des véhicules seront traitées en fonction de leur potentiel de pollution en suivant différentes étapes :
- dégrillage ;
- débourbage (stockage des matières lourdes, sable, graviers, boues) ;
- traitement des hydrocarbures (séparateur déshuileur) ;
- traitement physico-chimique (élimination des matières en suspension MES) ;
- décantation ;
- filtration ;
- déshydratation des boues.

La question des effluents liés à l'activité de peinture (nettoyage de brosseries) et ravalement de façade a déjà été abordée dans la fiche 3.03 Déchets dangereux (Peintures, vernis, solvants, colles).

La gestion de ces effluents doit se faire impérativement à l'aide d'une station de nettoyage des outils du peintre. PréventionBTP a rédigé un article sur ce sujet, car non seulement, l'utilisation de cette station permet de préserver l'environnement dans le respect des réglementations, mais il permet aussi la protection des salariés en termes d'ergonomie et d'exposition aux produits chimiques[80].

3 Les eaux usées de la base vie

Les eaux usées liées à l'activité humaine sur le chantier sont des eaux usées domestiques. À ce titre, elles peuvent être déversées dans le réseau d'assainissement public lorsque le raccordement est possible.

Lorsque le raccordement n'est pas possible, il sera nécessaire d'installer une station d'épuration provisoire, avant de pouvoir rejeter l'eau traitée dans le milieu, ou la réutiliser.

On peut faire le choix des toilettes sèches, mises en œuvre « soit pour traiter en commun les urines et les fèces. Dans ce cas, ils sont mélangés à un matériau organique pour produire un compost ; soit pour traiter les fèces par séchage. »[81]. Ces toilettes, fonctionnant sans apport d'eau de dilution ou de transport ne doivent générer aucune nuisance pour le voisinage, ni rejet liquide à l'extérieur de la parcelle, ni pollution des eaux, souterraines ou de surface.

Les toilettes sèches sont « composées d'une cuve étanche recevant les fèces ou les urines. La cuve est régulièrement vidée sur une aire étanche conçue de façon à éviter tout écoulement et à l'abri des intempéries »[82]. Les matières fécales sont recouvertes de copeaux, débris végétaux.

L'utilisation de ces toilettes permet une économie d'eau, moins de pollution et le compostage des matières organiques par retour à la terre.

(80) https://www.preventionbtp.fr/ressources/solutions/une-station-pour-nettoyer-le-materiel-de-peinture_DC82DLhEhcihhsEtoE6bZR

(81) Article 17 de l'arrêté du 7 septembre 2009.

(82) *Idem.*

Gestion des fluides

4 Réutilisation des eaux traitées

Le volume d'eau potable nécessaire sur un chantier est somme toute, minime et la réutilisation des eaux traitées ouvre de belles perspectives d'économie d'eau potable.

Bien sûr, la réduction des dépenses de la consommation du chantier est à mettre en balance avec l'investissement de systèmes d'alimentation des divers postes en eau de REUT. Il est de toutes manières obligatoire de traiter ses effluents, qui nous l'avons vu, représentent un volume d'eaux non négligeables. L'eau traitée peut donc être stockée en citerne.

Plutôt que de rejeter ces eaux dans le milieu ou le réseau d'assainissement, ne serait-il pas judicieux d'installer une pompe dans la citerne de stockage d'eau traitée et un réseau provisoire d'alimentation du chantier, complémentaire au réseau d'eau potable ?

La réponse à cette question n'est pas si évidente qu'il y paraît. Les chantiers de petite taille se retrouvent la plupart du temps face à une difficulté d'organisation logistique, ainsi que des résistances au changement des habitudes. Créer un réseau complémentaire au réseau d'eau potable pour les grosses opérations pose une nouvelle question, sanitaire pour les salariés, cette fois. Les compagnons mal informés pourraient utiliser l'eau de REUT pour des besoins d'hygiène ou de boisson, ce qui créerait un vrai risque sanitaire.

Toutes ces interrogations vont très certainement inspirer divers travaux, afin d'apporter des solutions concrètes et pratiques, à l'échelle du chantier.

DOCUMENTATION

Mesures pour économiser l'énergie et l'eau sur chantier. GUIDE BÂTIMENT DURABLE BRUXELLES

Cette fiche permet de prolonger la réflexion sur les économies de fluides lors des phases intermédiaires de construction ou de déconstruction. https://www.guidebatimentdurable.brussels/mesures-economiser-lenergie-leau-chantier

Bassin de décantation des laitances de béton (FICHE TECHNIQUE). CCI NOUVELLE CALÉDONIE

L'utilisateur trouvera les conseils et illustrations lui permettant de prendre en compte les enjeux et le contexte, les techniques mises en œuvre pour le creusement d'un bassin de décantation. https://www.cci.nc/node/2851

Traitement des boues liquides – Degremont®. Fonctionnement du process de traitement des BOUES

Article en accès libre. Après création d'un compte, il est possible d'accéder à diverses thématiques sur le traitement des eaux, les procédés, des études de cas, etc. https://www.suezwaterhandbook.fr/procedes-et-technologies/traitement-des-boues-liquides

Les méthodes de traitement des eaux usées expliquées en détail. SARP Assainissement. Entreprise d'assainissement et d'hygiène du bâtiment.

Article très détaillé sur le traitement de divers effluents. L'entreprise propose divers conseils, à destination des particuliers comme des professionnels. Ils sont accessibles dans la rubrique Actualités. https://www.sarp-assainissement.fr/actualites/les-methodes-de-traitement-des-eaux-usees-expliquees-en-detail/

Maîtrise du risque eau-sol

Ce fascicule rappelle les principes généraux qui doivent s'appliquer sur un chantier en matière de gestion des eaux et des sols et de leur préservation. Il est rédigé à l'attention des collaborateurs des Entreprises Générales de France. https://www.egfbtp.com/wp-content/uploads/2021/04/bpe_eau.pdf

CHAPITRE 4

Les outils de la traçabilité

L'obligation de traçabilité des déchets

FICHE **4.01**

1 Réglementation

Ainsi que le mentionne l'article L. 541-2 du Code de l'environnement :

« Tout producteur ou détenteur de déchets est tenu d'en assurer ou d'en faire assurer la gestion, conformément aux dispositions du présent chapitre.

Tout producteur ou détenteur de déchets est responsable de la gestion de ces déchets jusqu'à leur élimination ou valorisation finale, même lorsque le déchet est transféré à des fins de traitement à un tiers.

Tout producteur ou détenteur de déchets s'assure que la personne à qui il les remet est autorisée à les prendre en charge. »

Le déchet, tout au long de son cycle de vie va ainsi transiter par divers intermédiaires et passer par plusieurs étapes. Les outils de la traçabilité permettent à chaque acteur de cette chaîne d'être informé sur la nature, la gestion et le devenir des déchets dont il est responsable, qu'il en soit producteur ou détenteur.

Il est donc essentiel pour chacun d'entre eux de bien respecter cette chaîne qui permettra de protéger à la fois le maître d'ouvrage (producteur), les professionnels (détenteurs) et l'environnement.

Bien identifiés, les déchets seront mieux valorisés et la lutte contre les dépôts sauvages et décharges illégales sera plus efficace.

2 Une chaîne de responsabilités

L'étude juridique réalisée dans le cadre du projet DEMOCLES indique :

« La responsabilité légale et réglementaire du maître d'ouvrage d'une part, et sa responsabilité contractuelle, d'autre part doivent être distinguées :
– la responsabilité légale et réglementaire concerne la responsabilité du maître d'ouvrage devant l'administration (et le juge administratif), au titre des obligations prévues par le Code de l'environnement ;
– la responsabilité contractuelle concerne la responsabilité des co-contractants (maître d'ouvrage et entreprises de travaux par exemple) entre eux, au titre des obligations qu'ils ont réciproquement souscrites *via* le contrat.

Cette distinction est importante, car le régime de responsabilité contractuelle ne peut pas influencer le régime de responsabilité légale et réglementaire.

L'obligation de traçabilité des déchets

C'est pourquoi, en matière de déchets, la responsabilité du maître d'ouvrage ne cesse pas au moment où il remet ses déchets à un tiers, même en vertu d'un contrat. En effet, les accords de droit privé sont inopposables à l'administration »(1).

Le maître d'ouvrage est donc devant la loi le producteur de déchets du chantier, la maîtrise d'œuvre, les entreprises de BTP en sont les détenteurs, ce qui ne les dégage en aucun cas de leur obligation de traiter ces déchets conformément à la réglementation.

Aux termes de l'article L. 541-2 du Code de l'environnement : « Toute personne qui produit ou détient des déchets, dans des conditions de nature à produire des effets nocifs sur le sol, la flore et la faune, à dégrader les sites ou les paysages, à polluer l'air et les eaux, à engendrer des bruits et des odeurs et d'une façon générale à porter atteinte à la santé de l'homme et à l'environnement, est tenue d'en assurer ou d'en faire assurer l'élimination conformément aux dispositions prévues par la présente loi, dans des conditions propres à éviter lesdits effets. ».

3 Dépôts sauvages, décharges illégales, aménagements de terrain

Il convient de faire la distinction entre dépôt illégal ou dépôt sauvage, décharge illégale et aménagement ou réhabilitation de terrain :
- un dépôt sauvage est un amoncellement de déchets divers abandonnés par une ou plusieurs personnes (particuliers ou entreprises) sur des espaces privés ou publics non prévus à cet effet (bords de routes, parcelles diverses, pleine nature etc.). Il se caractérise par l'absence de gestionnaire du site sur lequel il se trouve. C'est le maire qui est l'autorité de police compétente pour intervenir auprès des producteurs ou détenteurs de ces déchets ;
- une décharge illégale se caractérise par des apports réguliers et importants de déchets provenant de professionnels ou parfois de particuliers pour dépôt ou enfouissement dans le sol. Ces sites ont en général un gestionnaire qui n'a pas les autorisations requises par la législation des ICPE pour exercer l'activité de stockage de ces déchets. Il s'agit très souvent de réseaux parallèles qui dégradent à la fois l'environnement, nuisent à l'image du secteur du bâtiment et travaux publics et créent des conditions de concurrence déloyale. C'est la police de l'État (DREAL) qui est compétente en ce domaine ;
- un aménagement ou réhabilitation d'un terrain consiste à utiliser des déchets inertes pour remblayer ou exhausser un terrain selon les besoins de son propriétaire. Cet usage est soumis, en fonction de seuils, à déclaration préalable ou permis d'aménager au titre du Code de l'urbanisme(2). Tout aménagement non conforme ou non déclaré, d'impact faible, relève généralement de la police du maire, appuyé par la DDT (Direction Départementale des Territoires)(3).

(1) DEMOCLES, Étude sur la responsabilité de la maîtrise d'ouvrage en matière de déchets. Rapport d'analyse. https://democles.org/uploads/2019/04/rapport-analyse.pdf

(2) Code de l'urbanisme, art. R. 421-19, 20 et 23.

(3) Cf. précédemment, Valorisation des déchets inertes.

4 La loi AGEC renforce la traçabilité des déchets de chantier

La loi du 10 février 2020 relative à la lutte contre le gaspillage et à l'économie circulaire (dite loi « AGEC ») renforce de façon importante la traçabilité des déchets, des terres excavées et sédiments. C'est le décret du 25 mars 2021 qui décline les nouvelles obligations réglementaires : les bordereaux de suivi de déchets sont désormais dématérialisés, le périmètre de l'obligation de tenir des registres chronologiques est élargi, la transmission du contenu du registre chronologique devient obligatoire.

Ainsi, la traçabilité des déchets devrait être améliorée, le manque de données comblé et les formalités administratives simplifiées.

L'obligation de tenir un registre

L'obligation de tenir un registre des déchets s'applique depuis 2005 à toute entreprise qui produit, détient ou collecte des déchets dangereux. En 2012, l'obligation est élargie aux déchets non-dangereux. Depuis cette date, toutes les entreprises sont donc légalement tenues de produire un registre des déchets, à l'exception des structures qui confient leurs déchets aux collectivités. La loi AGEC va venir renforcer et préciser l'obligation de tenue d'un registre.

C'est l'article R. 541-43 du Code de l'environnement qui liste les gestionnaires de déchets devant tenir un registre chronologique interne : « les exploitants des établissements produisant ou expédiant des déchets, les collecteurs, les transporteurs, les négociants, les courtiers, et les exploitants des installations de transit, de regroupement ou de traitement de déchets tiennent à jour un registre chronologique de la production, de l'expédition, de la réception et du traitement de ces déchets et des produits et matières issus de la valorisation de ces déchets. ».

Il fixe également le périmètre des gestionnaires de terres excavées et sédiments : « produisant ou expédiant des terres excavées et des sédiments, les collecteurs, les transporteurs, les négociants, les courtiers, les exploitants des installations de transit, de regroupement ou de traitement de terres excavées et sédiments, et les personnes valorisant des terres excavées et des sédiments »(4).

L'arrêté du 31 mai 2021, entré en vigueur au 1er janvier 2022, fixe le contenu des registres déchets, terres excavées et sédiments. Les informations contenues dans ces registres permettent d'assurer la traçabilité des déchets, des lots et des produits, entrants et sortants, ainsi que des produits ou matière ayant cessé d'être des déchets.

Les registres chronologiques doivent être conservés au moins trois ans et tenus à la disposition des autorités compétentes.

(4) Code de l'environnement, art. R. 541-43-1.

L'obligation de traçabilité des déchets

Tab. 4.01-1. Synthèse de l'arrêté du 31 mai 2021

Type de gestionnaire, exploitant	Contenu des registres
Section 1 : traçabilité des déchets	
Installation de transit, regroupement, traitement, tri et SSD	– date de réception, heure de la pesée – dénomination, nature, quantité (code, n° BSD, t ou m^3 etc.) – date de sortie – origine, gestion et transport – opération de traitement (code du traitement, n° de document etc.)
Producteurs ou expéditeurs de déchets	– date d'expédition, de sortie de l'installation – dénomination, nature et quantité – origine – gestion et transport – destination (code de traitement qui va être appliqué)
Transporteurs ou collecteurs	– date de transit (enlèvement, déchargement) – dénomination – nature et quantité – transport (immatriculation, n° documents, etc.) – origine et gestion (adresse SIRET, etc.) – destination
Négociants et entreprises de courtage	– date de gestion (acquisition, cession) – dénomination, nature et quantité (quantité en t) – origine – gestion et transport – destination
Installation de recyclage, sortie de statut de déchet	– date d'utilisation sur site ou sortie du site – dénomination, nature et quantité (issus de l'opération de valorisation) – opération de traitement (code de l'opération etc.) de traitement, qualification du traitement final – date de l'opération de traitement – destination des produits – référence à l'acte administratif ayant fixé les critères de sortie du statut de déchet

Type de gestionnaire, exploitant	Contenu des registres
Section 2 : traçabilité des terres excavées et sédiments	
Transit, regroupement, traitement des terres excavées et sédiments ayant ou non le statut de déchets	– date d'entrée, de réception dans l'installation – dénomination, nature, quantité (données analyse chimique, code déchet etc.) – origine et transport (parcelle cadastrale, identifiant du terrain etc.) – opération de traitement (code de traitement, pour opérations de remblayage parcelle cadastrale de destination, etc.)
Producteurs ou expéditeurs de TEXS	– date de sortie, d'expédition – dénomination, nature, quantité – origine et transport (identification précise du lieu de production, etc.) – destination (qualification du traitement, identification précise du lieu de valorisation)
Transporteurs et collecteurs de TEXS	– date d'enlèvement et de déchargement – dénomination, nature, quantité – transport – origine et gestion – destination.
Négociants et entreprises de courtage	– date de gestion (acquisition, cession) – dénomination, nature et quantité (quantité en t ou en m^3) – origine et transport – destination

L'obligation de dématérialisation des registres et des bordereaux de suivi de déchets

Le décret du 25 mars 2021 renforce les conditions de traçabilité des déchets, terres excavées et sédiments et prévoit de nouvelles sanctions pénales en conséquence. Il impose aux gestionnaires de déchets dangereux de transmettre le contenu de leurs registres chronologiques au registre national des déchets. Il en est de même pour les exploitants des installations d'incinération, de stockage de déchets non dangereux non inertes (DNDNI) et les exploitants des installations dans lesquels les déchets perdent leur statut de déchet (SSD).

La transmission des données constitutives du registre se fait par transfert informatique sur les plateformes mises en place par le ministère chargé de l'environnement, au plus tard sept jours après la production, l'expédition, la réception ou le traitement des déchets ou des produits concernés. Le registre national des déchets tient lieu de registre interne à l'entreprise, les données lui restant accessibles.

L'obligation de traçabilité des déchets

Fig. 4.01-1. Infographie : Le Registre National des Déchets, Terres excavées et Sédiments
Source : https://www.ecologie.gouv.fr/tracabilite-des-dechets-terres-excavees-et-sediments

L'obligation de traçabilité des déchets

DOCUMENTATION

FNTP, Obligation de traçabilité des déchets : Quelles informations transmettre ?

Le site de la FNTP diffuse de nombreux conseils et outils pour aider les entreprises à mettre en place les nouvelles obligations réglementaires. Articles, tableaux, etc. sont accessibles librement https://www.fntp.fr/infodoc/environnement-rse/dechets-et-recyclage/obligation-de-tracabilite-des-dechets-quelles

FICHE **4.02**

Plateformes et outils du chantier

La mise en place d'un **registre chronologique et numérique national** répond à l'objectif de renforcement de la traçabilité des déchets, terres excavées et sédiments, inscrit dans la loi AGEC de février 2020.

La transmission de ces données se fait par le biais de plateformes nationales :
– **RNDTS** : Registre National des Déchets, Terres excavées et Sédiments pour tous les déchets[5] ;
– **TRACKDECHETS** pour les déchets dangereux[6] ;
– **PEMD** : pour les déchets et produits issus de démolition ou réhabilitation[7].

1 Registre National des Déchets Terres excavées et Sédiments

L'application déclarative RNDTS

L'application RNDTS a été conçue par le BRGM pour assurer le renforcement de la traçabilité des déchets. Elle permet également de mieux connaître les gisements pour une meilleure prise en compte de l'économie circulaire. Elle favorisera également l'intensification de la lutte contre les décharges illégales et dépôts sauvages.

RNDTS est l'outil de la dématérialisation obligatoire du registre chronologique pour tous les acteurs de la filière dont la liste est fixée par l'arrêté du 31 mai 2021, entré en vigueur le 1er janvier 2022.

Les données enregistrées sur RNDTS sont destinées à la consultation des pouvoirs publics (régions, DREAL, ADEME etc.).

Le registre national répond aux enjeux suivants :
– « Réaliser un état des lieux des volumes et consolider au plan régional/national l'organisation des flux de matériaux et des quantités en jeu.
– Favoriser leur réutilisation/valorisation plutôt que leur mise en installation de stockage.
– Dématérialiser et faciliter des contrôles à des fins de transparence et de garantie environnementale.
– Accompagner la réglementation et conçu pour être facilement connecté aux registres internes des établissements. »[8].

Ouverte depuis le 1er janvier 2022, l'application peut se substituer aux registres chronologiques internes tenus auparavant par les établissements concernés. Pour faciliter l'intégration

(5) https://rndts.developpement-durable.gouv.fr/
(6) https://trackdechets.beta.gouv.fr/
(7) https://plateformepemd.developpement-durable.gouv.fr/
(8) RNDTS, RNDTS en bref – https://rndts-diffusion.developpement-durable.gouv.fr/fr/rndts-bref

de données pour les établissements disposant déjà de registres internes, des périodes de tolérance ont été mises en place jusqu'au 30 juin 2023. Depuis 1er juillet 2023, la déclaration est obligatoire.

Fig. 4.02-1. Les différents registres disponibles dans l'application
Source : https://rndts.developpement-durable.gouv.fr/

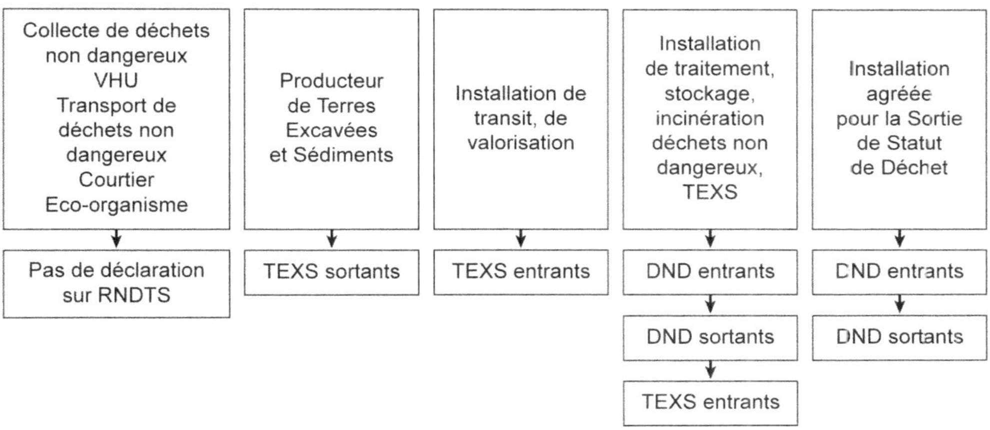

Fig. 4.02-2. Qui est concerné par la déclaration sur RNDTS ?

Il existe des exemptions de déclaration si :

– « les terres excavées sont utilisées dans l'emprise du chantier desquelles elles sont issues et à moins de 30 km de leur site d'excavation ;

– vous êtes producteur de terres excavées issues d'un chantier générant un volume total de terres excavées inférieur à 500 m^3 ;

– vous êtes producteur de sédiments issus d'une opération de dragage ne dépassant pas un volume total de 500 m^3 ;

– vous valorisez des terres excavées et des sédiments dans le cadre d'une même opération de valorisation lorsque le volume utilisé ne dépasse pas 500 m^3 ;
– vous êtes un particulier. Attention : si vous recevez des terres qui proviennent du terrain d'un particulier, vous devez vous déclarer en tant que site receveur (sauf si vous êtes vous-même un particulier) »(9).

Les manquements à la traçabilité exposent les acteurs aux suites administratives et pénales prévues par le Code de l'environnement.

En ce qui concerne les déchets dangereux, la saisie doit être effectuée sur Trackdéchets. La gestion de cette application a été confiée au BRGM depuis mai 2023, pour permettre la jonction avec RNDTS. C'est ainsi que seront assurées la pérennité de ces outils et la cohérence de la traçabilité des déchets sous une même entité opératrice de l'État.

Terres excavées et sédiments, sortie du statut de déchet

Les terres et sédiments qui ne sortent pas du site sur lequel ils ont été excavés n'ont pas le statut de déchet.

« le site de l'excavation mentionné au II de l'article L. 541-7 correspond :

1° Pour les terres excavées, à l'emprise des travaux, au sens de l'article R. 554-1, ou, le cas échéant, à l'emprise foncière placée sous la responsabilité de l'exploitant de l'installation classée pour la protection de l'environnement, dans la limite d'une distance parcourue par les terres excavées au maximum de trente kilomètres entre l'emplacement de leur excavation et l'emplacement de leur utilisation au sein de l'emprise des travaux ou de l'installation classée pour la protection de l'environnement.

2° Pour les sédiments, à l'emprise de l'opération de dragage et des berges du cours d'eau. »(10).

Bien que les terres excavées qui sortent de leur site d'excavation soient considérées comme des déchets, elles ont la possibilité de s'affranchir de ce statut grâce à de récentes évolutions réglementaires. Ces évolutions ont pour objectif de promouvoir les processus de valorisation tout en assouplissant la responsabilité du producteur de déchets.

En effet, la réglementation sur les déchets permet dans certaines conditions qu'un déchet puisse devenir produit.

« Un déchet cesse d'être un déchet après avoir été traité et avoir subi une opération de valorisation, notamment de recyclage ou de préparation en vue de la réutilisation, s'il remplit l'ensemble des conditions suivantes :
– la substance ou l'objet est utilisé à des fins spécifiques ;
– il existe une demande pour une telle substance ou objet ou elle répond à un marché ;
– la substance ou l'objet remplit les exigences techniques aux fins spécifiques et respecte la législation et les normes applicables aux produits ;
– son utilisation n'aura pas d'effets globaux nocifs pour l'environnement ou la santé humaine. »(11).

(9) BRGM RNDTS FAQ https://rndts-diffusion.developpement-durable.gouv.fr/fr/guide-utilisateur-faq/faq
(10) Décret n° 2021-321 du 25 mars 21 relatif à la traçabilité des déchets, des terres excavées et des sédiments.
(11) Code de l'environnement, art. L. 541-4-3.

Cet article du Code de l'environnement a été amendé par la loi AGEC du 10 février 2020 et le décret d'application n° 2021-380 du 1er avril 2021 relatif à la sortie du statut de déchet, qui peut maintenant se faire en dehors d'une installation classée pour la protection de l'environnement (ICPE) ou d'une installation de type IOTA (installation, ouvrage, travaux ou activité relevant de la loi sur l'eau). Un contrôle par un tiers accrédité peut être mis en œuvre pour s'assurer du respect des conditions de sortie de statut de déchet.

Pour compléter cet article du Code de l'environnement, des arrêtés sont rédigés pour chaque type de déchet et fixent les modalités spécifiques pour leur sortie de statut de déchet. L'arrêté du 4 juin 2021 fixant les critères de sortie du statut de déchet pour les terres excavées et sédiments ayant fait l'objet d'une préparation en vue d'une utilisation en génie civil ou en aménagement prévoit ainsi des dispositions complémentaires à l'article L. 541-4-3 du Code de l'environnement pour les terres excavées.

Parmi ces dispositions, les lots de terres excavées homogènes doivent être identifiés sous un numéro unique et faire l'objet d'un contrat de cession entre le producteur des terres et le receveur. Les terres doivent également respecter les critères d'acceptation environnementale précisés dans des guides d'application spécifiques aux usages envisagés. Ces guides d'application, publiés sur le site du ministère chargé de l'Environnement comprennent notamment les guides de valorisation hors site des terres excavées en projets d'aménagement.

L'arrêté impose que l'installation dans laquelle les terres sortiront du statut de déchets applique un système de management de la qualité conforme à l'arrêté ministériel du 19 juin 2015 relatif au système de gestion de la qualité.

2 Trackdéchets

Trackdéchets est un outil de service public conçu et développé par une start-up d'État au sein de la Fabrique Numérique (ministère de la Transition écologique et solidaire).

Il a pour objectif de simplifier la traçabilité des déchets dangereux en temps réel et d'apporter transparence et fiabilité dans la filière déchets. Afin de faire circuler les Bordereaux de Suivi de Déchets Dangereux (BSDD) de manière sécurisée sur l'ensemble du parcours du déchet, tous les acteurs concernés doivent être obligatoirement inscrits sur la plateforme Trackdéchets depuis le 1er janvier 2022[12].

Le décret n° 2021-321 du 25 mars 2021 impose la dématérialisation de la traçabilité des déchets dangereux et/ou contenant des POP au 1er janvier 2022. C'est par les arrêtés ministériels du 21 décembre 2021 relatifs à la traçabilité des déchets dangereux et des déchets d'amiante que sont fixées les dispositions réglementaires pour l'usage de la plateforme Trackdéchets.

(12) Y compris, en ce qui concerne les déchets dangereux de chantier, l'amiante BSDA et les fluides frigorigènes.

Plateformes et outils du chantier

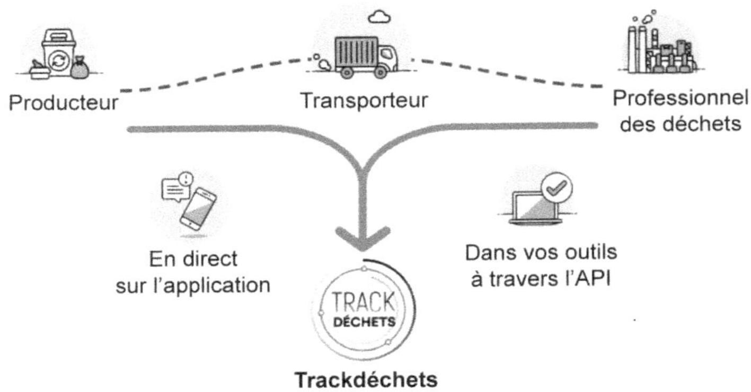

Fig. 4.02-3. Infographie : le fonctionnement de Trackdéchets
Source : https://trackdechets.beta.gouv.fr/

Trackdéchets concerne tous les acteurs présents sur une chaîne de traçabilité. Garantir la circulation de l'information de traçabilité sur l'intégralité de la chaîne est une des missions de cette application.

Dès à présent, il est possible d'accéder aux statistiques éditées par l'outil de suivi. À ce jour, pour l'année 2022, depuis l'ouverture de la plateforme, le secteur de la construction a saisi les données correspondant à 70 658 t de déchets dangereux, soit 2,35 % de la production totale. En 2023, ce même secteur en a saisi 129 430 t [13].

Outre une réelle simplification des pratiques pour les professionnels, notamment par l'abandon du papier et de l'archivage, l'application permet d'éditer, signer, suivre et contrôler de façon plus rapide, plus efficace et plus fiable. Ci-dessous, une synthèse des possibilités de Trackdéchets pour chaque type de déclarant[14] :

Tab. 4.02-1. Synthèse des possibilités de Trackdéchets

Producteur de déchets	Professionnel de gestion des déchets	Transporteurs de déchets
– édition ou coédition des BSD – signature dématérialisée de l'enlèvement des déchets – suivi de tous les BSD en temps réel dans un tableau de bord unique – utilisation d'un registre réglementaire automatiquement à jour incluant tous les BSD, quels que soient les prestataires – vérification des autorisations réglementaires des prestataires déchets	– connexion de l'outil de gestion à Trackdéchets (réception et transmission des informations de traçabilité en temps réel) – signature dématérialisée des BSD par clients et transporteurs – édition des Bordereaux de Suivi pour les clients	– signature dématérialisée de l'enlèvement du déchet sur site – vue d'ensemble sur les collectes en cours ou à venir dans un tableau de bord unique – téléchargement d'un registre réglementaire automatiquement à jour incluant tous les BSD, quels que soient les clients – édition des Bordereaux de Suivi pour les clients

(13) https://trackdechets.beta.gouv.fr/stats/

(14) Source : https://trackdechets.beta.gouv.fr/

3 La plateforme PEMD

C'est le CSTB, avec le soutien de l'ADEME et du ministère de la Transition écologique qui a été mandaté pour développer la plateforme réglementaire PEMD, dans le but de développer l'économie circulaire dans le secteur de la construction et de l'aménagement.

L'évolution du diagnostic déchet en diagnostic PEMD a pour objectif de favoriser une nouvelle approche. En misant sur le réemploi, le diagnostic permet à la fois de réduire la production de déchets et d'identifier les ressources potentielles des déchets de démolition (cf. précédemment Le diagnostic Produits Équipements Matériaux Déchets).

Il s'agit d'impliquer plus fortement les maîtres d'ouvrage dans le développement de nouvelles activités économiques durables, inscrites dans une économie circulaire fluide et assumée. C'est une nécessité pour répondre aux besoins de matériaux du secteur construction et aménagement.

Les pratiques de déconstruction et de dépose sélective, la réutilisation, le recyclage matière seront ainsi renforcés et développés permettant à ce secteur fortement consommateur de ressources de passer d'une économie linéaire à une économie circulaire.

Les objectifs de ce nouvel outil se déclinent ainsi :
– favoriser une meilleure connexion entre les acteurs ;
– faciliter leurs démarches ;
– construire une filière efficace de réemploi ;
– améliorer la traçabilité de ces déchets et ressources.

Les différents profils utilisateurs qu'ils soient maîtrise d'ouvrage, maîtrise d'œuvre, collectivités et pouvoirs publics, ou filières de valorisation, tous auront accès à des fonctionnalités leur permettant d'exercer leurs compétences en matière de gestion des déchets et ressources.

Comme l'indique le CSTB sur son site :

« Les objectifs suivants structureront les actions à venir :
– permettre aux maîtres d'ouvrage de mettre en visibilité, en amont de la phase chantier, les diagnostics PEMD qui seront générés afin de mobiliser au plus tôt les filières de valorisation et d'optimiser la gestion de la matière par une meilleure anticipation et le développement de nouveaux services ;
– organiser un retour d'information auprès des maîtres d'ouvrage, pour qu'il y ait un intérêt direct à renseigner les diagnostics dans la plateforme réglementaire ;
– créer les conditions pour que les pouvoirs publics puissent s'assurer de l'application de la réglementation. »[15].

(15) CSTB, Économie circulaire Recherche et Expertise, 21 septembre 2021, http://www.cstb.fr/fr/actualites/detail/cstb-developpe-future-plateforme-associee-au-nouveau-diagnostic-produits-equipements-materiaux-dechets-pemd-2021-09/

Plateformes et outils du chantier

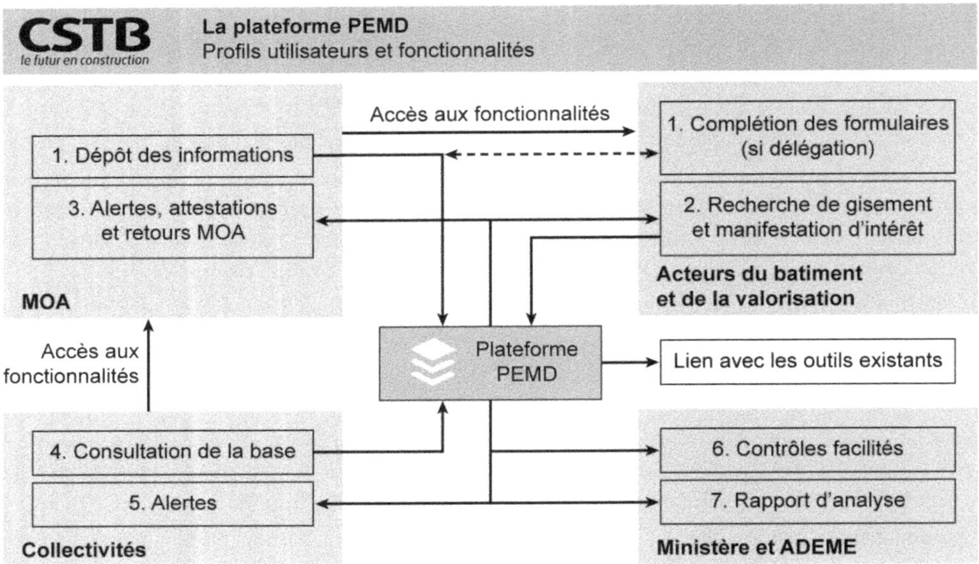

Fig. 4.02-4. Profils utilisateurs et fonctionnalités
Source : CSTB

4 Quels outils pour le chantier ?

Le circuit de la traçabilité

Contraints par le renforcement des obligations réglementaires, les professionnels de la construction et de la rénovation doivent pouvoir justifier auprès du maître d'ouvrage du devenir de la totalité des déchets produits sur leurs chantiers.

Tab. 4.02-2. Circuit de traçabilité

Acteur concerné	Actions à mener	Phase de l'opération
Maître d'ouvrage	– Diagnostics, estimation de la production de déchets de démolition – Clauses CCAG CCTP, SOGED DGPF (Décomposition du Prix Global Forfaitaire) – Montant de pénalités fixé en cas de manquement aux obligations réglementaires de gestion et de traçabilité des déchets.	Rédaction des documents de marché.
	– Saisie du diagnostic PEMD sur la plateforme réglementaire pour les chantiers de démolition, rénovation significative	

Plateformes et outils du chantier

Acteur concerné	Actions à mener	Phase de l'opération
Entreprises	– Estimation de la production de déchets qualité/quantité – Estimation du coût de gestion	– Pièces du marché – Préparation de chantier
	– Sélection des prestataires et exutoires appropriés et autorisés – Vérification de leurs agréments, habilitations (non intégrés dans la filière REP) : • arrêtés préfectoraux d'autorisation des installations de traitement ; • récépissés de déclaration des collecteurs ; • autorisations et agréments des transporteurs	Rédaction du SOGED, préparation du chantier
	Demande d'acceptation préalable : • échantillon représentatif des déchets ; • fiche d'identification renseignée	Préparation du chantier
	Certificat d'acceptation préalable : devis qui identifie le producteur du déchet, sa nature, le type de conditionnement et le coût de traitement. Numéro de CAP valable 1 an.	
	Tenue du registre chronologique, bons de suivi	Chantier.
	Fourniture de tous les éléments de traçabilité au MOA et MOE	Chantier
Prestataire de traitement de déchets	Certificat de traçabilité, taux de valorisation	Chantier, bilan
MOE/MOA	Vérification des pièces transmises par les entreprises et mise en cohérence avec les quantités estimées, l'organisation prévue dans le SOGED	Chantier
MOA	Application des pénalités en cas d'absence de production des pièces après mise en demeure infructueuse	Chantier, bilan
	Formulaire de récolement saisie plateforme PEMD en cas de démolition, rénovation significative	Dans un délai de 6 mois après l'achèvement des travaux

Plateformes et outils du chantier

Le SOGED, SOSED

L'objectif du Schéma d'Organisation et de GEstion des Déchets, document destiné à la gestion des matériaux et déchets de chantier dans les marchés de travaux bâtiment, est de décrire précisément les mesures prises pour une bonne gestion des déchets du chantier. Document de référence pour tous les intervenants du chantier, il doit être conçu de manière à anticiper les contraintes de gestion et proposer les solutions aux problèmes potentiels. Il est demandé au stade de l'offre.

Le SOSED, Schéma d'Organisation et de Suivi de l'Élimination des Déchets de chantier est destiné à la gestion des matériaux et déchets de chantier dans les marchés de travaux publics. Dans le document à remettre, l'entreprise expose les dispositions préparatoires qu'elle s'engage à mettre en œuvre :
– liste des centres de stockage ou centres de regroupement ou unités de recyclage ou lieu de réutilisation où seront acheminés les différents déchets à évacuer ;
– méthodes qui seront employées pour ne pas mélanger les différents types de déchets ;
– moyens de contrôle, de suivi et de traçabilité qui seront mis en œuvre pendant les travaux.

Ces documents contractuels doivent être spécifiques à un chantier particulier, tout en restant évolutifs afin de mieux répondre aux besoins. Ils ne doivent pas être un copié-collé de précédents chantiers car ils doivent être avant tout fonctionnels et opérationnels. Le maître d'ouvrage doit indiquer clairement dans les CCAP et CCTP l'importance qu'il attache à la qualité de cet outil d'organisation et l'entreprise doit le concevoir de manière à être le plus proche des attendus du chantier.

Pour la maîtrise d'ouvrage, ils constituent de véritables outils de pilotage regroupant l'ensemble des éléments de gestion des déchets, afin de mettre en place une réelle lisibilité du suivi des déchets.

De même, l'entreprise doit le concevoir comme un outil qui lui permettra, non seulement de répondre à ses obligations réglementaires, mais également de faire un suivi précis de ce poste dont on connaît toujours mal le poids économique et environnemental sur un chantier. On voit trop souvent des SOGED inutilisés et inutilisables, synonymes de temps perdu et de mauvaise gestion des déchets du chantier.

Le Code de la commande publique et l'article 36 du CCAG-Travaux fixent le cadre du SOGED :

« 36.2.1. Le titulaire communique au maître d'ouvrage, pendant la période de préparation du marché ou à défaut dans un délai de deux mois à compter de sa notification, un schéma d'organisation et de gestion des déchets précisant notamment la méthode de prévention de la production des déchets, la méthode de tri, les installations de valorisation, de traitement et d'élimination des déchets, la traçabilité des déchets, les moyens humains mobilisés sur la thématique des déchets et notamment la personne qui sera désignée responsable des déchets ainsi que les mesures de sensibilisation du personnel. ».

Tab. 4.02-3. Que trouve-t-on dans un SOGED ?

SOGED				
Méthodes de prévention/ réduction de la production de déchets	***Méthodes de non mélange***	***Installation de valorisation, traitement, élimination***	***Moyens de contrôle et de traçabilité***	***Moyens humains mis en œuvre***
Préfabrication, calepinage, utilisation de produits non dangereux, réemploi, réutilisation, limitation de l'usage du PSE pour les réservations	Types de contenants, organisation spatiale, organisation des tournées, affichage des consignes de tri, signalétique, organisation logistique, mode de stockage sur le chantier	Liste des prestataires, agréés en fonction des types de déchets, quantité/qualité de déchets dirigés vers ces installations	Présentation des documents de traçabilité, bons de suivi, factures, bons de pesée, bons de réception de déchets, attestation de tri 7 flux, taux de valorisation	Organisation interne de l'entreprise, référent déchets, responsable de la bonne application du SOGED, point déchet lors de chaque réunion de chantier, sensibilisation et formation des compagnons

Il est important que le maître d'ouvrage vérifie ou fasse vérifier par le maître d'œuvre la cohérence des pièces présentées par les entreprises avec la mise en œuvre du SOGED. Il est fondamental d'être vigilant sur les quantités et les exutoires choisis notamment pour lutter contre les dépôts sauvages et décharges illégales.

DOCUMENTATION

Notice du formulaire de diagnostic portant sur la gestion des produits, équipements, matériaux et déchets (PEMD) issus de la démolition ou de la rénovation significative de bâtiments. CERFA n° 52388#01.

Cette notice téléchargeable en PDF sur le site service-public.fr synthétise l'ensemble des informations réglementaires, techniques, de contact, utiles à la gestion du diagnostic PEMD par la maîtrise d'ouvrage. https://www.formulaires.service-public.fr/gf/getNotice.do?cerfaNotice=52388&cerfaFormulaire=16287

BATIADVISOR, Les outils qui révolutionnent la traçabilité des déchets de chantier

Cet article commercial présente diverses solutions proposées par des entreprises pour optimiser la gestion des déchets de chantier et leur traçabilité : capteurs installés sur les bennes, applications mobiles permettant de suivre le chantier pour rationaliser l'enlèvement des déchets, optimisation du double fret etc. https://batiadvisor.fr/outils-tracabilite-dechets-chantier/

ALTAROAD, 5 solutions de traçabilité des déchets qui vous simplifient le quotidien sur chantier !

Article commercial qui se fixe les mêmes objectifs que le précédent. https://www.altaroad.com/5-solutions-gestion-et-tracabilite-dechets-btp/

Plateformes et outils du chantier

Guide des déchets du BTP

La CCI de Nouvelle Calédonie a rédigé un dossier complet sur la gestion des Chantiers Verts. On y trouve de nombreuses informations utiles à la préparation du chantier, un tableau de suivi des déchets, une matrice bilan de chantier, des conseils pour intégrer la charte chantier vert dans les pièces contractuelles, ainsi qu'un modèle de SOGED. https://chantiervert.cci.nc/index.php/guide-dechets-btp/ https://chantiervert.cci.nc/wp-content/uploads/2019/01/SOGED_Modele.docx

CHAPITRE 5

Construire avec les différents acteurs un projet cohérent, performant et vertueux

Construire avec les différents acteurs un projet cohérent...

La réglementation, une puissante incitation à agir pour une maîtrise d'ouvrage exemplaire

FICHE **5.01**

1 Exemplarité et responsabilité

Les notions d'exemplarité et de responsabilité de la commande publique ont été développées dès le début des années 2000 dans divers groupes de travail. En effet, la commande publique constitue un puissant levier économique (8 % de notre PIB) pour orienter les marchés, tant au niveau des territoires que de l'État, vers une meilleure prise en compte des problématiques environnementales.

L'article L. 541-1 du Code de l'environnement indique :

« Les **soutiens et les aides publiques** respectent la hiérarchie des modes de traitement des déchets définie au II du présent article et la hiérarchie de l'utilisation dans les ressources définie à l'article L. 110-1-2. (...)

La commande publique durable est mise au service de la transition vers l'économie circulaire et de l'atteinte des objectifs mentionnés au présent I. Par son **effet d'entraînement**, elle contribue à faire émerger et à déployer des pratiques vertueuses, notamment en matière d'économie de la fonctionnalité, de réemploi des produits et de préparation à la réutilisation des déchets, et de production de biens et services incorporant des matières issues du recyclage. ».

C'est la directive 2014/24/UE du 26 février 2014 qui introduit les considérations sociales et environnementales dans les procédures de passation de marchés. Elle a été transposée en droit national par :
– l'ordonnance n° 2015-899 du 23 juillet 2015 relative aux marchés publics ;
– le décret n° 2016-360 du 25 mars 2016 relatif aux marchés publics ;
– l'article L. 2111-1 du Code de la commande publique.

Notons que le 9 juin 2022, le Conseil de l'Union européenne a adopté les conclusions(1) proposées par la présidence française visant à rendre la commande publique européenne plus durable.

La commande publique a un poids important dans le secteur de la construction. En 2022, par exemple, la dépense moyenne de travaux BTP des collectivités territoriales (communes, départements, groupements à fiscalité propre, syndicats, régions) représente 677 €/hab soit 45,9 Mds €(2).

La pression forte qu'impriment les dispositions réglementaires en matière d'achat public durable vont permettre une accélération de la transition vers l'économie circulaire.

---

(1) Conseil Union Européenne, 2022. https://eur-lex.europa.eu/legal-content/FR/TXT/PDF/?uri=CELEX:52022XG0620(01)&qid=1656409735713&from=FR

(2) *Les dépenses de Bâtiment et travaux Publics des collectivités territoriales.* Édition août 2023. GIE réseau des CERC. http://www.cerc-actu.com/upload/document/Etude_ICL_France_Interregions_2023.pdf

2 Le Plan National pour des Achats Durables (PNAD 2022-2025)

Depuis les années 2000, la France élabore un plan national d'action pour les achats publics durables. Le groupe de travail composé de représentants de l'État, des collectivités territoriales, des réseaux d'acheteurs et des partenaires privés, est piloté par le Commissariat général au développement durable. Le PNAD 2022-2025 a pour ambition d'accompagner l'ensemble des acteurs de la chaîne de l'achat (élus, décideurs, opérateurs économiques, acheteurs publics et privés). Il affiche comme objectifs d'atteindre, d'ici 2025, 100 % des contrats de la commande publique notifiés avec au moins une considération environnementale et 30 % avec une considération sociale.

3 Loi AGEC

L'article 58 de la Loi Anti-Gaspillage pour une Économie Circulaire (Loi AGEC) du 10 février 2020, entrée en vigueur le 1er janvier 2021, dispose que les acheteurs publics (collectivités territoriales et leurs groupements, État) sont désormais soumis à une obligation d'achat de fournitures issues du réemploi ou de la réutilisation ou intégrant des matières recyclées, selon des proportions fixées par type de produits (entre 20 % et 40 %).

Cette obligation, précisée par le décret n° 2021-254 du 9 mars 2021, s'apprécie sur le volume annuel total de la dépense HT relative aux biens décrits dans l'annexe, dès le premier euro et avec un suivi des dépenses.

La liste de produits (ou catégories de produits) inscrite en annexe du décret a été élaborée en tenant compte des études de l'ADEME sur le réemploi et la réutilisation, ainsi que des retours d'expériences des filières professionnelles et experts du terrain.

4 Loi Climat et résilience

La loi n° 2021-1104 du 22 août 2021 portant lutte contre le dérèglement climatique et renforcement de la résilience face à ses effets (dite loi Climat et résilience) a pour objectif de mieux prendre en compte le développement durable lors de la passation et l'exécution des contrats de la commande publique.

Elle modifie le Code de la commande publique en rendant obligatoire la participation de la commande publique « à l'atteinte des objectifs de développement durable, dans leurs dimensions économique, sociale et environnementale, dans les conditions définies par le présent code. »[3].

Les acheteurs publics sont désormais dans l'obligation d'ajouter des clauses environnementales dans tous les appels d'offre et marchés qu'ils passent avec des entreprises, en complétant le premier alinéa de l'article L. 2152-7, avec une phrase ainsi rédigée : « Au moins un de ces critères prend en compte les caractéristiques environnementales de

(3) Code de la commande publique, art. L. 3-1.

l'offre. ». Cette disposition entrera en vigueur à une date fixée par décret, et au plus tard cinq ans après la promulgation de la loi (2026).

Il sera désormais possible pour les acheteurs publics d'exclure les entreprises soumises à l'article L. 225-102-4 du Code de commerce qui ne seraient pas en mesure de présenter un plan de vigilance(4) dûment réalisé pour l'année qui précède l'année de publication de l'avis.(5)

Au plus tard au 1er janvier 2025, l'État doit mettre « à la disposition des pouvoirs adjudicateurs des outils opérationnels de définition et d'analyse du coût du cycle de vie des biens pour les principaux segments d'achat. Ces outils intègrent le coût global lié notamment à l'acquisition, à l'utilisation, à la maintenance et à la fin de vie des biens ainsi que, lorsque c'est pertinent, les coûts externes supportés par l'ensemble de la société, tels que la pollution atmosphérique, les émissions de gaz à effet de serre, la perte de la biodiversité ou la déforestation. »(6).

C'est à compter du 1er janvier 2030 que l'usage des matériaux biosourcés ou bas-carbone devra intervenir dans au moins 25 % des rénovations lourdes et des constructions relevant de la commande publique(7) ;

L'article L. 2111-3 du Code de la commande publique, indique que les acheteurs publics qui affichent un montant annuel des achats supérieur à 100 millions d'Euros HT, sont dans l'obligation d'adopter et de publier un schéma de promotions des achats publics socialement responsables.

« Ce schéma détermine les objectifs de politique d'achat de biens et de services comportant des éléments à caractère social visant à concourir à l'intégration sociale et professionnelle de travailleurs handicapés ou défavorisés et des éléments à caractère écologique visant notamment à réduire les émissions de gaz à effet de serre et la consommation d'énergie, d'eau et de matériaux ainsi que les modalités de mise en œuvre et de suivi annuel de ces objectifs. Ce schéma contribue également à la promotion de la durabilité des produits, de la sobriété numérique et d'une économie circulaire. Il est rendu public notamment par une mise en ligne sur le site internet, lorsqu'il existe, des pouvoirs adjudicateurs et entités adjudicatrices mentionnées au premier alinéa. »(8).

---

(4) « Le plan comporte les mesures de vigilance raisonnable propres à identifier les risques et à prévenir les atteintes graves envers les droits humains et les libertés fondamentales, la santé et la sécurité des personnes ainsi que l'environnement, résultant des activités de la société et de celles des sociétés qu'elle contrôle au sens du II de l'article L. 233-16, directement ou indirectement, ainsi que des activités des sous-traitants ou fournisseurs avec lesquels est entretenue une relation commerciale établie, lorsque ces activités sont rattachées à cette relation. »

(5) Code de la commande publique, art. L. 2141-7-1 ; CCP, art. L. 3123-7-1.

(6) Article 36 de la loi n° 2021-1104 du 22 août 2021 portant lutte contre le dérèglement climatique et renforcement de la résilience face à ses effets. Chapitre premier : Verdir l'économie.

(7) Code de l'environnement, art. L. 228-4.

(8) https://www.code-commande-publique.com/developpement-durable/

La réglementation, une puissante incitation à agir...

DOCUMENTATION

Économie circulaire et commande publique

Tab. 5.01-1. Commande publique et économie circulaire récapitulatif des textes majeurs

Référence des textes	Contenu
Directive européenne du 26 février 2014 sur la passation des marchés publics transposée à l'article 63 du décret du 25 mars 2016 relatif aux marchés publics (notion du coût du cycle de vie)	Ce texte permet de prendre en compte dans les critères d'acquisition les coûts supportés par la personne publique, c'est-à-dire, à condition que ce soit pertinent, tout ou partie des coûts imputables à un produit, un service ou un ouvrage tout au long de son cycle de vie.
Loi n° 2015-992 du 17 août 2015 relative à la transition énergétique pour la croissance verte (LTECV)	Ce texte prévoit une mobilisation du secteur public en matière d'éco-responsabilité, notamment en ce qui concerne la rénovation des bâtiments pour économiser l'énergie, le développement de transports propres, l'économie circulaire.
Décret n° 2016-412 du 7 avril 2016	Ce texte rend obligatoire pour les acheteurs publics de l'État l'acquisition des seuls produits et services attestant d'une haute performance énergétique
Article 55 de la loi n° 2020-105 du 10 février 2020 (AGEC)	Ce texte exige, à compter du 1er janvier 2021, la réduction de la consommation de plastiques à usage unique ainsi que de la production des déchets de la part des services de l'État, des collectivités territoriales et leurs groupements. Ces acheteurs publics doivent également privilégier les biens issus du réemploi ou qui intègrent des matières recyclées en prévoyant des clauses et des critères utiles dans les cahiers des charges.
Décret n° 2021-254 du 9 mars 2021, pris en application de la loi AGEC	Ce texte fixe la part minimale des achats publics qui doit être issue des filières du réemploi, de la réutilisation ou du recyclage, ainsi que les produits concernés.
CCP, art. L. 2111-3	Le schéma de promotion des achats publics socialement et écologiquement responsables (SPASER) entre en vigueur au 1er janvier 2023
CCP, art. L. 2111-1	Ce texte exige que « La nature et l'étendue des besoins à satisfaire [soient] déterminées avec précision avant le lancement de la consultation en prenant en compte des objectifs de développement durable dans leurs dimensions économique, sociale et environnemental. »
CCP, art. L. 2111-2 et L. 3111-2 modifiés par l'article 35 de la loi « Climat et résilience »	Ces textes obligent les acheteurs et les autorités concédantes à fixer, dans leurs contrats, des conditions d'exécution prenant en compte des considérations relatives à l'environnement

La réglementation, une puissante incitation à agir...

Notice explicative – Décret n° 2021-254 relatif à l'obligation d'acquisition par la commande publique de biens issus du réemploi ou de la réutilisation ou intégrant des matières recyclées

Version actualisée au 1er janvier 2022. Cette notice a pour objectif d'aider les acheteurs publics à se conformer à leurs obligations réglementaires d'achats de fournitures – https://www.ecologie.gouv.fr/sites/default/files/Notice%20explicative%20DCE%202021-254%20art%2058.pdf

Ministère de la transition écologique et de la cohésion des territoires. Ministère de la transition énergétique, « Le coût du cycle de vie dans l'achat public »

Synthèse des textes réglementaires et leurs applications. Ressources. https://www.ecologie.gouv.fr/cout-du-cycle-vie-dans-lachat-public

Ministère de l'économie et des finances et de la souveraineté industrielle et numérique, « Achat public durable »

Conseils et ressources pour les acheteurs publics. https://www.economie.gouv.fr/cedef/achats-publics-durables
Ministère de la transition écologique et de la cohésion des territoires. Ministère de la transition énergétique https://www.ecologie.gouv.fr/achats-publics-durables

Direction des Affaires Juridiques – Ministère de l'Économie, des Finances et de la Relance, Les mesures commande publique de la loi dite « Climat et résilience »

Fiche explicative de la DAJ à télécharger. https://www.economie.gouv.fr/daj/les-mesures-commande-publique-de-la-loi-dite-climat-et-resilience

Ministère de l'Économie, des Finances et de la Relance, Direction des Affaires Juridiques, Guide pour les acheteurs publics pour l'insertion de clauses environnementales Fiche 1-9 Les clauses environnementales

https://www.economie.gouv.fr/files/files/directions_services/daj/marches_publics/textes/guideCCAG/Fiche1_9_Clauses-environnementales.pdf

Lucile Henriques – Laurent Lequillec, *Initiation à l'achat public performant et durable*, Éditions le Moniteur, 2012

Cet ouvrage, qui se présente sous forme de fiches, a « pour objectif de guider les acheteurs publics dans leur gestion quotidienne des projets d'achat afin d'optimiser leurs gains et les aider à en faire un levier des politiques publiques durables. Il permet ainsi :
– de définir les besoins de manière adéquate ;
– de déterminer une stratégie d'achat durable adaptée aux besoins ;
– de mettre en œuvre des techniques d'achat performantes ;
– de sélectionner une offre durable dans le cadre de l'attribution de marché ;
– enfin d'évaluer l'achat durable et la fonction achats. »

Construire avec les différents acteurs un projet cohérent...

FICHE 5.02 La maîtrise d'ouvrage

Anticiper, nous l'avons vu est un facteur fondamental de la réussite d'une opération. Il sera tout aussi important de construire ce projet en respectant les spécificités, responsabilités et champ d'action des différents acteurs, afin d'atteindre les objectifs de cohérence et performance, dans un cadre vertueux vis-à-vis de l'environnement et surtout de la réglementation.

La réglementation impose au maître d'ouvrage la prise en compte de la gestion des déchets. Quant à la maîtrise d'ouvrage publique, elle doit s'engager dans une démarche d'économie circulaire (loi AGEC, loi Climat et résilience).

Fig. 5.02-1. Une MOA engagée : des enjeux forts.

1 Responsabilités et champ d'action

Les différents Codes (Code de la commande publique, Code du travail, Code civil) fixent les responsabilités du maître d'ouvrage privé ou public dans la réalisation de l'ouvrage.

En matière de gestion des déchets, le Code de l'environnement en son article L. 541-2 définit ainsi la responsabilité du producteur de déchets :

« Tout producteur ou détenteur de déchets est tenu d'en assurer ou d'en faire assurer la gestion, conformément aux dispositions du présent chapitre.

Tout producteur ou détenteur de déchets est responsable de la gestion de ces déchets jusqu'à leur élimination ou valorisation finale, même lorsque le déchet est transféré à des fins de traitement à un tiers.

Tout producteur ou détenteur de déchets s'assure que la personne à qui il les remet est autorisée à les prendre en charge. ».

L'étude[9] conduite par le cabinet Enckell Avocats pour le projet DEMOCLES[10] établit que c'est bien le maître d'ouvrage qui est le propriétaire des déchets produits par la réalisation de son ouvrage. Il est donc responsable de leur bonne gestion tout au long du processus de construction, démolition, rénovation, en respectant le cadre réglementaire et notamment la hiérarchie de traitement des déchets.

L'article L. 2421-1 du Code de la commande publique délimite ainsi « les attributions du maître d'ouvrage » :

« (...) qui, pour chaque opération envisagée, s'assure préalablement de sa faisabilité et de son opportunité, sont les suivantes :
1° La détermination de sa localisation ;
2° L'élaboration du programme défini à l'article L. 2421-2 ;
3° La fixation de l'enveloppe financière prévisionnelle ;
4° Le financement de l'opération ;
5° Le choix du processus selon lequel l'ouvrage sera réalisé ;
6° La conclusion des marchés publics ayant pour objet les études et l'exécution des travaux de l'opération. »

Gestion des déchets et démarche d'économie circulaire devront donc être intégrées à chaque stade de l'opération.

2 Intégrer la démarche d'économie circulaire en amont du projet

Plus tôt ces problématiques seront prises en considération, plus nombreux seront les moyens d'action du maître d'ouvrage, privé comme public, qui indiquera dans ses objectifs et son programme l'ensemble des exigences qu'il souhaite voir mises en œuvre en matière de :
– gestion de déchets et nuisances ;
– gestion des flux et des ressources ;
– sobriété matière ;
– choix énergétiques ;
– modèles constructifs ;
– composantes environnementales.

Ce travail d'anticipation conditionnera la bonne réussite de l'opération.

La question des coûts devra être réfléchie en amont du projet et tout particulièrement pour des projets intégrant une déconstruction ou réhabilitation.

Les maîtres d'ouvrage, en général connaissent très mal, voire pas du tout les coûts de gestion de leurs déchets de chantier. S'il est évident qu'un déchet trié coûte moins cher qu'un déchet en mélange, la nouvelle réglementation, avec la création de la filière REP PMCB, devrait encore renforcer cet état de fait.

À terme, les déchets triés selon le cahier des charges de l'éco-organisme concerné bénéficieront d'une reprise gratuite puisque, comme toutes les filières REP, l'éco-participation aura été payée à l'achat des produits, matériaux de construction.

(9) Étude sur la responsabilité de la maîtrise d'ouvrage en matière de déchets https://www.recylum.com/assets/recylumuploads/2018/06/Recy_18-06_Democles_Brochure_Exe1_1sc_bd.pdf

(10) https://www.democles.org/

En ce qui concerne la démolition, rénovation, réhabilitation, lorsque le concept du réemploi/réutilisation trouvera sa vitesse de croisière dans des filières fluides, le coût de gestion de déchets devrait pouvoir être plus facilement encadré.

Le maître d'ouvrage devra donc, dès le stade du programme, engager une réflexion globale sur l'éco-conception de sa construction, les impacts financiers, économiques ou politiques de ses choix constructifs. Il aura à cœur de prendre en compte le court et moyen termes mais aussi le long terme.

« L'économie circulaire se joue dès le premier coup de crayon. »[11].

3 La place de l'économie circulaire dans les documents de marché

Le Code de la commande publique, modifié par la loi dite « Climat et résilience » du 22 août 2021, impose à l'acheteur de formuler son besoin par référence à des spécifications techniques[12].

« Ces spécifications techniques prennent en compte des objectifs de développement durable dans leurs dimensions économique, sociale et environnementale ».

Cette disposition entrera en vigueur à une date fixée par décret, et au plus tard cinq ans après la promulgation de la loi (2026).

L'acheteur devra détailler les dispositions qu'il entend mettre en œuvre dans le cadre du marché concernant la gestion et la valorisation des déchets de son chantier. Ces clauses, adaptées en fonction du chantier, seront différentes selon le type d'opération (construction neuve, réhabilitation, démolition/déconstruction) et seront ciblées en fonction de la nature du chantier (bâtiments tertiaires, d'habitation ou infrastructures).

Le préambule

La réforme des cahiers des clauses administratives générales de 2021 impose l'écriture d'un préambule dans tous les CCAG[13]. C'est dans cet espace que s'exprimera la volonté, voire l'exigence du maître d'ouvrage de réaliser une opération respectueuse de l'environnement, axée sur la gestion et la valorisation des déchets et surtout engagée dans l'économie circulaire.

De même, le maître d'ouvrage aura tout intérêt à rappeler son engagement dans les autres documents de marché dans un préambule, et en particulier dans le CCTP. Cette inscription permettra de donner toute son importance à la démarche.

(11) *L'économie circulaire dans le BTP*, Cahiers du Cobaty n° 12, décembre 2018. Ouvrage collectif issu des contributions de Cobatystes. https://www.cobaty.org/wp-content/uploads/2020/03/CAHIERS-DU-COBATY-N%C2%B012-2018-2.pdf

(12) Code de la commande publique, art. L. 2111-2.

(13) DAJ, Notice de présentation de la réforme des Cahiers de Clauses Administratives Générales (CCAG) 2021, https://www.economie.gouv.fr/files/files/directions_services/daj/marches_publics/CCAG/RefonteCCAG/Notice%20pr%C3%A9sentation%20CCAG.pdf

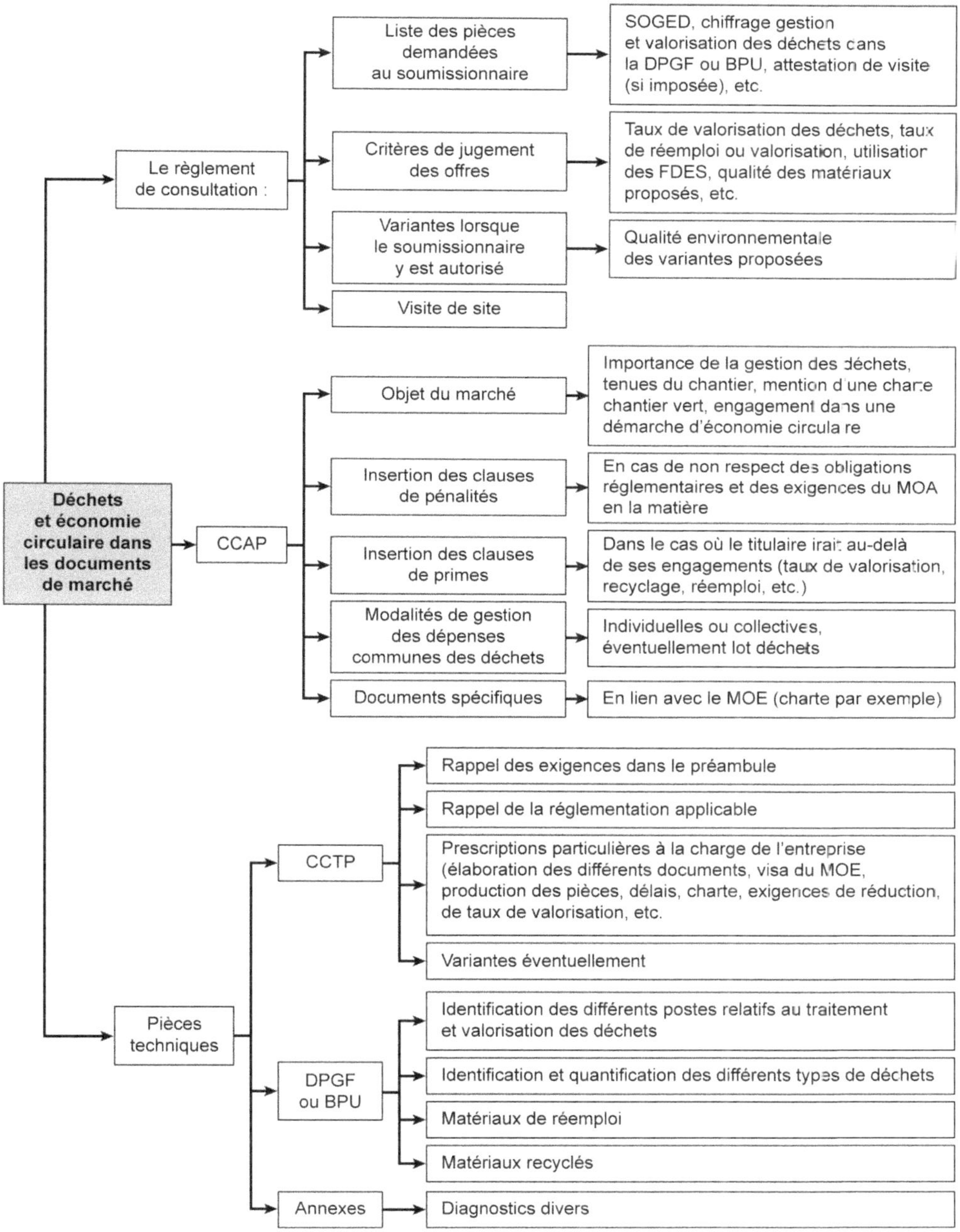

Fig. 5.02-2. La place de l'économie circulaire dans les documents de marché

La maîtrise d'ouvrage

Ci-dessous deux exemples de préambule à intégrer dans un CCTP :

EXEMPLE

Exemple de préambule - Opération de déconstruction

Le maître d'ouvrage souhaite faire de cette opération un exemple et un booster en termes d'économie circulaire des déchets et ressources produits, et attend du titulaire un engagement remarquable, en particulier dans les domaines suivants :
- réemploi (dépose soignée, nettoyage, tri, conditionnement, transport, stockage) ;
- tri à la source/*in situ* (dont les nouvelles obligations de tri 7 flux de la loi AGEC) ;
- valorisation ;
- traçabilité.

Le secteur de la construction est le secteur le plus gros producteur de déchets. En France, il représente plus de 70 % de la masse totale de déchets. Les matières premières se raréfient, sont moins accessibles. Intégrer la sobriété dans nos modes constructifs est devenu incontournable.

On considère trop souvent l'économie circulaire sous le seul angle du recyclage, qui est certes vertueux, mais également consommateur d'énergie et producteur d'autres types de déchets.

C'est pourquoi, le premier levier sur lequel il est primordial de travailler, est celui de la réduction des déchets. Le réemploi des matériaux de construction, des équipements est une des réponses à cette problématique.

Les autres leviers suivront la hiérarchie des modes de traitement, intégrée au Code de l'environnement, dans l'ordre de priorité : réutilisation, recyclage, valorisation matière. Si aucune de ces possibilités n'est envisageable, le titulaire du marché de travaux pourra proposer la valorisation énergétique puis en dernier recours l'élimination.

Cette démarche s'inscrit dans le cadre des objectifs nationaux et européens.

L'entreprise titulaire du présent marché devra agir dans ce sens. Elle prendra toutes les mesures pour atteindre ces objectifs et s'engager au-delà.

Toute opération de réemploi supplémentaire, à l'initiative du titulaire et du maître d'œuvre, est encouragée. L'entreprise pourra proposer des débouchés *in situ* ou *ex situ* pour les produits, matériaux ou équipements. Ces opérations devront être présentées et validées par la maîtrise d'œuvre, et figurer dans le bilan de la gestion des déchets et ressources produits.

EXEMPLE

Exemple de préambule - Opération de construction

Dans le respect de la volonté du maître d'ouvrage de promouvoir une démarche environnementale pour la construction de XXXXX, opération située XXXXXXX sur la commune de XXXXX, le maître d'œuvre s'engage à faire réaliser un chantier « propre », à faible impact environnemental.

(Cette volonté s'inscrit dans une démarche de certification XXXX)

Si l'opération est certifiée : outre le respect des prescriptions prévues aux CCTP, le maître d'œuvre/l'entreprise est directement responsable de la bonne application de la rubrique «Chantier à Faibles Nuisances » de la certification NF Habitat HQE.

Si opération n'est pas certifiée : outre le respect des prescriptions prévues aux CCTP, l'entreprise est directement responsable de la bonne application de la « Chantier à Faibles Nuisances/Vert/Durable ... »

Les objectifs environnementaux traités dans la Charte « Chantier à Faibles Nuisances/Vert/Durable... » sont les suivants :
- réduction des nuisances (bruit, poussières) causées aux riverains par le chantier ;
- limitation des risques de pollution des eaux et du sol lors du chantier ;
- sobriété dans la consommation des matériaux, et lutte contre le gaspillage ;
- réduction des déchets de chantier ;
- tri à la source selon la réglementation en vigueur (7 flux) ;
- protection de la nature et de la biodiversité ;
- maîtrise des ressources en eau et énergie ;
- etc.

Les clauses environnementales du CCAG-Travaux

Rappel des responsabilités : « La valorisation ou l'élimination des déchets créés par les travaux, objet du marché, est de la responsabilité du maître d'ouvrage en tant que producteur de déchets et du titulaire en tant que détenteur de déchets, pendant la durée du chantier. ».

La clause environnementale générale prévoit que « les documents particuliers du marché précisent les obligations environnementales du titulaire dans l'exécution du marché » et que « ces obligations doivent être vérifiables, selon des méthodes objectives, et faire l'objet d'un contrôle effectif ».

Afin d'assurer la bonne exécution des obligations environnementales du titulaire, les CCAG précisent que « le titulaire se voit appliquer pour chaque manquement, après mise en demeure restée infructueuse, une pénalité dont le montant est fixé par les documents particuliers du marché ».

La mise en place d'une organisation commune pour la gestion des déchets peut être prévue dans les documents du marché. Le CCAG prévoit alors que la répartition du coût de gestion des déchets doit être négociée entre les différents titulaires concernés. Il précise également les modalités de suivi des déchets de chantier en s'appuyant sur les documents réglementaires ou en imposant un modèle particulier qui complète les documents fixés par la réglementation en vigueur.

Tab. 5.02-1. Recensement économique de la commande publique. Chiffres 2021. Clauses environnementales

Source : OECP 2022. https://www.economie.gouv.fr/files/files/directions_services/daj/marches_publics/oecp/concertation/20221028_PPT-Recensement_OECP_20221122.pdf?v=1669238243

Contrats initiaux*	2019		2020		2021		2021 (hors marchés non récurrents)	
	Nombre	Montant (M€)	Nombre	Montant (M€)	Nombre	Montant (M€)	Nombre	Montant (M€)
État et secteur hospitalier	22,0 %	15,4 %	21,7 %	13,5 %	24,0 %	13,1 %	24,0 %	20,8 %
Collectivités territoriales	12,9 %	19,0 %	12,6 %	17,6 %	14,0 %	20,0 %	14,0 %	20,0 %
« Autres »**	18,4 %	27,2 %	27,3 %	38,9 %	29,5 %	47,0 %	29,5 %	44,8 %
Total	15,8 %	18,6 %	16,8 %	18,9 %	18,7 %	22,3 %	18,7 %	25,8 %

* Données hors avenants et actes de sous-traitance – Montants des marchés supérieurs ou égaux à 90 000 €HT.
** Entreprises publiques, opérateurs de réseaux etc.
Hors EDF, ENEDIS, SNCF, RATP, Organismes de sécurité sociale

On note un léger progrès dans l'intégration de clauses environnementales dans la commande publique, les collectivités territoriales, l'État et le secteur hospitalier étant regrettablement plus poussifs. Les taux et montants sont un peu relevés par les autres acteurs publics.

Il y a donc fort à faire encore en ce domaine !

La maîtrise d'ouvrage

Les variantes

L'acheteur peut préciser les modifications, autorisées ou imposées, qui seront apportées au projet de base par les entreprises. De ce fait, la variante est considérée comme une proposition alternative qui remplacera la solution initialement retenue par l'acheteur. L'utilisation des variantes peut être intéressante dans le cadre d'un marché d'achat durable, car il laisse une possibilité aux entreprises déjà engagées dans cette dynamique de faire valoir leur expertise, par exemple, mise en œuvre de différents types de matériaux, recyclés, ou réemployés, biosourcés, produits localement etc.

Si le maître d'ouvrage ne choisit pas la possibilité d'ouverture aux variantes, il aura tout intérêt à préciser les spécifications techniques qu'il attend de la fourniture des matériaux ou équipements. Les graves recyclées, ou tous autres types de matériaux et de produits recyclés ou réemployés peuvent alors être proposés par les soumissionnaires, en substitution du matériau vierge, à condition qu'ils conservent les propriétés physiques et techniques correspondant aux besoins exprimés.

Il est toutefois important de s'approprier la notion de couple produit/usage pour permettre de lever les réticences des maîtres d'ouvrage sur l'utilisation de produits recyclés et surtout d'utiliser le bon produit pour l'usage approprié. Comme le précise la SMA BTP, « des désordres peuvent être observés dans les ouvrages tels que les remblais ou les assises de chaussées comportant des granulats recyclés », si les producteurs n'ont pas formalisé les résultats d'essais et surtout respecté la normalisation(14).

Les granulats recyclés doivent répondre aux mêmes spécifications d'utilisation que les granulats vierges. De plus en plus de producteurs de ces matières proposent des produits de qualité, substituables aux matériaux d'extraction.

Citons par exemple la gamme SØLAR. Le matériau mis en vente a une fiche produit contenant une partie normative et une partie informative(15).

Les recherches récentes sur l'utilisation de granulats recyclés dans le cadre du projet RECYBETON encadrent l'utilisation de ces derniers.

« Les granulats recyclés destinés aux ouvrages en béton sont marqués CE au sens de la norme NF EN 12620. Lorsqu'ils sont utilisés avec des exigences de sécurité rigoureuses, la certification de la maîtrise de la production de granulats par un organisme tiers est nécessaire. »(16).

Les chartes

Les chartes « chantier vert, à faible nuisances, chantier durable etc. » ne sont pas obligatoires. Annexées aux marchés des entreprises, elles prescrivent des mesures destinées à réduire ou éliminer les nuisances à l'environnement, pour tous les corps d'état.

---

(14) https://www.smabtp.fr/sma/assurance/infos-assurance/pathologie-et-prevention-batiment-et-tp/utilisation-granulats-recycles-travaux-publics

(15) https://var-materiaux.fr/wp-content/uploads/2022/02/Fiche-Technique-Melange-Beton-0-16-Lave-SOLAR-VAR-MATERIAUX.pdf

(16) AGYRE, Fiche retour d'expérience. Les granulats recyclés (GR) pour le béton, https://www.union-habitat.org/sites/default/files/dossiers-cr/documents/2021-06/rex_gr.vf_.pdf

En signant l'acte d'engagement, les entrepreneurs s'engagent à respecter les exigences de cette charte chantier et des pièces associées. Ces documents sont contractuels.

La métropole Nice Côte d'Azur a conduit un travail remarquable sur la construction d'une charte chantier vert[17], dans un format collaboratif entre les services de la Métropole et la Fédération du BTP des Alpes-Maritimes.

De nombreux exemples utilisables et transférables existent sur internet.

Les CCTP

L'acheteur public aura tout intérêt à intégrer dans les cahiers des charges les clauses correspondant aux enjeux ci-dessous :

Tab. 5.02-2. Clauses à insérer dans les cahiers des charges

Matières premières et matériaux	Gestion des déchets	Gestion des flux
– provenance géographique des matières premières (approvisionnement local) – utilisation de matière primaire secondaire (fourchette de pourcentages) – réemploi, réutilisation – recyclage des matériaux et produits en fin de vie – écomatériaux	– réduction de la production de déchets et du gaspillage – application de la réglementation (tri 7 flux) – traçabilité – taux de valorisation – gestion des déchets dangereux – gestion des effluents industriels – gestion du risque de pollution sur l'environnement – SOGED – Charte	– réduction de l'impact du transport – économies d'énergie sur la phase chantier – économies d'eau

Analyse et choix des offres

« Pour attribuer le marché au soumissionnaire ou, le cas échéant, aux soumissionnaires qui ont présenté l'offre économiquement la plus avantageuse, l'acheteur se fonde sur un ou plusieurs critères non discriminatoires et liés à l'objet du marché ou à ses conditions d'exécution qui peuvent être :

1° Soit le critère unique du coût, déterminé selon une approche globale qui peut être fondée sur **le coût du cycle de vie** défini à l'article R. 2152-9 et qui prend en compte les **caractéristiques environnementales** de l'offre[18] ;

2° Soit une pluralité de critères parmi lesquels figurent le prix ou le coût. Au moins l'un d'entre eux prend en compte les **caractéristiques environnementales de l'offre**. (...) ».

(17) Démarche Chantier Vert. Avançons ensemble, Métropole NCA, Ville de Nice FBTP06 https://www.nicecotedazur.org/wp-content/uploads/2022/08/Nouvelle_Charte_Chantier_Vert_2022.pdf

(18) Code de la commande publique, art. R. 2152-7 à venir (version du 21 août 2026).

La maîtrise d'ouvrage

Les critères de jugement des offres sont donc des outils utiles, à la fois pour donner des indications aux futurs soumissionnaires sur les attendus de l'acheteur, ainsi que pour valoriser les offres plus performantes sur les points identifiés. La notion d'offre économiquement la plus avantageuse revêt dès à présent une valeur incitative à la transition environnementale. Passer du moins-disant au mieux-disant est un impératif.

Quelques exemples

Tab. 5.02-3. Exemples de critères sous-critères

Critère	Sous critère (à préciser %)
Valeur technique	– gestion des déchets qualité du SOGED – limitation de la production de déchets (kg/m^2 SHON) – taux de valorisation des déchets – part des matériaux recyclés – couple usage/produit des matériaux recyclés – utilisation des Fiches de Déclaration Environnementale et Sanitaire (FDES)
Environnemental	– gestion et valorisation des déchets – méthodologie de mise en œuvre éco-conception – réemploi – actions de prévention déchets – qualités et garanties des matériaux réemployés/recyclés – performance en matière de protection de l'environnement réduction de l'empreinte carbone

Des outils coercitifs nécessaires

Le marché devra prévoir des moyens d'action en cas de mauvaise exécution, afin de faire respecter les prescriptions du cahier des charges. Pénalités, voire clauses de résiliation qui seront graduées, et variées en fonction de la phase de chantier à laquelle elles se rapportent.

Les pénalités constituent une sanction contractuelle et doivent nécessairement être prévues dans les clauses du marché public. Les CCAG prévoient des clauses-type de pénalités que l'acheteur est libre d'aménager.

Quelques exemples :
- manquement aux obligations de tri ;
- non-utilisation des bennes de tri ;
- non-production des bordereaux de déchets ;
- dépôts sauvages, brûlage ou enfouissement de déchets ;
- stockage de produits ou matériels en zone interdite ;
- matériel de chantier non-conforme ;
- non-respect du plan de circulation ;
- nettoyage non effectué.

Pour éviter que le titulaire préfère payer la pénalité plutôt que de gérer vertueusement ses déchets, il importe que le montant des pénalités soit supérieur et adapté au coût de la gestion réglementaire des déchets, afin d'être dissuasif. Il est aussi possible de prévoir des clauses de résiliation en cas de manquements répétés aux obligations de gestion des déchets. La résiliation interviendra alors à la date fixée par l'acheteur dans sa décision.

La pratique n'est pas courante, mais il peut être motivant pour les entreprises de prévoir des primes dans l'hypothèse où le titulaire serait plus vertueux que prévu ou dépasserait les objectifs fixés.

4 Accompagnement de la maîtrise d'ouvrage par un spécialiste de l'économie circulaire

Diagnostiqueur PEMD

Depuis le 1er janvier 2022, en application de la loi AGEC, les maîtres d'ouvrage ont l'obligation de réaliser un diagnostic Produits, Équipements, Matériaux et Déchets (PEMD) issus de la démolition ou de la rénovation significative de bâtiments conformément aux décrets n° 2021-821 et 2021-822 du 25 juin 2021.

Cette mission est généralement confiée à un diagnostiqueur(19) répondant aux exigences de la réglementation.

La qualité du diagnostic réalisé aura un poids important sur la bonne réussite du chantier, la maîtrise des coûts et les impacts environnementaux. En effet, les entreprises consultées s'appuieront sur les préconisations du diagnostiqueur en ce qui concerne le réemploi des matériaux, les potentialités de recyclage, la présence ou non de filières de traitement. Il est donc essentiel que le maître d'ouvrage précise bien ses exigences dans le cahier des charges du diagnostic PEMD, assorti si nécessaire d'un diagnostic ressources.

En ce qui concerne le diagnostic PEMD, les diagnostiqueurs sont contraints par la loi de fournir la preuve au MOA, avant le diagnostic, qu'ils ont bien les compétences réglementaires :

« Une personne physique réalisant le diagnostic doit être compétente en matière de prévention et gestion des déchets ainsi qu'en matière de techniques du bâtiment ou d'économie de la construction. Pour la reconnaissance de chacune de ces compétences, il doit fournir une des preuves suivantes de reconnaissance de ses compétences :
– la preuve par tous moyens d'une expérience professionnelle de trois ans de technicien ou agent de maîtrise du bâtiment ou dans des fonctions d'un niveau professionnel équivalent ;
– un diplôme sanctionnant une formation du niveau de l'enseignement post-secondaire d'une durée minimale de deux ans à temps plein ou d'une durée équivalente à temps partiel dispensés dans une université ou un établissement d'enseignement supérieur ou dans un autre établissement de niveau équivalent, ou un titre professionnel équivalent ou la validation d'une formation qualifiante ;
– toute preuve de la détention de connaissances équivalentes.

(19) Cf. précédemment Le diagnostic Produits Équipements Matériaux déchets PEMD.

La maîtrise d'ouvrage

Pour justifier de ses compétences, il peut également fournir la preuve par tous moyens des compétences exigées par un État de l'Union européenne ou d'un autre État partie à l'accord sur l'Espace économique européen pour une activité de diagnostic similaire à celui faisant l'objet de la présente section, ces preuves ayant été obtenues dans un de ces États.

b) Une personne morale réalisant le diagnostic doit fournir la preuve suivante de reconnaissance de ses compétences par la présence dans ses effectifs d'au moins une personne physique satisfaisant au critère fixé au a du présent article.

La personne physique ou morale réalisant le diagnostic doit justifier de la souscription d'une assurance permettant de couvrir les conséquences pécuniaires d'un engagement de sa responsabilité en raison de ses missions et dont le montant de la garantie ne peut être inférieur à 300 000 euros par sinistre et 500 000 euros par année d'assurance. »[20].

Divers acteurs proposent des formations certifiantes de diagnostiqueurs PEMD. Même si cette certification n'est pas obligatoire, elle représente une sécurité pour le maître d'ouvrage et le maître d'œuvre, car un diagnostic PEMD mal effectué est contre-productif.

Citons le parcours certifiant *Devenir Diagnostiqueur PEMD*, inscrit au Registre National des Certifications Professionnelles) mis en place par CSTB Formations et le Syndicat des entreprises de déconstruction dépollution et recyclage (SEDDRE)[21].

AMO réemploi

Dans un chantier impliquant déconstruction, la conservation sur site des matériaux, ou réemploi *in situ* est la plus vertueuse en termes environnementaux. Les éléments seront soigneusement identifiés, étiquetés par l'AMO réemploi. Ils seront ensuite répertoriés dans un catalogue précisant leur potentiel de réemploi sur le chantier. Cet outil permettra à la maîtrise d'ouvrage d'arbitrer sur les solutions proposées, avec le conseil de son architecte maître d'œuvre.

L'AMO diligentera les études de faisabilité et de conformité technique en associant le bureau de contrôle de l'opération. Il planifiera ensuite le stockage des matériaux et produits, afin qu'ils puissent être disponibles pour la pose en phase construction.

Il organisera également le réemploi *ex situ* des produits non agréés par le MOA pour son chantier. Cette démarche de réemploi dans un chantier différent du chantier source constitue un outil de valorisation économique pour le propriétaire.

Traçabilité et faisabilité du réemploi de ces produits doivent être garantis, soit par le propriétaire, soit par la plateforme sur laquelle ils seront dirigés, sous forme d'une fiche produit. L'AMO réemploi pourra accompagner le maître d'ouvrage propriétaire dans sa démarche de commercialisation de ces produits. Son action est importante dans le bon déroulement logistique du chantier car il s'agira d'organiser les enlèvements au fur et à mesure du curage, ou le stockage éventuel.

(20) Code de la construction et de l'habitation, art. D. 126-12.

(21) « Devenir diagnostiqueur PEMD », CSTB Formations et SEDDRE https://formations.cstb.fr/formations/?etp=384

Un dispositif complet de traçabilité des matériaux doit être mis en place, sur le modèle de la traçabilité des déchets : bon de commande établi au moment de la vente, contrat/convention de cession, bordereau d'enlèvement, attestation de reprise, etc.

Il sera possible de recourir à un approvisionnement extérieur provenant de chantiers locaux ou de filières de réemploi pour les besoins en matériaux du projet de réhabilitation, non satisfaits par les gisements *in situ*. Ce sera également le cas pour un projet de construction neuve ayant misé sur les matériaux et produits de réemploi à intégrer dans la construction.

L'AMO conduira un diagnostic des matériaux disponibles et récurrents sur un territoire prédéfini. Il lui appartiendra de développer des solutions de réemploi et réutilisation, cohérentes avec la programmation et les orientations architecturales du projet.

Il engagera et coordonnera le dialogue avec l'ensemble des acteurs (maître d'ouvrage, architectes, bureaux d'études, économiste de la construction, contrôleur technique, etc.). Ce travail collectif sur les sujets techniques, économiques, logistiques, esthétiques du chantier permettra d'intégrer judicieusement les matériaux choisis à l'ouvrage.

Enfin, il rédigera un bilan économique, technique, environnemental du réemploi, ainsi qu'un retour d'expérience à la livraison du bâtiment.

Il pourra être également missionné pour le suivi de la phase chantier, en tant qu'AMO, ou intégré, pour l'ensemble de ses missions à la maîtrise d'œuvre, selon le choix du maître d'ouvrage (cf. ci-après MOE réemploi).

Assistant de la Maîtrise d'Ouvrage Environnement (AMO Environnement)

Divers bureaux d'études et consultants peuvent efficacement accompagner les acteurs du chantier en tant qu'AMO Environnement. L'AMO peut être rattaché à l'équipe de maîtrise d'œuvre, si le maître d'ouvrage le souhaite.

L'AMO Environnement assistera la maîtrise d'ouvrage ainsi que la maîtrise d'œuvre dans toutes les phases de conception et réalisation des travaux. Cet acteur pourra intervenir dès le programme en mettant en avant la volonté du MOA de s'engager dans une démarche d'économie circulaire, d'obtenir un label, d'utiliser une charte de chantier vertueux, etc.

L'AMO Environnement pourra également être missionné pour coordonner les différents intervenants dans la gestion des déchets, assurer leur traçabilité et la qualité de leur valorisation. Il pourra faire respecter les chartes « chantier vert », contrôler la mise en place effective du SOGED(22), veiller au suivi des procédures et de la formation des compagnons. Son rôle de coordination sera particulièrement utile lors des réunions de chantier.

Cette solution, qui certes, représente un coût supplémentaire pour la maîtrise d'ouvrage est également porteuse d'éléments positifs non négligeables :
– le MOA est assuré que la réglementation sera respectée tout au long de l'opération
– son autorité déléguée à l'AMO Environnement renforce son action ;
– l'AMO Environnement rend compte directement au MOA ce qui permet à ce dernier de suivre plus précisément son opération ;

(22) Schéma d'Organisation de la GEstion des Déchets.

– c'est un gain de temps pour le MOA qui garde néanmoins un contact direct avec son opération ;
– un suivi régulier permet de mettre en place rapidement des actions correctives et évite ainsi bon nombre de dérapages, notamment financiers ;
– expression d'un véritable engagement politique, l'intégration d'un AMO Environnement dans l'équipe de maîtrise d'ouvrage permet de donner à l'opération une image de qualité ;
– plus l'opération est complexe, plus le recrutement d'AMO Environnement est nécessaire à sa bonne réalisation.

Certifications et labels environnementaux

Le maître d'ouvrage d'une opération d'envergure trouvera également un intérêt à une certification de son opération lui permettant d'en tirer un bénéfice politique ou concurrentiel, d'éventuelles subventions et en tous les cas la marque d'un engagement pour la qualité.

Face aux nombreux enjeux actuels (lutte contre le réchauffement climatique, utilisation rationnelle des ressources, gestion des déchets, etc.), les labels qui valorisent les constructions dans leur démarche environnementale engagée sont de plus en plus nombreux. C'est à partir de référentiels encadrés, que les certifications environnementales attestent la qualité de la démarche de construction durable. Les démarches de labellisation, démarche volontaire du maître d'ouvrage se sont généralisées. L'approche mesure l'impact environnemental de l'opération et permet ainsi de se différencier sur le marché.

HQE, française (Haute Qualité Environnementale), BREEAM (Building Research Establishment Environmental Assessment Method), britannique, et LEED (leadership in Energy and Environmental Design), américaine, sont les certifications environnementales des bâtiments les plus utilisées. Elles s'inscrivent le cadre de la reconnaissance d'une démarche multicritère et formalisent une approche globale du respect de l'environnement et de la qualité de vie.

D'autres labels environnementaux existent. Ils peuvent être portés par l'État, comme « Bâtiment Biosourcé », ou « E^+C^- », « NF Habitat » et « NF Habitat HQE » qui intègrent les exigences de la RE 2020. D'autres encore sont portés par des associations ou des entreprises privées « Bâtiment Bas Carbone BBCA » « Nature Plus » « Habitat Environnement » etc.

À signaler le « Plan Bâtiment Durable », lancé en janvier 2009, qui fédère un large réseau d'acteurs du bâtiment et de l'immobilier autour d'une mission commune : favoriser la mise en œuvre des objectifs d'efficacité énergétique et environnementale. Il est rattaché à la Direction Générale de l'Aménagement, du Logement et de la Nature (DGALN) du ministère de la Transition écologique et de la cohésion des territoires, ministère de la Transition énergétique.

Fig. 5.02-3. Le réseau Bâtiment Durable

Source : https://www.planbatimentdurable.developpement-durable.gouv.fr/IMG/pdf/220225_plaquette_re_seau_ba_timent_durable-2.pdf

5 Informer les maîtres d'ouvrage

Les maîtres d'ouvrages, qu'ils soient privés ou publics, particuliers ou constructeurs, collectivités territoriales de toutes tailles ne sont pas toujours bien informés des responsabilités qui leur incombent, des moyens de faire respecter la réglementation par leurs prestataires, ou mettre en œuvre des pratiques vertueuses sur leurs chantiers.

À l'initiative de la FRTP PACA, ce manifeste a été co-signé par les délégations régionales de l'UNICEM, la FFB, Syntec-Ingénierie, Cinov.

Le courrier a été adressé à l'ensemble des élus de la région PACA : maires, préfets, présidents (EPCI, syndicats, conseils départementaux, conseil régional). Les échanges qui ont eu lieu pour faire suite à ce courrier ont abouti à la rédaction de propositions d'actions qui doivent être portées par le maître d'ouvrage. En exemple ci-après un des courriers adressés aux maires.

Tab. 5.02-4. Exemple de lettre

Manifeste à l'intention des maîtres d'ouvrage publics : propositions d'actions pour lutter contre les dépôts sauvages, proposition d'actions en faveur de la valorisation de l'économie circulaire
Monsieur le Maire, Les décharges illégales et les dépôts sauvages ne cessent de nuire à notre environnement, défigurent nos territoires et laissent pension dans l'opinion publique que la grande famille du BTP ne respecte pas l'environnement, que les Donneurs d'Ordres restent impuissantes, et les coupables impunis. Des solutions existent, nous pouvons et devons agir **ensemble**. Tous les acteurs de la profession s'accordent à dire, qu'une meilleure connaissance des matériaux, avant travaux, limiterait considérablement l'évacuation des volumes excédentaires en décharges agréées ou en dépôts sauvages. **Un bon déchet est un déchet qui n'existe pas.** Pour la première fois, toutes les entreprises issues de la filière de la construction, constituée de la Fédération Régional des Travaux Publics par le biais de sa Commission Développement Durable, de la Fédération Régionale du Bâtiment, des Carriers (UNICEM Paca/Corse) et des Maîtres d'Œuvre (SYNTEC et CINOV), souhaitent engager un dialogue commun avec vous et vous proposer des solutions. Pour cela, nous demandons aux Maîtres d'Ouvrage de lancer des investigations ou des diagnostics préalables **plus fournis** que ceux disponibles à ce jour, sur l'ensemble des chantiers, afin de définir en amont et avec précision, la qualité des matériaux qui seront extraits. Condition sine qua non pour limiter la production de déchets à la source. La plupart des matériaux et matériel peuvent être réutilisés si nous savons anticiper. A cet effet, nous demandons une meilleure valorisation de l'ingénierie de nos Maîtres d'Œuvre afin d'améliorer dès la conception la réutilisation des matériaux et équipements. De plus les investigations complémentaires réalisées en amont, permettront de connaître les quantités et la qualité des excédents. Cela donnera aux entreprises les informations nécessaires afin de proposer des solutions économiques qui privilégieront l'économie circulaire.

Il est préférable de financer de la matière grise, au détriment du transport et de la mise en décharge.
Cette action de bon sens, facile à mettre en œuvre, que nous appelons de nos vœux, exige toutefois **votre intervention**.
Convaincus que vous ne pourrez rester insensibles à un tel sujet, nous vous proposons de vous rencontrer pour en parler de vive voix.
Espérant une réponse favorable de votre part, Monsieur le Maire, nous restons à votre disposition pour tout complément d'informations.

Constat : Un bon déchet est un déchet qui n'existe pas !
– Notre responsabilité est collective.
– Tout commence par une bonne photographie du site initiée par le MOA.
– Les MOE et les Entreprises pourraient anticiper, intégrer le réemploi des matériaux et la gestion de la pollution à condition de disposer des données techniques dès la phase projet.
Déroulé de la démarche :
1. Affirmer votre engagement et déclarer une politique responsable en matière d'économie circulaire,
2. Identifier et déterminer le périmètre et les champs d'actions de cette démarche,
3. Former et sensibiliser concrètement les agents publics, exemple : #MonChantierMesDéchets Formation, de 3 jours non consécutifs, construite par la FBTP 83 – l'ADEME – Le CNFPT et l'IFRBTP,
4. Être accompagné d'un AMO si besoin,
5. S'engager à lancer :
– Une campagne de reconnaissances (sondages) significatives pour identifier et quantifier la nature des matériaux sur site (Travaux Publics) – CF guide des bonnes pratiques Région Sud,
– Un Diagnostic Produits, Équipements, Matériaux et Déchets (Bâtiment) – CF guide diagnostic PEMD Région Sud, incluant en annexe 2 une trame de CCTP,
6. Rédiger un Cahier Des Charges permettant de différencier un MOE qui favorise l'économie circulaire,
7. Décliner les critères de sélection dans le Document de Consultation des Entreprises incitant le réemploi afin de retenir une entreprise engagée et responsable,
8. Réaliser un suivi pendant le chantier,
9. Établir un retour d'expérience à la fin des travaux

Il convient également de ne pas oublier les particuliers, qui plus encore, ignorent leurs obligations en termes de maîtrise d'ouvrage et n'ont pas souvent pour habitude d'engager leurs prestataires dans une démarche vertueuse et respectueuse de la réglementation.

Voici un exemple de fiche qui peut être remise au demandeur de permis de construire, afin de prévenir les dépôts sauvages ou pollutions diverses.

La maîtrise d'ouvrage

Tab. 5.02-5. Exemple de fiche remise au demandeur de permis de construire

Madame, Monsieur, Vous souhaitez déposer un permis de construire ou effectuer des travaux de rénovation. En tant que **Maître d'Ouvrage**, vous êtes **producteur de déchets** au sens du Code de l'Environnement (Art L. 541-2), donc **responsable** des déchets de votre chantier : « Tout producteur ou détenteur de déchets est responsable de la gestion de ces déchets jusqu'à **leur élimination ou valorisation finale**, même lorsque le déchet est transféré à des fins de traitement à un tiers. Tout producteur ou détenteur de déchets **s'assure que la personne à qui il les remet** est autorisée à les prendre en charge. » Il vous appartient donc de **vérifier** que l'entreprise à qui vous confiez vos déchets les a bien traités conformément à la réglementation en vigueur. Vous vous exposeriez à une **amende maximum de 15 000 €** si vos déchets se trouvaient dans des **dépôts sauvages** par exemple. Dans le cadre de la nouvelle **filière REP** Produits, Matériaux de Construction du Bâtiment, la reprise des **déchets de chantier est gratuite si les déchets sont triés à la source**. Assurez-vous bien que vos entrepreneurs respectent cette règle. Vous ferez des économies ! Vous allez devoir payer une **éco-participation sur les matériaux**. Lisez bien vos devis pour ne pas **payer à la fois** l'éco-participation et le coût de gestion de vos déchets (reprise gratuite). Votre artisan, votre entreprise de construction doit vous **fournir les attestations de valorisation de vos déchets**. C'est important, soyez-y sensible. Attention, les **exhaussements** et **aménagements** de terrains sont soumis à des règles précises. Rapprochez-vous du service urbanisme de la Mairie. **Quelques règles à respecter et à faire respecter à vos prestataires :** – vérifiez les devis (éco-participation, coût déchets), attestations de valorisation, factures ; – il est obligatoire de trier séparément : papiers/cartons, bois, verre, métaux, plastique, plâtre, fraction ; – exigez que votre chantier soit nettoyé et rangé régulièrement. Attention aux envols de déchets qui vont dégrader votre voisinage ; – interdiction absolue de brûlage de déchets sur le chantier.

DOCUMENTATION

Guide d'utilisation des CCAG

https://www.economie.gouv.fr/daj/guide-dutilisation-des-ccag

La Clause Verte. CD2E. Centre de Déploiement de l'éco-transition dans les entreprises et les territoires

« Le site La Clause Verte, lancé en novembre 2020, est une initiative du CD2E pour répondre aux besoins des acheteurs publics liés à l'introduction de clauses environnementales. Avec l'entrée en vigueur de loi Climat et résilience, la clause verte souhaite participer activement à l'atteinte de l'objectif de 100 % des achats avec une clause écologique, en proposant des bonnes pratiques à adapter à vos projets. Avec le soutien du Ministère de la Transition Écologique et de la Cohésion des Territoires, La Clause Verte prend une nouvelle dimension en 2022 et porte l'ambition de participer activement à l'atteinte des objectifs du Plan National des Achats Durables (PNAD) 2022-2025. » https://laclauseverte.fr/

OPTIGEDE ADEME, Modèles de clauses (ou clauses-types) a utiliser pour rédiger les pièces de marché de travaux

https://optigede.ademe.fr/sites/default/files/fichiers/Clauses-type_dechets_pour_travaux_batiment.pdf

Démarche Chantier Vert – Métropole Nice Côte d'Azur

« Élaborée par une équipe projet pluridisciplinaire, en étroite collaboration avec les entreprises du BTP, elle se veut évolutive et pourra être modifiée en fonction des retours d'expérience dans une approche d'amélioration continue. » Description de la démarche et charte téléchargeable en PDF. https://www.nicecotedazur.org/wp-content/uploads/2022/08/Nouvelle_Charte_Chantier_Vert_2022.pdf

Direction des affaires juridiques, Fiche « Les pénalités dans les marchés publics »

https://www.economie.gouv.fr/files/files/directions_services/daj/marches_publics/conseil_acheteurs/fiches-techniques/execution-marches/penalites-ds-mp-2019.pdf

Référentiels NF habitat HQE

Le référentiel et la documentation NF Habitat et NF Habitat HQE (certification en vigueur) pour les projets de construction, de rénovation et l'exploitation des bâtiments pour les logements collectifs, individuels groupés et la maison. https://www.qualitel.org/professionnels/documentation/referentiels-nf-habitat-hqe/

CEREMA, L'économie circulaire du BTP dans la rédaction des marchés et contrats

Série de fiches destinée aux donneurs d'ordres publics et privés de la construction et de l'aménagement, pour développer l'économie circulaire dans les territoires, qui fournit des éléments clés pour démocratiser l'économie circulaire dans la construction et l'aménagement. Les deux premières fiches sont téléchargeables gratuitement en PDF. https://www.cerema.fr/system/files/documents/2021/10/cerema_plaquette_eco_circulaire_ncg_web-1.pdf

ENVIROBAT GRAND EST, Réemploi et réutilisation des matériaux issus de la déconstruction. Fiche maître d'ouvrage

« Cette fiche synthétique a pour objectif de décrire les étapes clés que chaque acteur du chantier se doit de connaître pour favoriser le réemploi dans un projet de bâtiment ou d'aménagement. » https://www.envirobatgrandest.fr/wp-content/uploads/fiche-reemploi-version-MO-EnvirobatGrandEst.pdf

Le prix dans les marchés publics. Guide pratique de l'OECP (Observatoire Économique de la Commande Publique) 2023

https://www.economie.gouv.fr/daj/publication-oecp-2023-guide-pratique-prix-marches-publics

FICHE **5.03**

L'équipe de maîtrise d'œuvre

1 Le rôle de la MOe

Le maître d'œuvre est la personne physique ou morale missionnée par le maître d'ouvrage, pour concevoir, coordonner et contrôler la bonne exécution du projet. Selon la taille du chantier, ce peut être un artisan, une entreprise de construction, un cabinet d'architecte, un bureau d'étude, etc.

« Le rôle de la maîtrise d'œuvre est d'apporter la meilleure réponse architecturale, technique et économique aux besoins exprimés par la maîtrise d'ouvrage. Plus qu'un simple prestataire, le maître d'œuvre est un véritable partenaire du maître d'ouvrage, à même de lui apporter expertise et conseils, pendant toute la durée de l'opération. Les équipes de maîtrise d'œuvre doivent être sélectionnées sur la base de critères privilégiant les compétences et la qualité des références. Choisir des équipes principalement sur le montant des honoraires ou la brièveté des délais constitue l'inverse d'une démarche qualité, et peut se révéler dommageable pour la collectivité, la bonne gestion des deniers publics et la réussite de l'opération. »[(23)].

Le rôle du maître d'œuvre, ou de l'équipe de maîtrise d'œuvre est donc central dans la prise en compte et la réalisation des objectifs d'économie circulaire du maître d'ouvrage.

Le Code de la commande publique fixe ainsi les missions de la maîtrise d'œuvre privée :
« 1° Les études d'avant-projet définitif ;
2° Les études de projet ;
3° Les études d'exécution ;
4° Le suivi de la réalisation des travaux ;
5° L'assistance au maître d'ouvrage aux opérations de réception et pendant la période de garantie de parfait achèvement. »[(24)].

Les acheteurs publics disposent depuis 2021 d'un CCAG spécifique pour leurs marchés de maîtrise d'œuvre qui s'applique aux opérations de bâtiment ou d'infrastructures. La clause environnementale générale est introduite[(25)] :

« 18.2.1. Les documents particuliers du marché précisent les obligations environnementales du maître d'œuvre dans l'exécution du marché. Ces obligations doivent être vérifiables, selon des méthodes objectives, et faire l'objet d'un contrôle effectif.

(23) *Miniguide pour bien choisir l'architecte et son équipe.* Ordre des architectes https://www.architectes.org/sites/default/files/atoms/files/mini-guide-09-09-2020.pdf

(24) Section 4 : Identification et mission de la maîtrise d'œuvre dans les marchés globaux. Code de la commande publique, art. L. 2171-7.

(25) CCAG-Moe, art 18.2.

Commentaires :
Les documents particuliers du marché peuvent notamment prendre en compte, sur l'ensemble du cycle de vie des produits, ouvrages ou services acquis, selon la nature de l'achat :
– la réduction des prélèvements des ressources ;
– la composition des produits et notamment leur caractère écologique, polluant ou toxique ;
– les actions en faveur du réemploi, de la réutilisation, du reconditionnement, de l'intégration de matières recyclées et du recyclage ;
– les économies d'énergie et le développement des énergies renouvelables ;
– la prévention de la production des déchets et leur orientation vers des filières de valorisation ;
– les pratiques environnementales appliquées aux modalités d'exécution des prestations et notamment les politiques de réduction des émissions de gaz à effet de serre et d'amélioration de la qualité de l'air ;
– la réduction des impacts sur la biodiversité ;
– la sensibilisation des intervenants aux problématiques environnementales liées à l'exécution du marché.

18.2.2. Le maître d'œuvre s'assure du respect par ses sous-traitants des obligations environnementales fixées par le marché.

18.2.3. En cas de non-respect des obligations prévues au présent 18.2, le maître d'œuvre se voit appliquer pour chaque manquement, après mise en demeure restée infructueuse, une pénalité dont le montant est fixé par les documents particuliers du marché. ».

Les objectifs de la maîtrise d'ouvrage, en matière de gestion des déchets et de démarche d'économie circulaire devront donc être intégrés dans chacune des missions qui seront confiées à l'équipe de maîtrise d'œuvre. Il ne s'agit pas de rajouter quelques éléments disjoints au fil des documents, mais bien de réaliser un projet cohérent, tant sur le plan environnemental qu'économique. Anticiper, prescrire et organiser de façon cohérente sont les garants de la réalisation vertueuse et efficace d'une opération.

En tant que conseil du maître d'ouvrage, le maître d'œuvre a un rôle important à jouer dans l'accompagnement au changement du donneur d'ordre. Ses connaissances techniques et réglementaires rassureront le prescripteur qui s'engagera, plus confiant, dans une démarche d'économie circulaire, nouvelle pour lui. Les conseils éclairés que dispensera le maître d'œuvre permettront d'intégrer cette démarche dès la conception du projet, et les études mises en place.

2 L'architecte

Pour les opérations significatives, l'équipe de maîtrise d'œuvre se structure autour de l'architecte car c'est le seul professionnel habilité à établir des projets architecturaux. Formé et diplômé, dûment assuré il doit être inscrit à l'Ordre des architectes, pour en avoir le titre.

L'équipe de maîtrise d'œuvre

Si tous les architectes en activité ne se sentent pas aujourd'hui encore pleinement concernés par la gestion des déchets et l'intégration de l'économie circulaire dans leurs opérations, on peut toutefois se réjouir de constater que la situation évolue positivement.

Le Conseil National de l'Ordre des Architectes s'engage clairement sur le sujet du réemploi en partenariat avec les acteurs du secteur(26).

Les architectes ont répondu massivement à une étude nationale sur les besoins en formation, organisée par le CAFOC(27).

Le CNOA publie divers rapports, synthèses, études, retours d'expérience mettant en avant l'accompagnement de la commande publique, l'éco-conception, la gestion des déchets et ressources(28).

Les CAUE se saisissent également de ces questions et seront donc des acteurs précieux pour les collectivités.

L'article 24 de la Loi AGEC modifie le Code de l'éducation en ce qui concerne les écoles nationales d'architecture qui dorénavant « *enseignent à leurs élèves l'écoconception et leur apprennent à privilégier les matériaux durables, naturels, biosourcés ou recyclables et à favoriser au maximum les économies d'énergie.* »(29). Les modèles constructifs générant moins de déchets, seront très certainement mis en avant. On peut espérer qu'y seront aussi solidement enseignées les notions concernant les déchets, matières premières secondaires et surtout traçabilité afin que ces futurs maîtres d'œuvre puissent effectuer un suivi de chantier performant également sur ces questions.

L'un des *Cahiers du Cobaty*(30) fait une large part au point de vue de la maîtrise d'œuvre sur la question de l'économie circulaire.

Les questions que se posent les architectes s'articulent autour de deux axes :

« Les process élaborés [dans l'industrie] sont-ils adaptés à la production de l'architecture ? Comment réinterroger les processus de fabrication de bâtiment avec un éclairage de cycle de vie et d'économie circulaire ?(31) ».

Le chantier restant l'unité de production principale, il n'est pas aussi aisé que dans la production de masse, d'intégrer l'utilisation de matière recyclée, ou tout simplement une approche économie circulaire.

« La préfabrication est rarement utilisée, le lobbying des filières impose le plus souvent le béton coulé en place comme principal mode constructif. Les autres corps d'états secondaires se présentent comme un assemblage sur site d'éléments du commerce.

---

(26) CNOA, « Réemploi et réutilisation des matériaux issus de la déconstruction : étapes clés », https://www.architectes.org/reemploi-et-reutilisation-des-materiaux-issus-de-la-deconstruction-etapes-cles

(27) CNOA, « Résultat de l'enquête sur les besoins en compétences pour la valorisation des déchets du bâtiment », https://www.architectes.org/actualites/resultat-de-l-enquete-sur-les-besoins-en-competences-pour-la-valorisation-des-dechets-du

(28) Concevoir pour une économie circulaire : déclaration du CAE. https://www.architectes.org/actualites/concevoir-pour-une-economie-circulaire-declaration-du-cae – Des retours d'expérience pour encourager l'économie circulaire dans la commande publique https://www.architectes.org/actualites/des-retours-d-experience-pour-encourager-l-economie-circulaire-dans-la-commande-0

(29) Code de l'éducation, art. L. 752-2.

(30) « L'économie circulaire dans le BTP », *Cahiers du Cobaty* n° 12, décembre 2018.

(31) https://www.cobaty.org/wp-content/uploads/2020/03/CAHIERS-DU-COBATY-N%C2%B012-2018-2.pdf

L'évolution rapide des normes, des règles et autres dictats contraignent sans cesse les industriels à adapter leurs produits avec les pertes en ligne que l'on connaît. Cela ne va pas forcément dans le sens de l'économie de matière…

On jette pour remplacer… Et ces déchets n'ont malheureusement pas beaucoup de chance d'intégrer les circuits de recyclage. »[32].

À la suite de ce constat d'échec relatif, les architectes doivent réinterroger leur pratique professionnelle et penser leurs projets plus en amont. Allonger la durée de vie des bâtiments c'est « Anticiper ce futur que l'on ne connaît pas encore en donnant le maximum de latitude aux générations futures. ».

Responsabilités et champ d'action

De l'émergence de son projet à sa pleine réalisation, le maître d'ouvrage pourra s'appuyer sur un cabinet d'architecture, ou le CAUE de son département s'il s'agit d'une collectivité, pour être conseillé sur les éléments réglementaires et environnementaux de son projet. Que ce soit en amont de la phase de programmation et de conception ou tout au long de l'avancement de l'opération, l'accompagnement que peut prodiguer l'architecte maître d'œuvre est indispensable.

C'est lui le chef de projet, le chef d'orchestre. Interlocuteur unique du MOA, il a pour mission d'assurer le pilotage, le suivi du chantier, la supervision, la coordination, la relation entre les acteurs pour que soient respectées ses prescriptions environnementales et d'économie circulaire, ainsi que la saine gestion des déchets, dans le cadre réglementaire. Sans oublier la bonne réalisation constructive de l'opération, bien évidemment.

La relation qui lie le MOe au MOA est contractuelle. Il est donc responsable par délégation du traitement des déchets de chantier dont il est le détenteur. À ce titre, il n'est pas dans la chaîne de responsabilité décrite par l'article L. 541-7 du Code de l'environnement visant les « personnes qui produisent, importent, exportent, traitent, collectent ou se livrent à des opérations de courtage et de négoce des déchets ».

Contractuellement responsable vis-à-vis du maître d'ouvrage, l'architecte maître d'œuvre verrait sa responsabilité engagée en cas de mauvaise gestion des déchets, faute de n'avoir pas mis en place les procédures idoines.

Intégrer la démarche d'économie circulaire dans le projet

Il est indispensable, nous l'avons vu, que cette approche soit intégrée à toutes les étapes, de la définition du projet, puis de la réalisation de l'opération. N'oublions pas que tout projet est partie prenante d'un territoire spécifique. Les acteurs du projet auront donc à cœur de fonctionner dans une dynamique d'écologie industrielle territoriale (EIT) afin d'optimiser le potentiel local. La gestion des flux d'une opération a forcément un impact économique plus ou moins positif selon les choix d'approvisionnement, de logistique, de réseau etc. C'est particulièrement vrai en ce qui concerne l'intégration du réemploi dans l'opération, y compris lorsqu'il s'agit d'une construction neuve.

(32) *Idem.*

L'équipe de maîtrise d'œuvre

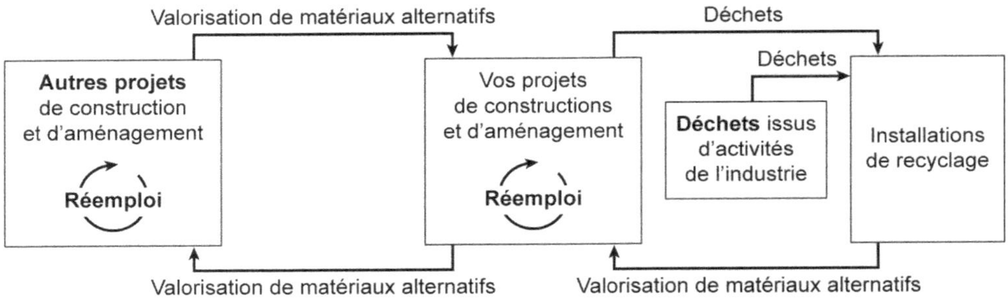

Fig. 5.03-1. L'organisation territoriale des boucles vertueuses de l'économie circulaire des matériaux
Source : L'économie circulaire dans la construction et l'aménagement. CEREMA

L'intégration de la démarche d'économie circulaire sera donc effectuée sur deux axes distincts complémentaires, en fonction des chantiers et du potentiel local, en indiquant dans les documents contractuels :

Tab. 5.03-1. Intégration de la démarche d'économie circulaire
Source : INIES, la base de données environnementales et sanitaires de référence pour le bâtiment et la RE2020. https://www.inies.fr/

Sur la partie approvisionnement en ressources (intrants)	Sur la partie production de déchets (extrants)
– des limitations à la production de GES sur les transports (approvisionnements locaux) – des pourcentages d'utilisation de matières premières recyclées – des matériaux équipements ou produits ayant un impact environnemental limité (Fiches de Déclaration Environnementale et Sanitaire FDES, PEP ECOPASSEPORT) – des pourcentages de réemploi ou réutilisation provenant d'autres chantiers – des potentialités locales de mutualisation des flux (EIT) – etc.	– des plafonds de production de déchets par m^2 de SHON – des pourcentages de valorisation des déchets produits (recyclage) – des pourcentages de réemploi ou réutilisation sur site des limitations de l'impact transports des potentialités locales de mutualisation des flux (EIT) – etc.

L'engagement de la MOe en matière de réemploi est crucial pour faire basculer l'ensemble des acteurs de l'acte de construire dans une démarche d'économie circulaire.

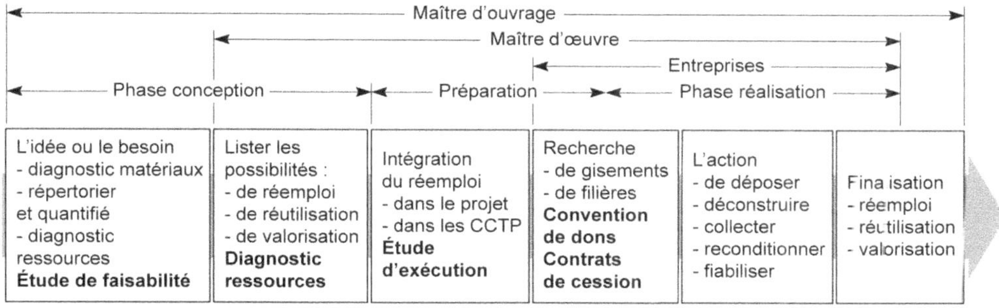

Fig. 5.03-2. Le réemploi. Étapes clés

Source : Réemploi et réutilisation des matériaux issus de la déconstruction – Maître d'œuvre. Envirobat Grand-Est https://www.envirobatgrandest.fr/wp-content/uploads/fiche-reemploi-version-MOE-EnvirobatGrandEst.pdf

L'Ordre des Architectes, nous l'avons vu, s'engage de plus en plus visiblement dans la thématique réemploi ce qui est extrêmement positif. En revanche, il ne faut pas oublier que la gestion des déchets au quotidien, la traçabilité, le tri à la source les piliers de l'intégration d'une démarche vertueuse.

Accompagner la MOA, assurer le suivi du chantier

Dans le cadre de l'accompagnement du maître d'ouvrage, le maître d'œuvre est chargé de la rédaction des clauses déchets ou économie circulaire à insérer dans les DCE : CCTP, chartes de chantier « vert », SOGED, études, diagnostics etc. Rédaction des contrats passés avec les entreprises, élaboration des critères de choix permettant de désigner les titulaires engagés dans cette démarche, font aussi partie des missions en général confiées au MOe.

Nommé coordonnateur déchets par le maître d'ouvrage, il doit s'assurer de la mise en œuvre effective des moyens humains et techniques par chaque acteur à son niveau. C'est lui qui devra assurer le suivi de la traçabilité des déchets du chantier en rendant compte au maître d'ouvrage. Chargé d'organiser et de piloter les réunions de chantier, il veillera à y intégrer régulièrement la dimension gestion des déchets et économie circulaire.

En fin de chantier, il réalisera également le bilan en mettant en lumière des axes de progrès sur l'efficacité de la démarche économie circulaire mise en œuvre sur le chantier.

La rédaction des contrats de maîtrise d'œuvre, du fait de son rôle central sur la gestion des déchets et ressources doit être particulièrement réfléchie. Les missions qui lui sont confiées doivent être clairement définies, leur coût doit être intégré dans la prévision économique, les sanctions en cas de manquements doivent être spécifiées. Le maître d'ouvrage devra également préciser comment il envisage pour sa part le suivi de cette mission.

Fédérer tous les acteurs

En tant que pilote de l'équipe de maîtrise d'œuvre, l'architecte a une responsabilité évidente dans la définition des missions de chaque membre, du niveau d'exigence attendu, et de l'efficacité de l'organisation.

L'équipe de maîtrise d'œuvre

Lorsque plusieurs entreprises interviennent sur un chantier, quelle qu'en soit la taille, le pilote aura tout intérêt à conforter chez chaque acteur, le sentiment, non qu'il travaille pour sa **propre entreprise**, mais pour la **réussite collective du chantier**.

Les compétences professionnelles de chacun, mises en œuvre de longue date dans la réalisation constructive d'une opération, doivent encore trouver leur pleine expression dans l'engagement vers une économie circulaire, à commencer par la gestion réglementaire des déchets de chantier.

On s'aperçoit malheureusement, que nombreux sont les chantiers où peu d'attention est portée à la gestion des déchets et notamment du tri à la source. Traditionnellement affectée au lot gros œuvre dans le compte prorata, génératrice de conflits entre les différents corps d'état et de surcoûts liés à l'absence de tri, la gestion des déchets figure rarement à la réunion de chantier hebdomadaire. Ce point doit impérativement être abordé à **chaque réunion de chantier**.

Il est tout aussi essentiel que des points réguliers soient faits pour évaluer l'évolution des pratiques, les résultats, l'efficacité des dispositifs mis en place et l'engagement des acteurs. Ce n'est bien évidemment pas du temps perdu. N'oublions pas qu'une mauvaise gestion des déchets, le non-respect de la réglementation ou de ses engagements a toujours un impact économique, d'image, social, etc.

Tab. 5.03-2. Organiser le suivi de la gestion des déchets. Quelques pistes de réflexion

Actions	Commentaires, observations, évaluations		
	Point 1 (date)	Point 2 (date)	Point 3 etc.
Un ou des référents économie circulaire/gestion des déchets ont-ils été désignés ?			
Chaque membre de l'équipe de MOe a-t-il une mission définie concernant l'économie circulaire, la gestion des déchets ?			
La gestion des déchets est-elle discutée à chaque réunion de chantier ?			
Constate-t-on une évolution positive de l'efficacité du tri à la source ?			
Les entreprises forment-elles leurs compagnons ?			
Les envols sont-ils pris en compte et régulés ?			
Évite-t-on l'utilisation de matériaux problématiques pour les réservations (ex PSE) ?			
Y a-t-il des sanctions/gratifications prévues dans les documents de marché ? Sont-elles appliquées ?			
Y a-t-il des conflits entre les entreprises ? Comment sont-ils gérés ?			

Sur ces chantiers où n'est désigné aucun référent déchets que ce soit du côté des entreprises, de la maîtrise d'œuvre, ou de la maîtrise d'ouvrage, on constate que la gestion des déchets est loin d'être à la hauteur. Personne n'ayant une vision globale de la bonne exécution des SOGED, on subit en général le dérapage des coûts, la multiplication des conflits entre entreprises et avec les riverains, une mauvaise image du chantier, etc.

Il est certes difficile de faire adhérer tous les acteurs du chantier à un changement de pratiques professionnelles, considérées dans la plupart des cas, comme secondaires. L'autorité et le sens de la pédagogie du maître d'œuvre sont absolument nécessaires, à la fois dans la communication du niveau d'exigence, l'application d'éventuelles sanctions ciblées ou au contraire de mise en avant de pratiques vertueuses.

L'architecte maître d'œuvre se saisira de ces problématiques et répartira les missions au sein de son équipe.

3 Les autres membres de l'équipe

Composer son équipe de manière à répondre efficacement aux missions que lui a assigné le maître d'ouvrage appartient à l'architecte maître d'œuvre. Selon la technicité ou l'importance des projets, l'architecte pourra être assisté de divers bureaux d'études spécialisés.

L'économiste de la construction

Présent en amont et durant tout le chantier, l'économiste de la construction se fonde sur ses capacités d'analyse, d'estimation et de quantification afin d'optimiser les coûts de chaque étape d'un chantier. Il est tout à fait à même d'étudier l'impact économique de l'utilisation de matériaux, recyclés, de réemploi ou bio/géosourcés et assure ainsi une mission de conseil auprès du maître d'œuvre.

Tout au long de la construction, il est aussi l'expert qui peut être consulté par les conducteurs de travaux. Il proposera des solutions lorsque des difficultés techniques ou économiques surviennent et assurera un suivi de chantier. Ses conseils et son expertise sur les sujets des normes environnementales et énergétiques font de lui un maillon incontournable.

L'OPC

L'Ordonnancement, Pilotage et Coordination (OPC), définis à l'article R. 2431-17 « (...) ont respectivement pour objet :
a) D'analyser les tâches élémentaires portant sur les études d'exécution et les travaux, de déterminer leurs enchaînements ainsi que leur chemin critique par des documents graphiques ;
b) D'harmoniser dans le temps et dans l'espace les actions des différents intervenants au stade des travaux ;
c) Au stade des travaux et jusqu'à la levée des réserves dans les délais impartis dans le ou les contrats de travaux, de mettre en application les diverses mesures d'organisation arrêtées au titre de l'ordonnancement et de la coordination. ».

À ce jour, les missions d'OPC ne contiennent pas de commande concernant le suivi de la gestion des déchets ou la démarche d'économie circulaire. En tant que membre de l'équipe de maîtrise d'œuvre, investi d'une importante fonction de coordination, il semble pertinent que, pour la cohérence du projet, tous les acteurs de la MOe soient engagés dans cette démarche, chacun à son niveau.

L'OPC est un instrument stratégique dans l'équipe. Il représente une valeur ajoutée économique essentielle dans le prix de revient de l'opération. Sur les chantiers intégrant une démarche de réemploi, le sujet des délais d'approvisionnement des matériaux et des aléas de chantier sont particulièrement sensibles pour que le chantier reste économiquement viable pour l'ensemble des acteurs.

La démarche d'économie circulaire intégrée à la mission d'OPC pourra être ciblée sur :
- l'organisation du chantier avec les entreprises en phase de préparation ;
- la planification et la coordination des études d'exécution ;
- le planning détaillé des travaux ;
- le calendrier des choix et des prototypes nécessaires à la réalisation du chantier ;
- réunions hebdomadaires de coordination, préparées au préalable avec les entreprises ;
- suivi du contrôle des exécutions, approvisionnements et choix de matériaux et prototypes,
- recalage du calendrier d'exécution en fonction d'éventuels aléas.

Le bureau de contrôle technique

Le métier de contrôleur technique se diversifie avec l'introduction du réemploi dans les opérations. Son rôle est essentiel dans la massification de la démarche, à court et moyen termes (cf. précédemment Le rôle grandissant du contrôleur technique).

MOe réemploi

Les appels d'offre dans lesquels la MOA demande à la maîtrise d'œuvre d'intégrer une compétence réemploi sont de plus en plus fréquents. L'AMOe réemploi se trouvera alors aux côtés de la maîtrise d'œuvre, à chaque phase du projet, pour intégrer la démarche dans le projet. La responsabilité de l'AMOe réemploi sera engagée. Ses contours devront être clairement identifiés.

Leurs missions peuvent contenir les prestations suivantes (cf. également précédemment AMO réemploi) :
- diagnostic des ressources disponibles *in situ* (démolition d'un bâtiment ou réhabilitation sur le site) ;
- premières propositions de réemploi *in situ* et *ex situ* ;
- études de faisabilité du réemploi *in situ* et *ex situ* ;
- sourcing de matériaux et produits (approvisionnement extérieur) ;
- écriture des pièces des marchés liées au réemploi ;
- chiffrage avec l'économiste ;
- construction d'un protocole en phase travaux ;
- gestion des sujets assurantiels et réglementaires ;
- suivi des travaux liés au réemploi ;
- vérification et des modes constructifs liés aux matériaux de réemploi.

Une MOe réemploi aura également toute sa pertinence dans des chantiers de plus petite taille qui n'entrent pas dans le champ du diagnostic PEMD, mais pour lesquels la démarche peut être intéressante pour des raisons économiques, d'affichage politique ou commercial, de filières locales performantes, de choix architecturaux ou patrimoniaux etc.

DOCUMENTATION

L'économie circulaire dans la construction et l'aménagement, que devez-vous savoir ?

Mémento à l'attention des commanditaires de travaux. Cette fiche du CEREMA est réalisée à l'intention du Maître d'Œuvre. En sa qualité de conseil au MOA, le Maître d'œuvre y trouvera des éléments utiles. https://www.cerema.fr/system/files/documents/2020/09/l_economie_circulaire_dans_la_construction_et_lamenagement.pdf

Des retours d'expérience pour encourager l'économie circulaire dans la commande publique

Cet article publié sur le site de l'Ordre National des Architectes informe de la mise à disposition par le RESECO d'un fascicule qui « vise notamment à faciliter les échanges entre acheteurs publics et opérateurs économiques (maîtres d'œuvre, entreprises, etc.) pour favoriser des procédures de passation de marchés publics durables, tenant compte des aspects environnementaux et sociaux sur toute la durée de vie de l'ouvrage. ». https://www.architectes.org/actualites/des-retours-d-experience-pour-encourager-l-economie-circulaire-dans-la-commande-0

Grégoire Bignier, *Architecture et économie*

Grégoire Bignier, « Architecte, enseignant à l'École nationale supérieure de Paris Val de Seine. En s'appuyant sur une critique de la production architecturale, l'auteur présente les différents volets de l'économie circulaire et les illustre de cas réels. [...] il décrit un horizon architectural et urbain répondant aux nécessités de la transition écologique ». Essai, 2018, Éditions Eyrolles.

ENVIROBAT Grand Est, « Réemploi et réutilisation des matériaux issus de la déconstruction. Fiche Maître d'œuvre »

« Cette fiche synthétique a pour objectif de décrire les étapes clés que chaque acteur du chantier se doit de connaître pour favoriser le réemploi dans un projet de bâtiment ou d'aménagement. ». http://www.envirobatgrandest.fr/wp-content/uploads/fiche-reemploi-version-MOE-EnvirobatGrandEst.pdf

Pierre Belli-Riz, *Réemploi, architecture et construction*, Éditions le Moniteur

« Le réemploi, véritable alternative à la gestion des déchets, est une opération par laquelle des produits issus d'une déconstruction sont réutilisés. Il permet de conserver les qualités fonctionnelles et techniques d'un matériau ou d'un élément de construction, en lui redonnant la même fonction ou en le détournant de son usage initial. Sa mise en œuvre implique une nouvelle manière de penser les projets de construction et de rénovation, et ce dès la conception. Cet ouvrage, à la fois théorique et pratique, propose des outils pour mener une opération qui réemploie des matériaux ou des éléments de construction. Ainsi ce guide : explique comment favoriser le développement des filières et des réseaux de réemploi ; définit les notions fondamentales et décrypte la réglementation applicable ; détaille les étapes et les méthodes du processus du réemploi ; fournit des outils de diagnostic et d'identification des ressources, de la conception au chantier ; analyse la circulation des ressources par l'intermédiaire des différents réseaux et plateformes, physiques et numériques ; précise les implications dans le processus de conception. De nombreux exemples de réalisations et études de cas permettent d'explorer les possibilités du réemploi et ouvrent des perspectives pour tous les acteurs concernés, de la merise d'ouvrage aux entreprises sur le chantier. Des contributions de spécialistes du réemploi apportent un éclairage sur les impacts environnementaux et culturels d'une démarche qui s'inscrit dans une économie circulaire. Cet ouvrage s'adresse aux architectes et concepteurs, qui y trouveront une source d'inspiration et une nouvelle façon de concevoir leur projet et aux mattes d'ouvrage et bureaux d'études qui découvriront les potentiels de cette pratique. »

FICHE **5.04**

Les entreprises

1 Répondre aux marchés publics

Une montée en compétence indispensable pour tous les acteurs

Nombreuses sont les entreprises qui rencontrent aujourd'hui, par manque de connaissances dans ce domaine, des difficultés à bien répondre aux exigences environnementales des maîtres d'ouvrages publics. Toutes les entreprises de construction et de travaux publics, quel que soit le corps d'état, n'auront d'autre choix que de prendre la mesure du changement de leurs pratiques, à la fois pour se trouver en conformité avec les exigences réglementaires, se placer en tête dans le domaine concurrentiel, et bien évidemment prendre leur part citoyenne à la transition environnementale à l'œuvre.

De nombreuses formations existent dans ce domaine et la plupart sont prises en charge dans le cadre de la formation professionnelle continue par les différents OPCO. Monter en compétence dans ces domaines est un incontournable pour l'ensemble des acteurs.

Le mémoire technique

L'entreprise aura tout intérêt à s'engager dans une démarche globale de développement durable pour l'ensemble de son activité, en faisant une analyse économique de ce changement structurel. L'information et la formation de tous ses employés, la réflexion poussée sur l'économie circulaire, la mise en place de gestes professionnels seront autant d'atouts qu'il lui sera possible de mettre en avant dans sa présentation, lui conférant une avance notable dans un secteur concurrentiel.

Quelques pistes de réflexion générale :
- sobriété dans la consommation des matériaux nécessaires au chantier ;
- organisation de la gestion des déchets ;
- traitement des effluents du chantier ;
- réduction des consommations de fluides ;
- réduction et optimisation des transports et déplacements ;
- organisation de la traçabilité des déchets ;
- organisation vertueuse globale de l'entreprise ;
- référents économie circulaire ;
- information/formation des compagnons ;
- choix des engins de chantier en lien avec la démarche de développement durable ;
- écoconduite ;
- réemploi, réutilisation sur site ;
- etc.

Le mémoire technique doit également répondre précisément aux demandes du MOA, tout délayage des informations étant contre-productif. Le catalogue, photos à l'appui, de tous les engins utilisés par l'entreprise n'a pas de sens s'il n'est pas pertinent par rapport à la demande.

Le SOGED en particulier devra précisément mentionner les solutions concrètes, les moyens mis en œuvre par l'entreprise pour que soient assurées traçabilité et bonne gestion des déchets, sur ce chantier.

Trop souvent, les SOGED ne sont pas utilisés comme outil, car l'entreprise est tentée d'effectuer un copié-collé de ses précédents chantiers. Il est vrai, que pour la part qui incombe au maître d'ouvrage et par délégation au maître d'œuvre, la réalisation effective du SOGED ne fait pas l'objet d'un suivi, ce qui malheureusement décrédibilise ce document contractuel, pourtant très utile.

Lorsque les documents de marché comportent une charte chantier vert, propre, vertueux, durable etc., l'entreprise doit également s'attacher à préciser les solutions qu'elle prévoit de mettre en place. Il est tout aussi important d'indiquer comment s'effectuera le suivi des process décrits dans les documents. Y a-t-il des référents déchets, réemploi, chantier vert etc. ? Le chef d'entreprise devra clairement montrer son engagement et sa capacité à réguler les dysfonctionnements éventuels.

2 Optimiser la gestion des déchets de chantier

Afin de rester dans un modèle économique correct, l'entreprise aura tout intérêt à évaluer sa production de déchets en fonction des spécificités du chantier. Ce calcul d'anticipation lui permettra de trouver des postes de réduction de déchets, une meilleure optimisation de la gestion, une bonne organisation logistique. L'entreprise pourra se baser sur son expertise et des applications permettant d'évaluer la production de déchets (cf. précédemment Estimation de la production de déchets de construction.).

La mise en place progressive de la filière REP amène nécessairement des modifications dans les habitudes. Les données économiques liées au coût de gestion des déchets seront à reporter sur l'augmentation des matériaux liée à l'éco-participation, du fait de la prise en charge de ce coût par l'éco-organisme. Cela ne dispense en aucun cas les acteurs d'effectuer une gestion rigoureuse des déchets, bien au contraire. Si l'entreprise ne respecte pas le cahier des charges en matière de tri, la reprise ne pourra pas être gratuite.

Réduire les déchets

La première des actions à mettre en place est la réduction de la production de déchets, qui même valorisés ne créent jamais de plus-value pour l'entreprise.

Les entreprises

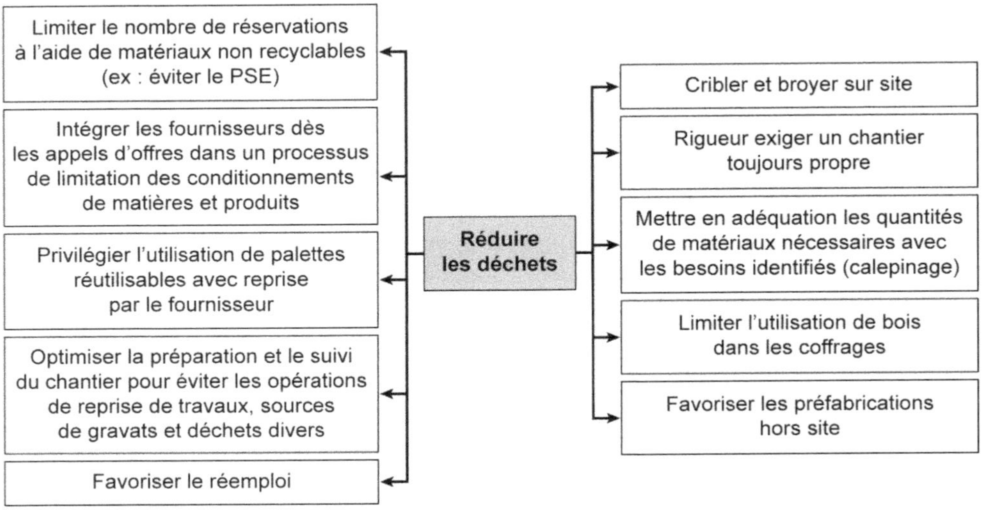

Fig. 5.04-1. Réduction de la production de déchets : pistes de réflexion

Prévoir la logistique de gestion des déchets du chantier

Une gestion des déchets efficace et peu coûteuse passe par un plan d'installation de chantier réfléchi. La prévention des risques professionnels liés au tri et à la manutention des déchets passe également par l'anticipation des situations de coactivité, des choix techniques et logistiques adaptés, ainsi que la prise en compte de l'environnement du chantier.

Comme pour toutes les autres phases d'une opération, ce qui aura été bien anticipé sera moins coûteux, plus vertueux et plus efficace. Les nouvelles réglementations, la mise en place de la filière REP vont permettre peu à peu de bannir la trop fameuse « benne à DIB ». Trou noir de la traçabilité, écueil à une valorisation performante des matières, elle est surtout très coûteuse, surtout lorsqu'on y mélange des gravats.

Les entreprises mettent souvent en avant les difficultés liées à l'espace consommé par la gestion des déchets, notamment sur les petits chantiers. Des solutions existent permettant une meilleure fluidité de la gestion des déchets :
- bennes de différents formats adaptés à la taille et à la configuration du chantier ;
- bennes compartimentées pour permettre le tri à la source de deux types de déchets différents ;
- bennes modulables permettant un transport optimisé ;
- big bags ;
- tri en tas sur chantier ;
- etc.

Compte tenu de l'évolution des contraintes de tri liées à la REP PMCB, on peut prévoir que les déchetteries professionnelles et les entreprises de construction vont faire preuve d'inventivité pour renforcer la rentabilité de la gestion des déchets, en proposant des solutions adaptées à leur fonctionnement.

Fig. 5.04-2. Bennes de tri. Un exemple suisse
Source : https://www.locationbenne.ch/comment-trier-ses-dechets-de-chantier/

Fig. 5.04-3. Bennes modulables. Entreprise PIERSANTI. Bormes les Mimosas
Source : Groupe Piersanti https://piersanti.fr/

Fig. 5.04-4. Tri en tas sur chantier
Source : © Recovering

Afin de réduire transports et allées venues inutiles, coûteux en temps de main-d'œuvre et de carburant, augmentant l'empreinte environnementale du chantier, la rotation des contenants de déchets doit être soigneusement planifiée. La taille et le type des contenants évolueront au fur et à mesure du chantier. Il n'y a en effet pas les mêmes besoins de tri lors de la phase gros-œuvre que dans la partie finitions. De même, une zone déchets judicieusement placée limitera les déplacements des compagnons.

Les entreprises

Les consignes de tri (tri 7 flux obligatoire à la source) devront être clairement et lisiblement affichées sur les espaces ou contenants appropriés, de manière à ne permettre aucune erreur. L'affichage devra également être pérenne sur toute la durée du chantier. Certaines entreprises n'hésitent pas à utiliser des couleurs de bennes différentes pour fluidifier le geste de tri.

La FFB a édité des pictogrammes libres de droit[33], permettant de bien cibler le contenu attendu des bennes. La signalétique doit être simple et facilement compréhensible par tous. Il est nettement préférable de placer les pictogrammes indiquant les déchets autorisés plutôt que des textes explicatifs, ou des interdictions à jeter certains déchets.

Sur ce point les compagnons devront être informés et formés sur la reconnaissance des types de déchets. C'est loin d'être une évidence pour tous. Le principe du quart d'heure environnement proposé par la FFB, permet de faire régulièrement le point sur les améliorations à apporter. Ce n'est pas du temps perdu pour l'activité de construction. Au contraire, c'est une économie du coût de gestion des déchets (un déchet trié coûte moins cher qu'un déchet en mélange).

Organiser le tri et la collecte

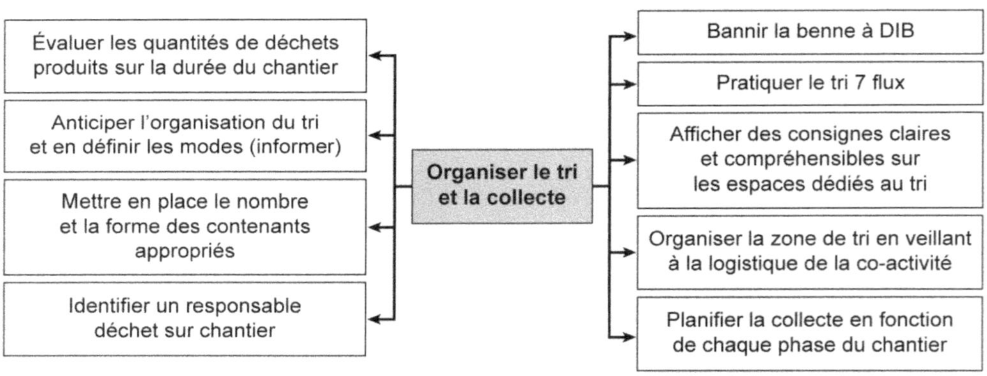

Fig. 5.04-5. Tri et collecte : pistes de réflexion

Les déchets inertes

L'obligation de tri à la source, de sept flux, comprenant la fraction minérale est en vigueur depuis juillet 2021. Une attestation annuelle de collecte et de tri à la source remise par les installations de collecte et de traitement avec lesquelles il opère devra justifier de la valorisation de ces déchets.

Les déchets inertes représentent des volumes importants qu'il est toujours avantageux de traiter sur chantier ou à proximité pour réemploi/réutilisation *in situ*.

Depuis le 1er janvier 2022, il est interdit de mettre en décharge, toute benne constituée en masse de 30 % de déchets inertes valorisables (béton, briques, tuiles, céramiques et de pierres)[34]. En effet, la loi AGEC interdit progressivement l'élimination de matériaux valorisables. En 2025, il en sera de même pour toute benne composée en masse de plus de 70 % de ces déchets.

(33) https://www.dechets-chantier.ffbatiment.fr/pictos-dechets.html

(34) Décret n° 2021-1199 du 16 septembre 2021.

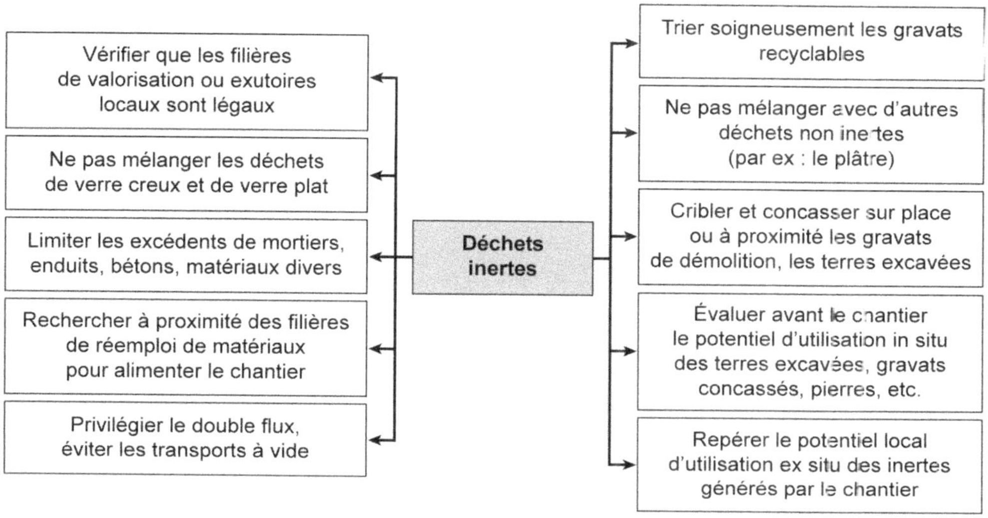

Fig. 5.04-6. Gestion des déchets inertes : pistes de réflexion.

Les déchets d'emballage

Les déchets d'emballage ne cessent de croître au fil du temps et le secteur du BTP n'est pas épargné par cette fâcheuse tendance. Bâches plastique de couleurs diverses, cartons, palettes et caisses-palettes, big-bags, polystyrène expansé, sacs plastique ou papier, plaques plastique etc. sont de plus en plus nombreux. Le constat de suremballages, souvent inutiles ou excessifs, est malheureusement fait par les entreprises.

Tous ces emballages sont coûteux à produire, coûteux à manipuler, à collecter, à transporter, à recycler, tant d'une manière générale que pour l'entreprise du secteur. Ils ont en outre un impact environnemental non négligeable.

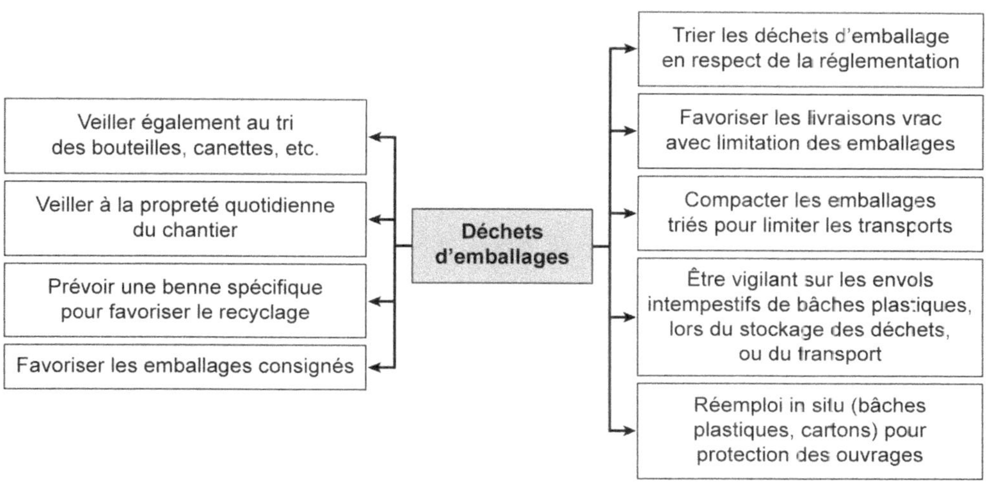

Fig. 5.04-7. Gestion des déchets d'emballages : pistes de réflexion.

Les entreprises

Les déchets dangereux

Comme pour tous les déchets, le chef d'entreprise s'attachera à éviter de produire des déchets dangereux. Citons par exemple :
- substituer des produits non dangereux ou moins polluants ou portant un écolabel,
- veiller à éviter les écoulements de matières dangereuses ou polluantes sur les sols.

Il sera particulièrement attentif à l'implantation et à la gestion de la zone déchets dangereux. En effet, il en va de sa responsabilité vis-à-vis de ses employés, du maître d'ouvrage et des atteintes possibles à l'environnement.

Rappel des principaux déchets dangereux présents sur les chantiers (cf. précédemment Déchets dangereux) :
- « Déchets de matériaux de construction contenant de l'amiante ;
- Équipements pollués par des fibres d'amiante ;
- Matériaux et produits traités avec des produits dangereux (bois fortement traités, produits recouverts de peinture au plomb…) ;
- Débris et poussières dangereuses (poussières d'amiante ou de peinture au plomb, débris d'opérations de décapage…) ;
- Restes, emballages et contenants de produits dangereux (lasures, fongicides, colles, solvants…) ;
- Outils et matériels souillés par des substances dangereuses (brosses, filtres, chiffons…) ;
- Déchets d'équipements électriques et électroniques (DEEE) ;
- Terre polluée par des substances dangereuses ;
- Bouteilles sous pression/gaz
- Eau polluée par des substances dangereuses (eau de lavage du matériel souillé, eau polluée par des hydrocarbures…).

À noter : les emballages vides ayant contenu des produits dangereux sont facilement identifiables grâce aux pictogrammes de danger. Pour les autres déchets, il est plus compliqué sans information complémentaire (repérage avant travaux, diagnostic déchets, historique du bâtiment…) de savoir si l'on a affaire à des déchets dangereux ou pas. »[35].

(35) https://www.ffbatiment.fr/gestion-entreprise/organiser-mon-chantier/dechets-de-chantier-bonnes-pratiques-environnementales/dossier/gestion-des-dechets-dangereux-sur-le-chantier

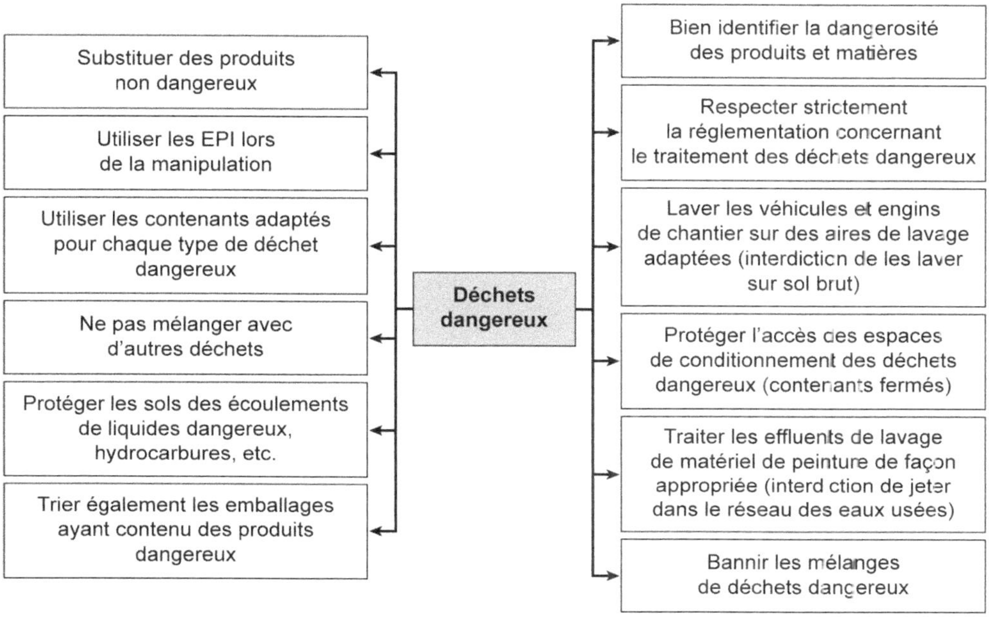

Fig. 5.04-8. Déchets dangereux, points de vigilance

3 Mettre en place les outils de la traçabilité

Le maître d'ouvrage, privé ou public, en tant que producteur de déchets, a pour obligation de contrôler que la gestion des déchets de son chantier est conforme à la réglementation et à ses exigences environnementales ou d'économie circulaire. Il a également pour obligation de fournir aux entreprises, les diagnostics et études nécessaires à la bonne réalisation de l'opération (cf. précédemment Diagnostiquer).

L'entreprise quant à elle doit fournir les bordereaux de suivi, attestations, certificats prouvant sa bonne gestion des déchets du chantier et surtout le respect de la réglementation en vigueur. Même si elle n'est que détentrice des déchets du chantier, sa responsabilité est engagée par la qualité de sa gestion de ces déchets.

Les entreprises

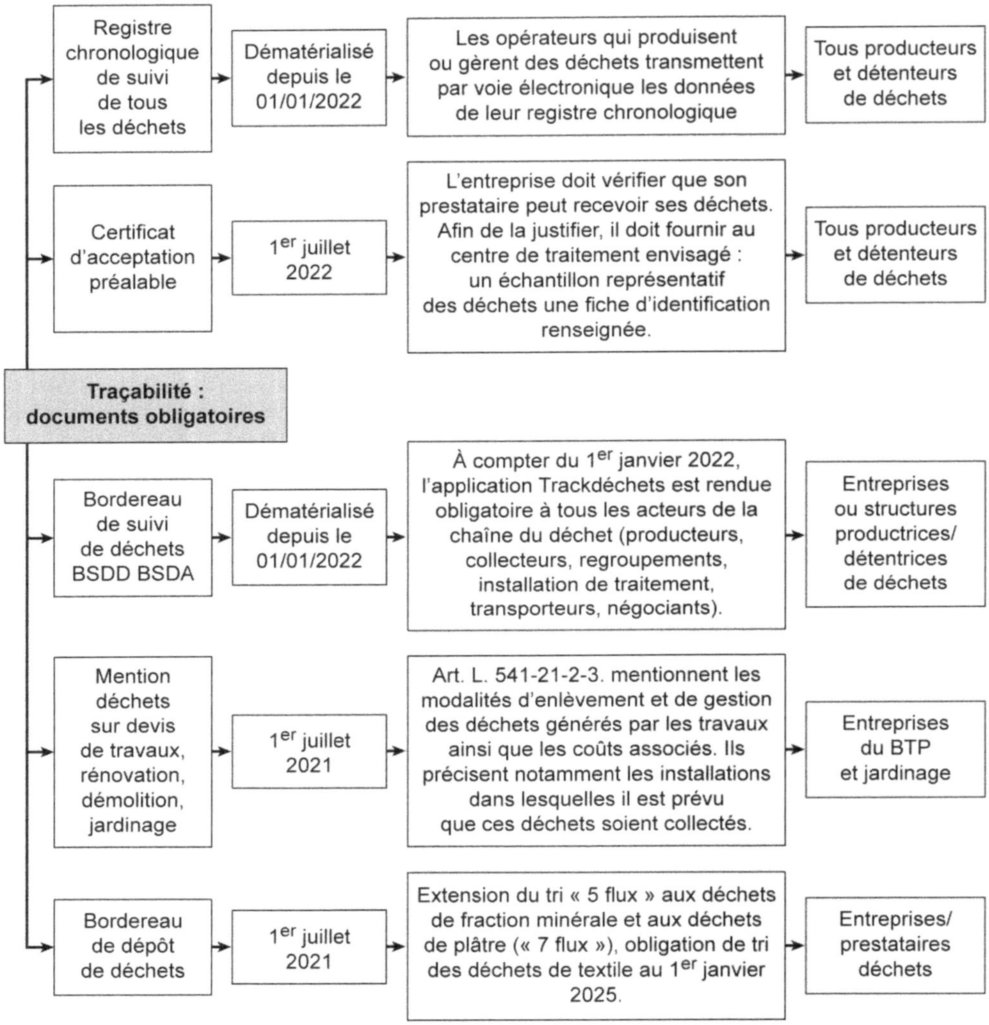

Fig. 5.04-9. Les documents obligatoires de la traçabilité

4 Attention aux pratiques illégales

Nous l'avons rappelé à plusieurs reprises : tout brûlage et enfouissement sur le chantier sont interdits. Il en va de même pour toute mise en dépôt sauvage. Ces actions peuvent entraîner des sanctions administratives allant jusqu'à 15 000 € d'amende, ainsi que des sanctions pénales allant jusqu'à 75 000 € d'amende et deux ans d'emprisonnement.

Les entreprises de TP seront particulièrement vigilantes à la qualité des prestataires de gestion de déchets inertes avec lesquels elles choisissent de travailler. Il est essentiel de vérifier que ces plateformes sont bien habilitées à recevoir les déchets (statut ICPE) et que les exutoires du type aménagement agricole, exhaussement chez un particulier respectent bien les règlements d'urbanisme entre autres (cf. précédemment Dépôts sauvages, décharges illégales, aménagements de terrain).

Les pratiques illégales, au prétexte d'économiser le coût de gestion de déchets, sont très dommageables. Elles salissent l'image du secteur de la construction, posent de vrais problèmes de concurrence déloyale, dégradent et polluent gravement l'environnement. Des procès ont eu lieu ces dernières années et les entreprises fautives ont été sanctionnées. C'est en s'attachant à respecter les procédures de traçabilité et les gestes professionnels de qualité que tous les acteurs de l'acte de construire pourront construire ensemble un projet vertueux.

DOCUMENTATION

IDRRIM, Guide des terrassements des remblais et des couches de forme – Fascicule 2 – Annexes techniques, CEREMA, mai 2023

https://doc.cerema.fr/digitalCollection/DigitalCollectionAttachmentDownloadHandler.ashx?parentDocumentId=595427&documentId=595428&skipWatermark=true&skipCopyright=true

CAPEB, Guide déchets 2015

Destiné aux artisans. Un peu ancien, donc n'est pas à jour sur la partie réglementaire et les dernières évolutions. Ce guide contient néanmoins de bons conseils pour les entreprises artisanales.

https://www.capeb.fr/www/capeb/media//national/services/guide-dechets-2015.pdf

La CAPEB a également publié des articles et vidéos récents permettant une mise à jour sur les plateformes réglementaires, la REP PMCB https://www.capeb.fr/service/les-dechets-de-chantier

ENVIROBAT GRAND EST, Réemploi et réutilisation des matériaux issus de la déconstruction

Fiche à destination des entreprises du bâtiment et des travaux publics. « Cette fiche synthétique a pour objectif de décrire les étapes clés que chaque acteur du chantier se doit de connaître pour favoriser le réemploi dans un projet de bâtiment ou d'aménagement. » – https://www.envirobatgrandest.fr/wp-content/uploads/fiche-reemploi-version-entreprise-EnvirobatGrandEst.pdf

FFB, Déchets de chantier

Ce site permettait de localiser les points de collecte de déchets les plus proches de vos chantiers. Cette partie n'est plus mise à jour. Du fait de la nouvelle organisation de la collecte avec l'intervention des éco-organismes les prestataires ayant contractualisé avec un éco-organisme seront répertoriés sur le site de OCA-Bâtiment. En revanche, la fédération met à disposition de nombreux documents, pictogrammes des déchets de chantier, actions menées et dossiers techniques « Bâtir pour la planète ». https://www.dechets-chantier.ffbatiment.fr/

OCA-Bâtiment, portail dédié à la gestion de vos déchets issus de produits et matériaux utilisés dans le secteur du bâtiment

OCA-Bâtiment, organisme coordonnateur agréé des éco-organismes de la filière REP PMCB. L'utilisateur accédera au réseau des points de collecte, les consignes de tri et diverses ressources. Sur ce portail, les collectivités ont accès à une plateforme de contractualisation qui leur est dédiée. https://oca-batiment.org/

CHAPITRE 6

Comment trouver son chemin dans la jungle des informations ?

La multiplicité, la diversité des informations et des acteurs donnent le vertige, et il est quelquefois malaisé de trouver son chemin dans ce foisonnement.

Le chapitre suivant a pour objectif de recenser les principaux lieux et réseaux d'informations, pertinents avec le sujet et fiables, en les classant par grandes thématiques.

Une très grande partie de ces acteurs sont inscrits sur LinkedIn et proposent également des newsletters très riches en informations et actualités diverses.

Pour chaque acteur figure une petite fiche descriptive accompagnée du lien internet en note de bas de page.

L'État et les structures nationales

1 L'Union européenne

Pour obtenir des résultats tangibles sur des enjeux aussi considérables que la réduction de notre impact sur l'environnement, l'effort collectif est incontournable. Les pays membres de l'Union européenne se sont accordés sur une politique commune en rédigeant un plan d'action, chaque État, devant traduire ces actions dans sa propre réglementation.

« En mars 2020, la Commission a présenté un plan d'action en faveur de l'économie circulaire comportant plus de 30 points d'action pour ce qui est :
– d'assurer le développement de produits durables et la circularité dans les processus de production ;
– de donner aux consommateurs les moyens de choisir ;
– de cibler les secteurs clés ;
– de réduire les déchets ».

Les divers sites et portails de l'Union européenne permettent l'accès à de nombreuses informations concernant les actions structurantes sur les problématiques déchets et économie circulaire, des rapports et dossiers techniques, des tableaux d'indicateurs et statistiques permettant de mieux appréhender l'efficacité des actions conduites, des informations sur les fonds européens etc.[1].

Le rapport de la Cour des comptes européenne (2023) fait état d'une meilleure attention accordée à l'économie circulaire par les États membres. Il note également que les progrès sont lents et que le suivi est insuffisant[2].

2 Les ministères

L'État investit largement dans divers dispositifs, dont certains relèvent de financements européens, afin d'accompagner la transition de notre pays dans les secteurs les plus consommateurs de ressources et d'énergie, les plus producteurs de déchets.

Le ministère de la Transition écologique et de la Cohésion des territoires, le ministère de la Transition énergétique sont chargés des dossiers gestion des déchets et économie circulaire[3].

---

(1) Actualité du Parlement Européen (https://www.consilium.europa.eu/fr/policies/circular-economy/) ; Conseil Européen. Conseil de l'Union Européenne https://www.europarl.europa.eu/news/fr/headlines/society/20210128STO96607/comment-parvenir-a-une-economie-circulaire-d-ici-2050

(2) Cour des comptes européenne, Rapport n° 17 Économie Circulaire. Une transition lente des pays membres malgré l'action de l'Union Européenne, 2023 https://www.eca.europa.eu/ECAPublications/SR-2023-17/SR-2023-17_FR.pdf

(3) https://www.ecologie.gouv.fr/politiques/gestion-des-dechets https://www.ecologie.gouv.fr/politiques/economie-circulaire

L'État et les structures nationales

Planifier et accélérer la transition écologique font partie des politiques prioritaires du gouvernement. Un cap clair a été défini au sein du projet « France Verte ». Il mobilise l'ensemble des ministères ainsi que les acteurs privés et associatifs. L'accélération de la décarbonation des secteurs stratégiques principaux fait partie des enjeux majeurs de cette planification. La gestion des déchets de chantier et la mise en place d'une économie circulaire assumée dans le secteur de la construction constituent d'importants leviers.

On trouve sur le site de nombreux outils réglementaires, des liens divers, des informations sur le financement des projets, la fiscalité des déchets, les filières REP etc.

La rubrique *Déchets du bâtiment et des travaux publics* permet d'accéder aux thématiques suivantes :
– la valorisation des déchets du BTP ;
– les filières de traitement des déchets dans le secteur du BTP ;
– la politique de soutien au recyclage ;
– les engagements pour la croissance verte ;
– les fascicules du CCTG.

C'est également sur ce site qu'on pourra consulter le Plan National de Prévention des Déchets 2021/2027, ou sont déclinés, pour le secteur de la construction, mesures et indicateurs de suivi concernant le réemploi, les diagnostics, la mise en place de la filière REP etc.

Le gouvernement a créé un fonds d'aide aux collectivités et leurs partenaires pour accompagner la mobilisation des territoires, le Fonds Vert, pérennisé jusqu'en 2027. Il a pour objectif de contribuer à répondre aux enjeux de la planification écologique(4).

Le portail *Notre environnement* est le portail du ministère en charge de l'Environnement.

« notre-environnement propose un accès à une information claire, neutre, vérifiée et respectueuse des différents points de vue pour comprendre les enjeux environnementaux et du développement durable. Les informations présentées sont issues d'une base de connaissances scientifiques et s'adressent à tous les citoyens. Selon votre expertise ou votre parcours, vous trouverez des fiches, des actualités, des conseils… pour vous permettre de mieux comprendre et appréhender les grandes problématiques de l'écologie et du développement durable : climat, biodiversité, risques, santé, aménagement…(5)

Le ministère de l'Économie, des Finances et de la Souveraineté industrielle et numérique pilote les programmes *France Relance* et *Construire la France de demain* qui sont portés par le Plan de Relance pour l'Europe *NextGenerationUE*(6).

Ces programmes soutiennent entre autres, les investissements dans le réemploi et le recyclage, dans la continuité de la loi AGEC. Les mesures visent à accélérer le développement d'un modèle de production circulaire dans le but de limiter la production de déchets et préserver les ressources naturelles. Entreprises et collectivités sont concernées par ces plans.

Le programme *France 2030* prévoit un investissement de 54 milliards d'euros d'ici 2030 afin d'accélérer la transformation des secteurs clés de notre économie par l'innovation. Il a

(4) https://www.ecologie.gouv.fr/fonds-vert-soutenir-projets-des-territoires-accelerer-leur-transition-ecologique-plus-8-000-dossiers

(5) https://www.notre-environnement.gouv.fr/

(6) https://commission.europa.eu/strategy-and-policy/recovery-plan-europe_fr

pour ambition de « positionner la France, non pas seulement en acteur, mais bien en leader du monde de demain. »[7].

Les start-ups, PME/ETI, grands groupes industriels, établissements d'enseignement supérieur, organismes de recherche, laboratoires, écoles peuvent candidater s'ils souhaitent déposer un projet innovant et « contribuer à « donner un temps d'avance à la France » par l'innovation ».

Aides-territoires est un portail national permettant d'accéder aux divers programmes porteurs d'aides, à la fois nationaux et ceux développés sur les territoires. Une carte interactive, un module de recherche permettent de cibler les aides proposées dans un département. Il est possible de programmer une alerte ciblée sur les critères suivants :
– département ;
– public bénéficiaire ;
– type d'aide ;
– thématiques ;
– échelle d'intervention ;
– catégories des porteurs.

L'alerte fonctionne très bien et permet d'avoir une vision générale des aides possibles[8].

3 L'ADEME

« L'Agence de l'Environnement et Maîtrise de l'Énergie, aujourd'hui Agence de la transition écologique est un établissement public à caractère industriel et commercial (EPIC) placé sous la tutelle des ministères de la Transition écologique et de la Cohésion des territoires, de la Transition énergétique et de l'Enseignement supérieur et de la Recherche. »[9].

Présente sur l'ensemble du territoire français, elle affiche 17 directions régionales. ADEME investissement, société détenue à 100 % par l'État, « finance des projets innovants d'infrastructure dans le domaine de la transition énergétique et écologique, aux côtés d'investisseurs privés. »[10].

L'ADEME a pour mission de conseiller, proposer des démarches et méthodologies, émettre des recommandations, rendre des avis, réaliser des études, dans une approche rigoureuse mais qui tient compte des incertitudes.

La littérature produite par l'ADEME est particulièrement riche en outils, retours d'expériences, articles, statistiques sur le sujet des déchets de chantier et économie circulaire.

Dans la rubrique *Économie Circulaire,* on accède au panel des enjeux, actions et expertises affichés par l'agence.

L'ADEME est chargée par l'État de gérer divers fonds de soutien au changement de pratiques. Ces actions visent à accompagner la mise en œuvre d'une économie circulaire, dans tous les secteurs liés au développement durable, en particulier les déchets. C'est à l'ADEME

(7) https://www.gouvernement.fr/france-2030

(8) https://aides-territoires.beta.gouv.fr/

(9) https://www.ademe.fr/lagence/notre-organisation/

(10) https://www.ademe-investissement.fr/

qu'a été confiée, par exemple, la gestion du fonds permettant la résorption des décharges littorales historiques (plan de résorption 2022/2032). D'autres possibilités de financement d'actions, appels à projets, à manifestation d'intérêt divers, liés à une meilleure gestion des déchets, aide à l'innovation, sont proposés par l'Agence à un niveau régional.

L'ADEME propose diverses newsletters auxquelles il est possible de s'abonner en fonction des intérêts de l'utilisateur :
- ADEME Magazine ;
- ADEME Stratégie ;
- ADEME Recherche ;
- ADEME International.

Le téléchargement de ces *Lettres* est également possible(11).

Outre le site internet de l'ADEME, l'Agence propose plusieurs accès à différents sites et portails. Les voici ci-après.

agirpourlatransition.ademe.fr

L'ADEME pilote divers AMI (Appels à Manifestation d'Intérêt) comme le récent *Sobriété matière et réemploi dans le bâtiment : accompagnement de maîtres d'ouvrage. BATISOBRE.*

Particuliers, entreprises, collectivités, acteurs de l'éducation trouveront sur ce portail(12) :
- des conseils pour entrer dans une démarche de sobriété ;
- des conseils d'aménagement du territoire ;
- des modes de financement des projets ;
- des conseils aux élus locaux ;
- des formations en présentiel et en ligne ;
- des solutions pour améliorer la compétitivité des entreprises en réduisant leur impact environnemental (écoconception, décarbonation, numérique etc.) ;
- des ressources pédagogiques.

OPTIGEDE

Centre de ressources économie circulaire et déchets, OPTIGEDE, permet d'accéder à quatre rubriques dans les différents secteurs de l'économie :
- partage d'expérience ;
- outils multi-acteurs ;
- outils pour les collectivités ;
- outils pour les entreprises.

Les contributeurs de la rubrique *Partage d'expérience* mettent en ligne des fiches REX qui permettent aux acteurs du secteur de la construction de s'appuyer sur des exemples concrets, comme par exemple, *Expérimentation de réemploi sur des matériaux récupérés au sein des chantiers de l'agglomération,* ou encore *2 ateliers sur l'économie circulaire dans les secteurs des travaux publics et du bâtiment.*

(11) https://infos.ademe.fr/

(12) https://agirpourlatransition.ademe.fr/

La thématique *Outils multi-acteurs* permet d'accéder à une rubrique *Bâtiments et travaux publics* qui regroupe articles, statistiques, dossiers, etc.

L'utilisateur devra créer un compte s'il souhaite agir en tant que contributeur[13].

La librairie ADEME

Les nombreuses études, les « Chiffres clés déchets » en édition annuelle, articles, guides, magazines, monographies, documents institutionnels, ressources en ligne etc. sont accessibles librement, téléchargeables en PDF[14]. Cette librairie constitue un vrai trésor documentaire ouvert très largement sur l'ensemble des missions de l'ADEME.

ADEME Expertises

Portail regroupant des articles synthétiques sur les thématiques de la transition et notamment « *L'économie circulaire, le bâtiment* », ADEME Expertises[15] ouvre l'accès à des éléments de contexte, des chiffres clés et observations. Les différentes rubriques correspondant aux compétences de l'ADEME offrent un libre accès aux problématiques qui traversent notre société.

Les collectivités trouveront également sur ce site des informations sur les dispositifs d'aides financières que propose l'Agence dans le cadre du cofinancement de projets liés, entre autres, au développement de l'économie circulaire et la gestion des déchets.

L'utilisateur aura accès à *France 2030* à partir de ce site, ainsi qu'aux différents fonds, programmes, formations gérés par l'Agence.

Mission-transition-écologique. Trouvez comment allier écologie avec économies

Sur ce portail dédié au soutien à la transition écologique des entreprises TPE, PME[16], l'ADEME met en ligne des modules de conseil pour proposer l'aide financière adaptée au projet de l'entreprise et lui permettre de réaliser des économies sur les thématiques :
- diminuer votre facture d'électricité (gestion énergétique) ;
- rénover vos locaux pour réduire vos dépenses (bâtiment durable) ;
- opter pour des modes de transport moins polluants (mobilité durable) ;
- faire des économies sur vos consommations d'eau (gestion de l'eau).

4 Le BRGM

Service géologique national, le Bureau de Recherches Géologiques et Minières, est l'établissement public français pour les applications des sciences de la Terre. La mission qui lui a été confiée est de permettre de gérer ressources, risques du sol et du sous-sol, dans une perspective de développement durable.

(13) https://optigede.ademe.fr/
(14) https://librairie.ademe.fr/
(15) https://expertises.ademe.fr/economie-circulaire
(16) https://mission-transition-ecologique.beta.gouv.fr/

L'État et les structures nationales

« Partenaire de nombreux acteurs publics et privés, le BRGM place la recherche scientifique, l'expertise et l'innovation au cœur de ses actions. Son activité répond à quatre objectifs :
– comprendre les phénomènes géologiques et les risques associés ;
– développer des méthodologies et des techniques nouvelles ;
– produire et diffuser des données pour la gestion du sol, du sous-sol et des ressources ;
– mettre à disposition les outils nécessaires à la gestion du sol, du sous-sol et des ressources, à la prévention des risques et des pollutions, aux politiques de réponse au changement climatique. »[17].

Le BRGM couvre l'essentiel de la chaîne de valeur des matières minérales, depuis l'identification des gisements jusqu'à la mise en place du recyclage de ces matières. Il est l'acteur de référence sur les mines et carrières, productrices de matériaux vierges, ainsi que sur les questions de la mine urbaine, productrice de matière primaire secondaire.

« Le BRGM ambitionne de devenir l'acteur de référence sur la chaîne de valeur des ressources minérales pour accompagner le passage d'une économie linéaire à une économie plus circulaire par ses recherches et par l'appui qu'il pourra porter à l'État français et aux industriels du secteur. Pour répondre à cet enjeu, la stratégie scientifique du BRGM vise à faire le lien entre une vision globale sous un angle économique et environnemental (intelligence minérale, Analyse de cycle de vie (ACV), suivi des flux de matière...) et des recherches et expertises en amont de la chaîne d'approvisionnement (métallogénie, « prédictivité »), en traitement (minéralurgie, métallurgie et recyclage) de la matière primaire (minerais) et secondaires (déchets miniers, industriels et urbains). »[18].

On trouvera sur le portail du BRGM divers articles proposant des solutions, des conseils aux entreprises, des guides méthodologiques. Le BRGM propose également des prestations d'experts.

C'est également sur ce portail qu'il sera possible d'accéder à l'ensemble des sites web, applications et bases de données gérés par le BRGM : référentiels hydrogéologiques, bases de données sols, mines, formation etc.[19].

En voici quelques-uns ci-après :

HAL-BRGM

Les publications scientifiques du BRGM sont accessibles sur la plateforme d'archives ouvertes du BRGM *HAL-BRGM*[20].

« Cette plate-forme a pour ambition de contribuer au développement du libre accès à l'information scientifique, d'accroître la diffusion des travaux de recherche et la visibilité du BRGM, d'assurer la conservation pérenne de la production scientifique des auteurs. Alimentée depuis sa création en 2010, elle référence à ce jour la majeure partie des publications du BRGM depuis 2003 ».

(17) https://www.brgm.fr/fr
(18) https://www.brgm.fr/fr/enjeux/ressources-minerales-economie-circulaire
(19) https://www.brgm.fr/fr/resultats-donnees/sites-web-applications-bases-donnees
(20) https://brgm.hal.science/

Citons par exemple :
– AGREGA GAME, un jeu à buts sérieux pour la compréhension et la gestion de l'économie circulaire des granulats à l'échelle régionale(21) ;
– l'analyse systémique du métabolisme territorial, un outil pour favoriser le recours aux ressources secondaires dans le domaine du BTP(22) ;
– la recherche pour l'utilisation durable des ressources minérales(23) ;
– etc.

Infoterre

Le portail *Infoterre* héberge, entre autres, le site dédié à la valorisation des terres excavées.

Y figurent divers outils, la réglementation, ainsi que des guides méthodologiques. On y accède également en ligne aux rapports publics élaborés par le BRGM. Ils sont téléchargeables en PDF(24).

C'est aussi sur ce portail qu'on peut accéder à la thématique *Sites et sols pollués*, ainsi que l'amiante environnemental. L'utilisateur y trouvera une documentation riche(25).

RNDTS, Trackdéchets

Le BRGM a été chargé de développer l'application *Registre National des Terres excavées et Sédiments*(26).

Depuis mai 2023, l'application Trackdéchets a été également confiée au BRGM, afin d'interconnecter pleinement ces deux outils de traçabilité. L'objectif est d'assurer pérennité et cohérence de ces outils sous une entité expérimentée et opératrice de l'État (cf. précédemment Plateformes et outils du chantier)(27).

5 Le CEREMA

Le CEREMA, Centre d'Études et d'expertise sur les Risques l'Environnement, la Mobilité et l'Aménagement est un établissement public relevant du ministère de la Transition écologique et la Cohésion des territoires. Sa mission est d'accompagner l'État et les collectivités dans l'élaboration, le déploiement et l'évaluation des politiques publiques d'aménagement et de transport(28).

Le CEREMA est engagé dans la recherche, l'innovation et l'accompagnement dans six domaines de compétences :
– expertise et ingénierie territoriale ;
– bâtiment ;

(21) https://www.openscience.fr/IMG/pdf/iste_techinn23v8n3_5.pdf
(22) https://brgm.hal.science/hal-00788373v1
(23) https://brgm.hal.science/hal-01059713v1
(24) https://infoterre.brgm.fr/
(25) https://ssp-infoterre.brgm.fr/fr
(26) https://rndts-diffusion.developpement-durable.gouv.fr/fr
(27) https://rndts-diffusion.brgm.fr/fr/actualite/actualite/rapprochement-trackdechets-rndts-cest-officiel
(28) https://www.cerema.fr/fr

– mobilités ;
– infrastructures de transport ;
– environnement et risques ;
– mer et littoral.

De nombreuses publications figurent au catalogue du centre de ressources, elles sont pour la plupart en téléchargement libre. Les thématiques de déchets de chantier, considérés comme nouvelle ressource de l'économie circulaire, concernent majoritairement les déchets inertes minéraux.

Le CEREMA participe également à des journées thématiques, ateliers, webinaires organisés en régions et s'engage dans l'aventure du réemploi.

Le centre propose également des modules de formation professionnelle continue.

6 Le Conseil National de l'Économie Circulaire (CNEC)

« Le Conseil National de l'Économie Circulaire est une instance administrative consultative, placée auprès du ministère en charge de l'environnement et qui, comme le prévoit le Code de l'environnement (article D. 541-1), a les missions suivantes :
– Les ministres chargés de l'environnement et de l'économie peuvent le saisir pour avis sur les questions relatives à l'économie circulaire, de l'extraction des matières à la gestion des déchets, etc. Les avis sont remis au Gouvernement.
– Le Conseil national de l'économie circulaire peut être consulté sur les projets de textes législatifs et réglementaires ayant une incidence dans ce domaine.
– Le Conseil national de l'économie circulaire peut se saisir de toute question d'intérêt national concernant l'économie circulaire.
– Le Conseil national de l'économie circulaire participe à l'élaboration et au suivi des stratégies nationales en matière d'économie circulaire.
– Il assure le suivi de la mise en œuvre des orientations de la politique en matière d'économie circulaire, en particulier telles qu'elles sont définies par les directives européennes et par les lois y afférentes.
– Le Conseil national de l'économie circulaire est tenu informé des orientations des comités stratégiques des filières industrielles du Conseil national de l'industrie en matière d'économie circulaire et notamment d'allongement de la durée de vie des produits, d'écoconception, de recyclage et de valorisation des déchets. »(29).

Y siègent des représentants de l'État, des élus locaux, des associations de la société civile, des entreprises, des salariés, des parlementaires.

Le CNEC est issu de la transformation du Conseil National des Déchets, prévue par la mesure 48 de la feuille de route de l'économie circulaire (FREC). Son champ d'action est élargi à la consommation et la production durables, éco-conception, économie de la fonctionnalité, réparation, réemploi, etc. Cette évolution de l'instance de dialogue acte bien le changement de paradigme du déchet-abandonné au déchet-ressource, signe visible d'une profonde mutation dans les politiques de gestion des déchets.

(29) https://www.ecologie.gouv.fr/conseil-national-leconomie-circulaire

7 Les chambres consulaires

Établissements publics administratifs d'État, les CCI (chambre de commerce et d'industrie) et CMA (chambre des métiers et de l'artisanat) ont pour rôle de représenter les acteurs privés des différents secteurs économiques.

Ces deux chambres, aujourd'hui investies à des degrés divers, dans les démarches d'économie circulaire, proposent à leurs adhérents outils et accompagnement à la transition écologique.

On trouve des informations concernant l'accompagnement des entreprises d'artisanat à la transition écologique sur le site national de la CMA(30), mais pas d'information spécifique sur les déchets de chantiers et économie circulaire. Pour cela, il faut se rendre sur les différents sites départementaux de la CMA, avec un niveau d'information et mise à jour très variables(31).

L'action de ce type d'acteur est pourtant fondamentale pour faire évoluer pratiques et positionnements professionnels, d'autant plus que l'artisanat représente une forte proportion d'entreprises dans ce secteur d'activité. Selon la FFB, sur 427 000 entreprises de bâtiment 403 400 sont des entreprises de taille artisanale(32).

Le site *Veille Artisanat* propose un service de réseau pour « mieux comprendre les enjeux du secteur de l'artisanat au quotidien ». Dans sa thématique *Développement durable,* on trouve des informations sur les campagnes et tables rondes organisées par les CMA locales. Le site propose également des dossiers thématiques. On y accède à des informations sur la gestion des déchets mais assez peu d'entrées globalement sur les déchets de chantier(33).

De même, le site national des chambres de commerce et d'industrie met en lumière les problématiques générales liées au cadre juridique des déchets, à l'économie circulaire ou aux démarches environnementales des entreprises mais ne présente pas d'action ou documentation concernant la filière construction.

La plateforme *ACTIF*(34) a pour ambition de développer l'Écologie Industrielle Territoriale (EIT). Afin de « stimuler les échanges de ressources inter-entreprises d'un territoire », elle met en ligne une carte interactive permettant d'accéder à des flux matières, emplois et ressources humaines, eau et électricité, équipements et services, foncier, espaces de travail et de stockage. L'accès aux fiches offre/demande nécessite la création d'un compte.

En ce qui concerne les CCI locales, citons tout particulièrement la CCI de Nouvelle Calédonie qui propose un dossier complet sur les chantiers verts, le guide des déchets de chantier, charte, guide des bonnes pratiques etc.(35).

Les chambres de commerce et d'industrie, s'appuyant sur un réseau de partenaires locaux, participent et organisent en région des colloques, webinaires (ex : *La filière BTP, un pilier de l'économie circulaire en région ?*)

---

(30) CMA https://www.artisanat.fr/magazine/actus/chef-tpe-pme-amorcez-transition-ecologique-entreprise

(31) https://cma-grandest.fr/wp-content/uploads/2021/12/F343-Mention-de%CC%81chets-devis-BTP-1.pdf

(32) https://www.ffbatiment.fr/-/media/Project/FFB/FFB/Articles/Nationale-1005/PDF/batiment-en-chiffres-2023.pdf?la=fr-FR&rev=2848de3fdc014f45a49390df77da7abb

(33) https://veille.artisanat.fr/

(34) https://actif-cci.fr/

(35) https://chantiervert.cci.nc/index.php/guide-dechets-btp/

L'État et les structures nationales

8 Le CSTB

Le Centre Scientifique et Technique du Bâtiment est un EPIC. Rassemblant plusieurs compétences disciplinaires, il exerce cinq activités clés :

« la recherche et expertise, l'évaluation, la certification, les essais et la diffusion des connaissances. Son champ de compétences couvre les produits de construction, les bâtiments et leur intégration dans le quartier et la ville. »(36).

Le site offre un panel de documentation, publications et informations accessibles librement ou dans la rubrique boutique. Citons par exemple le n° 12 de la newsletter *Solutions & performances* dédié à l'économie circulaire : « Économie circulaire, le bâtiment entre dans la danse »(37).

Le CSTB est chargé de développer la plateforme PEMD, sur laquelle les maîtres d'ouvrages ont l'obligation, à la fois, de saisir, leur diagnostic PEMD et le formulaire de récolement à la fin du chantier.

Le Centre fait partie des partenaires de nombreuses recherches et publications scientifiques et techniques. Le travail majeur mené avec de multiples partenaires sur les matériaux de réemploi a permis d'aboutir à la note « *Engager le réemploi, la liste des 29 familles propices.* » Appel à la mobilisation des acteurs à s'inscrire dans une démarche commune, cette note a pour objectif d'accélérer la massification des pratiques de réemploi dans le secteur du bâtiment(38).

La rubrique *Actualités* est particulièrement riche en informations.

À partir du portail cstb.fr, il est possible d'accéder au site *CSTB Recherche* qui déploie différentes thématiques et en particulier : énergie/environnement, aménagement urbain, grands ouvrages, etc.(39).

9 Les DREAL

Les directions régionales de l'environnement, de l'aménagement et du logement (DREAL) sont des services déconcentrés de l'État, placés sous la tutelle des ministères de la transition écologique et de la cohésion des territoires.

Les missions régaliennes des DREAL portent sur le contrôle et la sécurité :
– des activités industrielles ;
– de la prévention des pollutions ;
– du bruit ;
– des risques naturels et technologiques ;
– des risques liés à l'environnement ;

(36) https://www.cstb.fr/fr/cstb/missions-activites/

(37) https://www.cstb.fr/assets/documents/cstb-solutions-et-performances-12-economie-circulaire.pdf

(38) https://www.cstb.fr/assets/medias/2022/07/engager-le-reemploi-29-familles-propices/cstb-engager-le-reemploi-liste-des-29-familles-propices.pdf

(39) https://recherche.cstb.fr/fr/

– de la gestion des déchets ;
– des installations classées pour la protection de l'environnement (ICPE).

Les portails régionaux des DREAL donnent accès à diverses informations sur l'exercice de leurs missions (ex : dépôts sauvages et décharges illégales DREAL PACA)(40).

10 L'INERIS

La plateforme INERIS

L'Institut National de l'Environnement industriel et des RISques est un EPIC placé sous la tutelle du ministère chargé de l'Environnement. Référent technique de l'administration, il a pour « mission de contribuer à la prévention des risques que les activités économiques font peser sur la santé, la sécurité des personnes et des biens, et sur l'environnement ». Il accompagne également les entreprises « afin de les aider à prendre les décisions les plus appropriées à une amélioration de la sécurité environnementale. ».

« L'Ineris a pour mission d'accompagner l'innovation en favorisant la mise sur le marché de produits ou procédés, plus propres et plus sûrs. ».

On y trouvera des outils et des rapports liés aux recherches menées par l'institut, une veille et assistance réglementaire, des prestations de certification et de formation, et une riche base documentaire où figurent divers dossiers techniques, rapports d'appui, périodiques concernant déchets et économie circulaire.

AIDA

AIDA, développé dans le cadre de la mission de service public de l'Ineris compile l'information relative au droit de l'environnement. Quatre sections sont offertes au public(41) :
– réglementation : où l'on trouvera une sélection de textes nationaux et communautaires, organisé chronologiquement, relatifs au droit de l'environnement ;
– aide réglementaire ; elle permet aux exploitants d'ICPE d'accéder aux principaux textes relatifs à l'activité industrielle ;
– inspection des ICPE : permettra d'accéder aux informations générales relatives aux installations classées ;
– guides et BREF(42) ; guides de bonnes, pratiques, documents de référence, accompagnement de la mise en œuvre de la réglementation sont proposés aux utilisateurs.

(40) https://www.paca.developpement-durable.gouv.fr/spip.php?page=recherche&recherche=d%C3%A9charges+ill%C3%A9gales

(41) https://aida.ineris.fr/

(42) Best available techniques (REFerence documents) on utilise également MTD (meilleures techniques disponibles).

L'État et les structures nationales

11 L'OPPBTP

Organisme paritaire placé sous la tutelle du ministère en charge du travail, l'OPPBTP est composé d'experts en prévention issus du terrain. Il accompagne les professionnels et les acteurs du BTP(43).

Son site technique *PréventionBTP*(44), propose en accès libre des ressources pour les entreprises. Dans les thématiques *Déchets de chantier* ou *Économie circulaire*, on trouvera en grand nombre, des actualités, des solutions chantier, des questions/réponses, tout à fait pertinentes et éclairantes.

12 Les bases de données et statistiques

Base Empreinte®

« La *Base Empreinte*® est la base de données publique officielle de facteurs d'émission et de jeux de données d'inventaire nécessaires à la réalisation d'exercices de comptabilité carbone des organisations et d'affichage environnemental des produits et services de grande consommation. La *Base Empreinte*® sert également de support au *Bilan Produit*®, outil d'ACV simplifié et de sensibilisation à l'éco-conception, très utilisé dans le milieu enseignant.

La *Base Empreinte*® est une fusion des *Base Carbone*® et *Base IMPACTS*®. Cette base unique permet de centraliser les données d'impacts environnementaux de procédés similaires, qu'ils soient employés en monocritère GES (émissions de gaz à effet de serre) ou en multicritères (consommation d'eau, pollution de l'air, occupation des sols, utilisation de ressources, etc.).

Actuellement, la *Base Empreinte*® regroupe les données historiques de *Base Carbone*® et *Base IMPACTS*®. À partir de 2024, ces données seront progressivement fusionnées, afin de fournir des données environnementales communes pour l'ensemble des usages.

La consultation en ligne des données et de la documentation requiert la création d'un compte et est gratuite, les coûts de développement, de maintenance, de gouvernance et d'achat des données étant pris en charge par l'ADEME. »(45).

Bilan GES ADEME

La plateforme permet d'accéder à l'ensemble des ressources de l'ADEME sur la comptabilité carbone des organisations. On y trouvera guides sectoriels, évaluations réglementaires, ressources documentaires, conseils.

Il est également possible d'y publier son bilan GES, consulter les bilans en ligne, consulter les facteurs d'émissions(46).

(43) https://www.oppbtp.com/
(44) https://www.preventionbtp.fr/
(45) https://base-empreinte.ademe.fr/
(46) https://bilans-ges.ademe.fr/bilans

BDNB

La Base de Données Nationale du Bâtiment[47] est le fruit du croisement géospatial d'une vingtaine de bases de données issues d'organismes publics. Afin de permettre aux acteurs de bénéficier d'un accès libre aux éléments d'identification et de caractérisation de l'ensemble des bâtiments, en vue d'accélérer la transition environnementale et la lutte contre le dérèglement climatique, le CSTB a développé cet outil majeur. Les résultats sont déployés sur data.gouv.fr[48].

Data.gouv

Data.gouv est une plateforme ouverte des données publiques françaises. On pourra notamment y accéder aux principaux jeux de données relatifs au logement et à l'urbanisme[49].

On peut également accéder à *Trackdéchets – Données statistiques relatives aux déchets dangereux en France* à partir de cette plateforme[50].

Eurostat

La base de données de l'Union européenne permet d'effectuer des recherches sur la production et traitement des déchets de construction et de démolition des pays membres, les objectifs et taux de valorisation, les déchets selon leur dangerosité, etc.[51]. Les données sont téléchargeables sous divers formats afin de pouvoir les exploiter auprès de publics variés.

Georisques

Le portail *Georisques*, réalisée en partenariat entre le ministère de la Transition écologique et de la Cohésion des territoires et le BRGM, permet aux collectivités, particuliers et experts de s'informer sur les risques naturels et technologiques dans un territoire, afin, soit de se protéger, soit d'agir localement en cohérence avec les divers acteurs.

Conseils et informations généralistes ou spécifiques, bases de données nationales, c'est un outil particulièrement utile pour une meilleure connaissance des sites et sols pollués et des ICPE (Installations Classées pour la Protection de l'Environnement). On peut notamment y vérifier la conformité des installations de recyclage ou les sites d'enfouissement de déchets, les affouillements, etc. Les rapports d'inspection peuvent être consultés et téléchargés en accès libre[52].

L'utilisateur pourra lancer une recherche par établissement, localisation, ou rapport d'inspection. Il pourra accéder aux données mises en ligne par les DREAL :
– numéro d'établissement, SIRET ;
– activité principale ;
– état d'activité ;

(47) https://bdnb.eu/
(48) https://www.data.gouv.fr/fr/datasets/base-de-donnees-nationale-des-batiments/
(49) https://www.data.gouv.fr/fr/pages/donnees_logement-urbanisme/
(50) https://www.data.gouv.fr/fr/organizations/trackdechets/
(51) https://ec.europa.eu/eurostat/web/main/data
(52) https://www.georisques.gouv.fr/risques/installations/donnees?page=1

L'État et les structures nationales

– statut SEVESO ;
– situation administrative ;
– arrêtés préfectoraux ;
– rapports d'inspection ;
– rapports et documents divers ;
– *Géorisques* permet également d'effectuer une recherche sur *CASIAS* (Carte des anciens sites Industriels et Activités de Service). Ce site recense les anciennes activités susceptibles d'être à l'origine d'une pollution des sols(53).

Les informations des anciens sites répertoriés y sont accessibles, par le biais d'une liste ou une carte interactive. Chaque site dispose d'une fiche synthétique, ainsi qu'une fiche détaillée.

En outre, il sera possible d'accéder aux informations de l'administration concernant des pollutions suspectées ou avérées (ex-BASOL)(54).

INIES

Base de données nationale de référence sur les données environnementales et sanitaires des produits et équipements de construction, *INIES* met à disposition les FDES et les PEP(55). Ces fiches sont fournies par les fabricants ou syndicats professionnels. Elles sont rédigées au format de la norme NF EN 15804 + A2/CN(56) (produits de construction) et NF XP C08-100-1/PCR ed.3 (équipements)(57).

C'est un outil opérationnel pour la généralisation de l'éco-conception des bâtiments. Elle associe dans sa gouvernance multipartite divers acteurs :
– institutionnels (ADEME, AFNOR, ministère de la Transition écologique) ;
– groupements de professionnels (AIMCC, Alliance HQE, etc.) ;
– syndicats professionnels (FFB, CAPEB, EGFBTP) ;
– CSTB ;
– associations ;
– Union Sociale pour l'Habitat ;
– etc.

(53) https://www.georisques.gouv.fr/risques/basias/donnees#/

(54) https://www.georisques.gouv.fr/risques/sites-et-sols-pollues/donnees#/type=instructions

(55) *Fiche de Déclaration Environnementale et Sanitaire* pour les produits de construction / *Profils Environnementaux Produits* pour les équipements du bâtiment.

(56) https://www.cerema.fr/fr/actualites/declarations-environnementales-decryptage-norme-nf-15804

(57) https://www.ecologie.gouv.fr/declaration-environnementale-certains-produits-construction-et-equipements-destines-au-batiment

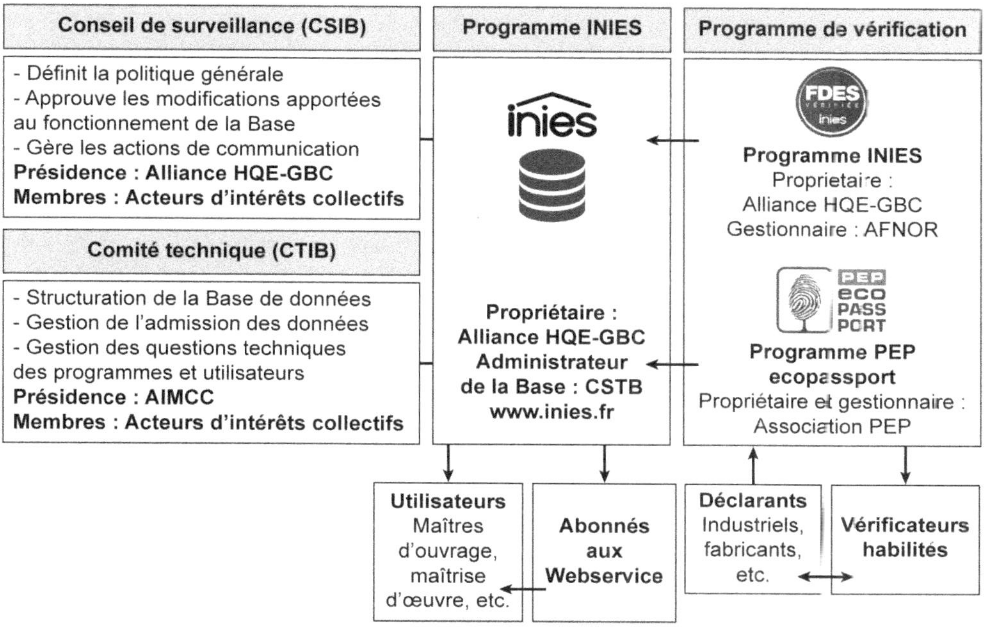

Fig. 6.01-1. Le fonctionnement de l'INIES
Source : https://www.inies.fr/inies-et-ses-donnees/qui-sommes-nous/

Les FDES fournissent les résultats de l'Analyse du Cycle de Vie des produits de construction, permettant de s'appuyer sur des critères environnementaux pour le choix des produits à mettre en œuvre dans une opération de construction, en complément des critères techniques et économiques.

Divers types de FDES sont accessibles :
– les FDES collectives portent sur un même produit fabriqué par plusieurs industriels ;
– les FDES individuelles portent sur un produit fabriqué par un industriel ;
– les FDES sur mesure issues de configurateurs.

En l'absence de données spécifiques, les Données Environnementales par Défaut (DED) sont des données mises à disposition par le ministère en charge de la construction. Ce dernier met également à disposition des données sur les impacts des énergies et des services (DES).

Le PEP ecopassport®, carte d'identité environnementale d'un équipement électrique, électronique ou climatique offre des informations multicritères, objectives, quantitatives et qualitatives permettant aux fabricants de :
– « anticiper les obligations réglementaires ;
– prouver la performance environnementale d'un équipement ;
– outiller une démarche d'éco-conception ;
– assurer la transparence des déclarations environnementales. »(58).

(58) https://www.inies.fr/inies-et-ses-donnees/pep-equipements-du-batiment/

L'État et les structures nationales

Le public cible de ces PEP sont les bureaux d'étude, architectes, constructeurs afin de les guider dans leurs choix d'équipements les mieux adaptés à la performance environnementale globale du bâtiment.

Toutefois, le format des fiches PDF ne permet pas une comparaison aisée des différentes performances des produits et équipements faisant l'objet d'une déclaration environnementale et sanitaire. Ce format n'étant pas adapté à l'exploitation de données, la direction de l'habitat, de l'urbanisme et des territoires a demandé par courrier à l'Alliance HQE-GBC, en octobre 2022, de les rendre facilement accessibles pour permettre la comparaison des matériaux entre eux.

Le courrier précise que « la clause qui interdit l'usage de la base INIES à des fins de comparaison doit disparaître » car elle est contraire à la loi République numérique(59).

(59) https://www.lemoniteur.fr/article/la-dhup-demande-a-inies-de-se-mettre-en-conformite-avec-la-loi-republique-numerique.2234082

Les territoires

FICHE 6.02

Les différents niveaux des gouvernances territoriales (région, département, EPCI, commune) ont un rôle essentiel à jouer dans la cohérence de la mise en place des politiques publiques.

Qu'ils soient financeurs, incitateurs ou maîtres d'ouvrage, les territoires œuvrent activent à l'intérieur des divers plans et schémas de gestion des déchets.

1 Les régions

Investies de la compétence déchets, elles doivent élaborer un Plan Régional de Prévention et de Gestion des Déchets (PRPGD). Ce document fixe les objectifs et attribue des moyens pour la réduction, le réemploi, le recyclage ou la valorisation des déchets produits sur le territoire régional. Il est intégré dans le SRADDET (Schéma Régional d'Aménagement, de Développement Durable et d'Égalité des Territoires). Il y traite, bien évidemment, des déchets de chantier et nombreuses sont les régions qui ont un plan d'action sur ces sujets.

Dans le cadre de ce travail collaboratif, les différentes régions mettent en place de nombreuses actions. Il est toujours intéressant de consulter le site de sa région pour y trouver des appels à projets, des sources de financements ainsi que de multiples données.

Certaines régions, comme Provence-Alpes-Côte d'Azur (PACA) ont développé des réseaux d'acteurs (PRECI)(60) permettant de mettre en avant des actions exemplaires comme le projet LIFE SMART WASTE, qui, à la suite d'ateliers et de groupe de travail, a permis d'éditer un dossier très complet sur les problématiques d'économie circulaire, dans une approche résolument pragmatique(61).

Citons également le CERDD, Centre de Ressources du développement Durable, établissement public qui « accompagne les acteurs de la région Hauts-de-France vers de nouveaux modèles de société et les incite à contribuer aux transitions économique, sociale et écologique dans les territoires. »(62).

La majorité des régions a mis en place des observatoires déchets qui ont pour mission de contribuer à la prévention et l'amélioration de la gestion des déchets et de leurs impacts. Ils constituent un appui opérationnel pour les services régionaux, l'ADEME, experts et tout acteur concerné par le sujet.

On y trouve selon les régions : les statistiques de collecte, des tableaux d'indicateurs, articles, ateliers de sensibilisation et d'information, cartographies etc.

Le RARE (Réseau des Agences Régionales de l'énergie et de l'Environnement) association loi 1901, « constitue une passerelle sur les thématiques énergétiques et environnementales

---

(60) Réseau PRECI https://www.reseau-preci.org/

(61) *Guides d'accompagnement de la démarche des maîtres d'ouvrage en région Sud,* « Intégrer l'Économie Circulaire dans les marchés et opérations de travaux du Bâtiment et des Travaux Publics », reseau-preci.org.

(62) https://www.cerdd.org/index.php

entre acteurs du secteur partout en France. ». Le réseau rassemble huit des onze observatoires régionaux des déchets et leur offre un espace d'échange et de mutualisation des pratiques(63).

Tab. 6.02-1. Les observatoires des déchets en France
Source : https://rare.fr/missions/les-observatoires-des-dechets/

Auvergne-Rhône-Alpes : SINDRA (portée par AURA-EE *)
Bourgogne-Franche-Comté : Alterre Bourgogne-Franche-Comté*
Bretagne : Observatoire Environnement Bretagne*
Centre Val de Loire : Observatoire régional déchets et économie circulaire (hébergé par le Conseil Régional)*
Corse : Observatoire territorial des déchets
Grand Est : Observatoire des déchets et de l'économie circulaire*
Guadeloupe : Observatoire des déchets de la Guadeloupe (porté par Synerg'Ile*)
Guyane : Observatoire des déchets de la Guyane
Hauts de France : ODEMA*
Île-de-France : ORDIF* (porté par l'Institut Paris Région)
Martinique : pas d'observatoire
Mayotte : pas d'observatoire
Normandie : NECI, alimenté par les travaux de Biomasse Normandie* et de la CERC
Nouvelle-Aquitaine : ORDEC Nouvelle-Aquitaine (porté par l'AREC Nouvelle-Aquitaine *)
Occitanie : ORDECO*
Provence-Alpes-Côte d'Azur : ORD&EC*
Pays de la Loire : TEO Pays de la Loire*
Réunion : Observatoire Réunionnais des Déchets

Les membres du RARE sont identifiés par un astérisque.

2 Le Réseau Bâtiment Durable

Le Réseau Bâtiment Durable est animé conjointement par l'ADEME et le Plan Bâtiment Durable depuis 2018.

« Le Réseau a pour objectif de faciliter les synergies et la mutualisation entre structures et professionnels confrontés à des situations diverses, mais souvent comparables. Il constitue un lieu d'échanges et d'entraide entre les équipes des structures et enrichit ainsi l'expérience collective autour du bâtiment durable. ».

Le Réseau publie mensuellement une revue de presse. Vingt-et-un centres de ressources et clusters régionaux permettent aux acteurs de la filière construction de trouver des informations, contacts, partenaires, échanges de pratiques, formations, etc.

Une carte interactive permet d'accéder à l'ensemble des réseaux(64).

(63) https://rare.fr/missions/les-observatoires-des-dechets/
(64) https://www.reseaubatimentdurable.fr/qui-sommes-nous/

3 Les communes et EPCI

Les EPCI (établissement public de coopération intercommunale) et communes ne sont pas investies de la compétence de gestion des déchets d'activité économique. Toutefois, un grand nombre de communes accueillent dans leurs déchetteries, les déchets de leurs artisans.

Cette situation évolue peu à peu, notamment avec le développement du maillage territorial de collecte des déchets de chantier, où on assiste à un désengagement des structures territoriales au profit de déchetteries professionnelles ou négociants en matériaux.

Cette situation est tout à fait compréhensible, car la fiscalité de la gestion des déchets ménagers et assimilés repose sur la taxe foncière prélevée aux particuliers. Il est donc tout à fait inapproprié de faire porter le poids du financement de la gestion des déchets de chantier au particulier qui paiera également ce coût sur l'achat des matériaux (mise en place de la filière REP).

Toutefois, dans le cadre de la filière REP, les déchetteries publiques pourront de nouveau être acteurs de la collecte des déchets professionnels du BTP, en faisant partie intégrante du maillage territorial piloté par les éco-organismes.

On pourra trouver des informations concernant les sites de gestion des déchets de chantier, les déchetteries publiques accueillant les entreprises sur le site *SINOE*®.

« *SINOE*® est un outil d'analyse principalement destiné aux collectivités territoriales pour les aider à optimiser leur politique de gestion des déchets ménager set à améliorer leur service notamment dans une perspective de maîtrise des coûts. ».

En revanche, les communes sont placées aux premières loges de lutte contre les dépôts sauvages et de la réduction de ces derniers. Ainsi que l'a analysé l'ADEME, ce sont essentiellement des dépôts de déchets de chantier.

Diverses applications commerciales sont proposées afin d'identifier les sites sensibles, les signalements de dépôts. Certaines communes ont également leur propre application. Citons l'application en cours de développement par la SAFER d'Île-de-France, VIGIMITAGE[65].

---

(65) https://www.saferidf.fr/actualites/collectivite/la-safer-de-lile-de-france-deploie-vigimitage/

FICHE **6.03**

Comment trouver son chemin dans la jungle des informations ?

De nombreux acteurs engagés dans des démarches d'économie circulaire

En complément des chapitres précédents, sont ici présentées les structures les plus importantes du secteur, dans la mesure où elles s'engagent dans des démarches vertueuses de gestion des déchets, économie circulaire, développement durable, préservation de la ressource, etc.

1 Les organisations patronales et fédérations professionnelles

Les organisations professionnelles représentent une vraie force collective d'accompagnement et d'incitation au changement dans les secteurs clés de la construction. Ils rassurent leurs adhérents et leurs partenaires, produisent de la documentation et des outils pour faciliter et sécuriser l'évolution des pratiques et la montée en compétences. Toutes n'ont pas le même niveau d'engagement dans l'approche économie circulaire, mais on voit nettement se dessiner une tendance forte à la transition collective. Le mouvement de fond est clairement lancé et il entraînera peu à peu dans son énergie la totalité des acteurs.

Le secteur de la construction

Architectes et maîtrise d'œuvre

Nous avons mentionné l'Ordre National des Architectes et son implication en faveur de l'économie circulaire (cf. précédemment L'architecte).

En ce qui concerne les syndicats et fédérations des architectes on trouve malheureusement assez peu de publications ou d'actions, accessibles librement, sur leur engagement dans l'économie circulaire, et encore moins dans la gestion des déchets de chantier. Ces professions sont pourtant fondamentales dans la chaîne des acteurs de la construction. La prise en compte des enjeux majeurs de l'habitat de demain sera très certainement dynamisée par l'ensemble des autres acteurs qui ont déjà pris le train de la transition, les jeunes architectes qui abordent ces questions dans le cadre de leur formation initiale, et ceux, bien sûr, qui, au quotidien, œuvrent déjà dans cette direction.

L'Unsfa, l'Union des Architectes, qui « rassemble de nombreux syndicats locaux répartis sur l'ensemble du territoire » affiche une seule référence à l'économie circulaire, dans la bouche de son nouveau Vice-Président : « Développer et rendre plus visible la mobilisation des architectes sur les sujets de la rénovation et du réemploi. ».

Le Syndicat de l'Architecture, dans le cadre des Rencontres de Blois (Architecture et réhabilitation), organisées en 2019 avec le CAUE du Loir et Cher, publie une vidéo (2019) sur la Frugalité heureuse et créative (cf. ci-après Frugalité heureuse).

Le SYNAMOME a pour objectif de réaliser la synergie entre l'architecture et la maîtrise d'œuvre. Il est partenaire et membre du jury des *Trophées de la Construction,* organisés annuellement par *Bactiactu* et SMABTP, qui récompense des lauréats sur les thèmes de : gestion de l'eau, réhabilitation, rénovation énergétique, réemploi, circuits courts, hors-site, biosourcés et biodiversité.

De nombreux acteurs engagés dans des démarches d'économie circulaire

FILIANCE est l'association professionnelle du secteur du Testing, Inspection, Certification. Elle regroupe les bureaux de contrôle Apave, Bureau Veritas, Dekra, Qualiconsult, SGS, Socotec, leaders mondiaux du secteur.

Sous la thématique *Construction*, Filiance décrit le rôle des contrôleurs techniques dans la réduction des émissions liées au bâtiment, en mentionnant entre autres le diagnostic PEMD.

La Fédération Filiance, a remis au gouvernement, ses propositions à la feuille de route de la décarbonation du bâtiment. Elle identifie vingt-cinq leviers, dont le recyclage et le réemploi, l'utilisation de composants bas carbone, limitation des émissions. C'est donc toute la fédération qui initie et soutient l'évolution du métier de contrôleur vers la certification de produits de réemploi (cf. 2.3.5.3. Le rôle grandissant du contrôleur technique)(66).

L'UNTEC, Union Nationale des Économistes de la Construction est l'unique organisation professionnelle de ce métier. Le montant estimé sur lequel interviennent les économistes de la construction s'élève à 72 Mds d'Euros. 52 % de CA global de la profession est réalisé sur des marchés publics.

Le congrès annuel de l'UNTEC 2023 avait pour titre Territoires, les acteurs de la construction au cœur des transitions. À l'exception de cette information, l'Union ne semble pas publier sur son site de documentation liée à l'économie circulaire en accès libre. En tant que membre de l'équipe de maîtrise d'œuvre, l'économiste a pourtant un vrai rôle à jouer dans la démarche d'économie circulaire.

La Confédération de l'Artisanat et des Petites Entreprises du Bâtiment

La CAPEB, « syndicat patronal représentant l'artisanat du bâtiment [... Il] mène des missions d'intérêt général depuis 1946. ». Il déclare rassembler 61 000 entreprises adhérentes.

Sur son site(67), la Confédération affiche dans l'onglet *Nos batailles*, une rubrique *Transition Écologique et Développement Durable*, où sont insérés, pour les sujets pertinents avec l'objectif de cet ouvrage, de courts articles synthétiques :

– « Réglementation environnementale (RE 2020) » ;
– « Ma PrimeRénov' et France Rénov » ;
– « Accompagnement des TPE à la qualification » ;
– « REP Bâtiment » ;
– « Réemploi des matériaux de construction ».

La CAPEB, associée à la FNADE et FEDEREC a signé en 2019 une convention ayant pour objet le développement de la charte « *Artisan Engagé Déchets* ». Un site dédié au dispositif de sensibilisation et d'information des artisans du bâtiment et de leurs clients accueille les artisans qui souhaitent signer la charte(68).

La même année, la CAPEB a signé une convention pour trois ans avec l'UNICEM dans l'objectif de(69) :

– permettre aux artisans du bâtiment une meilleure prise en charge et traçabilité de leurs déchets de chantier ;

(66) https://www.filiance.com/decarbonation-de-la-filiere-batiment/

(67) https://www.capeb.fr/

(68) https://artisansengagesdechets.capeb.fr/

(69) https://www.capeb.fr/actualites/dechets-de-chantiers-la-capeb-et-l-unicem-s-associent

De nombreux acteurs engagés dans des démarches d'économie circulaire

– donner aux artisans un accès aux 1 500 plateformes d'accueil de déchets inertes ;
– définir un plan d'action permettant le renforcement du maillage en points de reprise et l'élargissement des déchets accueillis sur les plateformes ;
– s'inscrire dans la continuité d'un engagement commun sur l'amélioration du recyclage des déchets du bâtiment ;
– venir en complément de la charte « *Artisan Engagé Déchets* ».

Quelques articles, fiches, infographies et vidéos sur la gestion des déchets de chantier figurent également sur le site(70), par exemple « *REP Bâtiment quelles conséquences pour vos devis ?* ».

Entreprises Générales de France BTP

EGF BTP, regroupe les entreprises générales du BTP, qui proposent à leurs clients « une approche globale de l'acte de construire ». Le syndicat s'engage dans l'action en faveur de la biodiversité et économie circulaire ainsi que la transition écologique et bas carbone :
– participation à la feuille de route de décarbonation bâtiment ;
– retours d'expérience rénovation et réemploi, construction durable et responsable ;
– gestion des déchets sur un chantier (guide) ;
– fiches pratiques, infographies ;
– etc.(71).

France Ciment

Le Syndicat Français de l'Industrie Cimentière (SFIC) est désormais France Ciment, organisation professionnelle représentative de l'industrie cimentière. Elle regroupe les fabricants de liants hydrauliques : chaux hydrauliques, liants routiers et liants géotechniques.

L'industrie cimentière vit un moment charnière. Afin de répondre aux grands enjeux de décarbonation et de souveraineté industrielle, elle publie une nouvelle feuille de route. L'objectif de réduction de 50 % de ses émissions dès 2030 décrit un scenario ambitieux de recours aux combustibles alternatifs, de réduction de taux de clinker et déploiement du captage de CO_2.

« Cette stratégie renforce l'ancrage territorial de la filière, comme maillon fort de la valorisation des déchets et comme moteur d'une nouvelle économie au cœur des régions. Avec un plan d'investissements cumulés de plus de 5 milliards d'euros jusqu'en 2040, l'industrie affiche son volontarisme. Le ciment français décarboné jouera un rôle essentiel dans la transition écologique à travers la construction durable et le développement des infrastructures de mobilités, d'énergies renouvelables, ou encore de gestion de l'eau. ».

France Ciment affiche outre « la fierté d'une France pionnière dans le développement du béton », cinq enjeux prioritaires :
– ciments bas carbone : recherche et mise sur le marché de nouveaux ciments bas-carbone normalisés ;
– technologies de rupture CCS/CCU(72) : captage et stockage du CO_2 permettront d'atteindre les objectifs européens de neutralité carbone ;

(70) https://www.capeb.fr/service/les-dechets-de-chantier

(71) https://www.egfbtp.com/transition-ecologique/

(72) Carbon Captur Utilisation and Storage.

De nombreux acteurs engagés dans des démarches d'économie circulaire

– biodiversité : combiner exploitation des carrières et préservation de la biodiversité ;
– économie circulaire : valorisation énergie et matière, recyclage du béton dans un format d'écologie industrielle ;
– énergie : réduction de consommation d'énergie fossile(73).

La Fédération des Distributeurs de Matériaux de Construction

La FDMC rassemble 4 250 entreprises, qui emploient 90 000 actifs pour un volant d'activité de 21 Mds € de chiffre d'affaires. Elle adhère à l'UFEMAT, organisation européenne des négociants en matériaux de construction.

Les négociants en matériaux de construction sont un maillon essentiel dans la chaîne de la construction. La loi TECV fixait comme obligation, à partir de 2017, aux distributeurs disposant d'une surface de vente supérieure à 400 m^2 et réalisant un CA de plus d'un million d'euros, de reprendre les déchets correspondant aux produits qu'ils commercialisent(74).

Cette disposition réglementaire permettait ainsi de renforcer le maillage des points de collecte des déchets de chantier et de détourner les flux de déchets de la filière construction des déchetteries publiques vers des structures professionnelles. La Fédération, qui portait alors le nom de FNBM (Fédération du Négoce Bois Matériaux), affichait en 2019 un bilan positif de la mise en œuvre de cette mesure(75).

La REP PMCB s'appuie fortement sur le réseau des négoces de matériaux puisque, à terme, « près de 4 500 points de vente des distributeurs seraient ainsi tenus d'assurer la reprise sans frais sur site des déchets du bâtiment, sous réserve qu'ils soient triés. » Comme le précise la FDMC, il sera nécessaire de former les magasiniers à la gestion des apports de déchets triés par les entreprises(76).

La Fédération Française du Bâtiment

La FFB se présente comme « un acteur majeur de la filière du BTP ». Elle affiche « plus de 50 000 entreprises du bâtiment adhérentes, dont 35 000 de taille artisanale ». L'ensemble de ses adhérents réalisent, selon les chiffres 2022, « les deux tiers de la production annuelle du secteur (soit 166 milliards d'euros hors taxes du CA) et emploient les deux tiers des 1 273 000 salariés travaillant dans le bâtiment. »

La FFB a participé activement, avec d'autres partenaires, à la définition des contours de la REP PMCB, en publiant en mai 2019, *Étude de scénarii pour la mise en place d'une organisation permettant une gestion efficace des déchets du bâtiment dans le cadre d'une économie circulaire*(77).

---

(73) https://www.france-ciment.fr/enjeux/

(74) Décret n° 2016-288 du 10 mars 2016 portant diverses dispositions d'adaptation et de simplification dans le domaine de la prévention et de la gestion des déchets.

(75) https://www.batiweb.com/actualites/vie-des-societes/les-negoces-de-materiaux-s-impliquent-pour-la-recuperation-des-dechets-du-btp-34606

(76) https://www.actu-environnement.com/ae/news/federation-materiaux-construction-negoce-points-reprise-dechets-rep-batiment-41894.php4

(77) https://www.actu-environnement.com/media/pdf/news-33661-etude-professionnels-batiment-reprise-dechets.pdf

De nombreux acteurs engagés dans des démarches d'économie circulaire

Depuis de nombreuses années, la Fédération a mis en place diverses actions tournées vers l'économie circulaire et la gestion des déchets, dans l'objectif de sensibiliser ses adhérents, partenaires et donneurs d'ordre :
– *Chantier Propre®* (2013) : accompagnement jusqu'en 2020 environ, des maîtres d'ouvrage dans une démarche responsable et vertueuse. Affiche téléchargeable et utilisable sur le chantier[78] ;
– *Bâtir pour la planète* (2015) : les entreprises adhérentes sont incitées à signer cette charte créée, tant pour mettre leur savoir-faire et leurs « compétences au service des clients que pour rendre les bâtiments plus performants sur les plans énergétique, environnemental et sanitaire. ». Elle pourra être utilisée comme outil de communication, affichée dans l'entrée de l'entreprise ou insérée dans les réponses aux marchés[79] ;
– *Le ¼ d'heure environnement* (2016) : kits d'animations créés en partenariat avec l'ADEME afin de sensibiliser facilement les « compagnons aux sujets environnementaux comme la gestion des déchets de chantier, la réduction des nuisances, la préservation des ressources, la prévention des risques ou la protection de la biodiversité. »[80] ;
– plateforme *Déchets de chantier* : elle permet d'accéder à la carte interactive de recherche de prestataires de gestion de déchets (elle n'est plus mise à jour mais constitue tout de même une base d'informations intéressante car les entreprises pérennes sont toujours répertoriées), une bibliothèque documentaire, les pictogrammes déchets à afficher sur les bennes, foire aux questions sur les déchets de chantier (mise à jour)[81].

De nombreux documents et outils sont accessibles librement sur le site de la Fédération, d'autres ne sont accessibles qu'aux adhérents, mais la FFB propose à l'utilisateur non adhérent un lien de contact pour obtenir ces documents.

Les délégations départementales mènent également diverses actions avec leurs partenaires et auprès de leurs adhérents. En général, elles regroupent les entreprises du bâtiment et celles des travaux publics.

Citons en exemple la FBTP83 qui s'est portée partie civile dans le cadre du procès *Mafia des déchets*[82] (novembre décembre 2021) dans le Var et qui est également à l'origine de la création du module de formation à public mixte *#MonChantierMesDéchets*.

Citons également la FBTP06 qui a construit, en partenariat avec la métropole Nice Côte d'Azur et la ville de Nice, la « *Charte Chantier vert.* »

(78) http://www.chantierpropre.lafabriqueffbatiment.fr/

(79) https://www.ffbatiment.fr/gestion-entreprise/creer-perenniser-mon-entreprise/engagement-environnemental-rse/modele/charte-batir-pour-la-planete#:~:text=Signer%20la%20Charte%20%C2%AB%20B%C3%A2tir%20pour,en%20faveur%20de%20l'environnement.

(80) https://www.ffbatiment.fr/outils-modeles-document/outils/animation-entreprise-quart-d-heure-environnement

(81) https://www.dechets-chantier.ffbatiment.fr/

(82) https://www.lemoniteur.fr/article/mafia-des-dechets-enfin-on-comprend-qu-il-y-a-des-sanctions-particulierement-lourdes-quand-on-fait-n-importe-quoi-segolene-tuloup-llc-avocats.2181762

De nombreux acteurs engagés dans des démarches d'économie circulaire

La Fédération de l'Industrie du Béton

La FIB, porte-parole des industriels fabricants de produits en béton est adhérente du MEDEF, de l'Association des Industries de Produits de Construction et de la Fédération de l'industrie européenne du béton préfabriqué (le BIBM)[83].

L'Industrie du béton regroupe 461 entreprises, générant 19 200 emplois directs. Il s'agit d'un réseau de 722 sites de production locale, réalisant un CA de 2,8 Mds € HT (et hors transport). La production annuelle de produits en béton atteint les 20 Mt. La plus grande partie de la production (44,5 %) concerne les blocs de béton.

Elle déclare contribuer, en tant qu'industrie responsable, à la « préservation des ressources naturelles. Sa vision globale de la conception des ouvrages permet d'aborder toutes les phases de la construction, intégrant dès la conception la déconstruction et la valorisation des déchets. ».

Les solutions que propose la FIB en matière d'économie circulaire prennent en compte la proximité des matières premières naturelles qu'elle qualifie de « disponibles partout en France et parfaitement recyclables, au travers d'un réseau 100 % local de production de matériaux. », ainsi que la proximité de livraison sur les chantiers grâce à un maillage territorial très dense.

Fig. 6.03-1. Répartition des sites de production sur le territoire national
Source : https://www.fib.org/industrie-du-beton-chiffres-cles/

La Fédération liste plusieurs axes d'engagement vers des démarches d'économie circulaire. Il convient toutefois de noter que n'apparaissent pas de pistes de recherche pour l'utilisation de granulats recyclés conformes à la norme NF EN 12620+A1, la réflexion se portant surtout

(83) Bureau International du Béton Manufacturé.

sur la conception en vue du recyclage et l'utilisation de granulats biosourcés. Gageons que les avancées de la R&D dans ce domaine permettront à ces industriels qui se déclarent soucieux de la préservation de matière naturelle, de s'engager plus fortement dans cette direction. Voici ces axes :
– « utilisation de produits à plus faible impact environnemental : nouveaux granulats à base de co-produits agro-sourcés (chanvre, lin, bois...), co-produits industriels (laitiers de fonderie, boues de papeterie...) ;
– recyclage des granulats issus des bétons de démolition sélectionnés et concassés ;
– process industriels optimisés, automatisés ou robotisés, réduisant les gaspillages, rebuts et déchets ;
– ouvrages pensés, dès la conception, pour être déconstructibles et favoriser le recyclage et la valorisation des ressources. »[84].

La Fédération Nationale des Travaux Publics

La FNTP rassemble 8 000 entreprises adhérentes. Elle agit avec son réseau de Fédérations Régionales et de Syndicats de Spécialités. Les « missions de la FNTP s'inscrivent dans l'écosystème BTP et interprofessionnel. Elle agit auprès et avec les acteurs publics et autres parties prenantes au niveau français, européen et international. »[85] Elle affiche son expertise autour de sept thèmes, dont le développement durable.

Sur son site, l'onglet Infodoc permet d'accéder à la rubrique *Environnement* et *RSE*. L'utilisateur y trouvera divers articles et documents sur les ICPE, la traçabilité des terres, la REP PMCB, la plateforme RNDTS etc. Et bien sûr, la rubrique *Juridique-marchés* aidera les entreprises à mieux connaître et appliquer la réglementation en cours.

Signalons aussi l'onglet *Data* intégrant une rubrique *Environnement.*

La marque *Recycleurs des Travaux Publics* créée par la FNTP « est le signe de reconnaissance et de professionnalisme des entreprises Travaux Publics vis-à-vis de leurs clients. Elle désigne une haute qualité technique et environnementale qui se concrétise par l'engagement dans une charte professionnelle, la possession d'identités professionnelles et le géoréférencement des installations pour les plateformes. Cette excellence est matérialisée par l'utilisation d'un logo régional. »[86].

Les entreprises pourront accéder au module de formation en ligne *Recycleurs Académie : Plateforme de valorisation.*

La FNTP et la FFB sont généralement associées et partenaires des actions menées dans le développement et le soutien à l'économie circulaire et la gestion des déchets de chantier, chacune des fédérations conservant sa spécificité, liée aux métiers qu'elle rassemble.

Le Syndicat des Entreprises de Déconstruction Dépollution Recyclage

Le SEDDRe, membre de la FFB, « regroupe près de 250 entreprises ayant des activités de curage, désamiantage et dépollution, déconstruction, sciage-carottage ainsi que des activités de gestion et recyclage des déchets du BTP. ».

---

(84) https://www.fib.org/industrie-du-beton-une-industrie-responsable/#
(85) https://www.fntp.fr/
(86) https://www.fntp.fr/outils/recycleurs-des-travaux-publics

De nombreux acteurs engagés dans des démarches d'économie circulaire

La position d'interface de ce syndicat, entre secteur du BTP et celui du recyclage, montre bien que toute action efficace doit être pensée dans la globalité et la cohérence des processus et des acteurs.

L'ensemble du secteur emploie 7 500 salariés, et réalise un chiffre d'affaires moyen annuel de 1,3 Mds d'euros.

Le SEDDRe se définit comme une « filière au service du renouvellement des territoires et de la préservation des ressources ».

Les métiers de ce syndicat sont au cœur des enjeux de l'économie circulaire. Évolution des techniques de déconstruction et des pratiques de tri sur les chantiers, sont des incontournables pour permettre le réemploi des matériaux et la valorisation matière des déchets dans de bonnes conditions.

L'onglet *Bibliothèque* de son site permet d'accéder à des rapports techniques, guides de pratiques etc. publiés entre 2012 et 2020.

Le SEDDRe organise annuellement une *Rencontre des Métiers*. Il est également porteur de la formation en partenariat avec le CSTB *Devenir Diagnostiqueur PEMD*. Le site affiche la liste des diagnostiqueurs certifiés par le SEDDRe[87].

Le référentiel du label *Qualirecycle BTP*, créé en 2014 avec le soutien de l'ADEME, a été construit dans le cadre d'un partenariat entre le SEDDRe et Recovering. Il s'agit d'un « label pour les recycleurs des déchets du BTP engagés dans une démarche de progrès de qualité de service et de production. » Il permet à l'entreprise labellisée « d'affirmer son positionnement stratégique vis-à-vis de ses clients. »[88].

L'Union Nationale des Industries de Carrières Et Matériaux de construction

L'UNICEM « est la fédération de 9 syndicats qui représentent les industries extractives de minéraux ainsi que les fabricants de matériaux de construction (bétons, mortiers, plâtre...). ».

Cette filière amont du secteur de la construction regroupe 1 375 entreprises de toutes tailles. La ressource minérale est indispensable à l'activité de nombreux secteurs industriels. Celui de la construction est bien évidemment majoritaire, mais santé, cosmétique, informatique, automobile, télécommunications, décoration, etc. sont aussi consommatrices de diverses matières minérales. L'action de l'UNICEM concourt à sécuriser un approvisionnement continu et durable pour ces activités industrielles indispensables à notre économie.

« À l'origine de plusieurs centaines de milliers d'emplois, les entreprises adhérentes sont conscientes de leur double responsabilité d'acteurs économiques de premier plan pour les territoires et de gestionnaires d'une ressource clé pour le cadre de vie et le confort des Français. ».

La Fédération s'engage dans la démarche d'économie circulaire, en signant notamment *Le livre blanc de l'économie circulaire du Grand Paris* en 2015, contrats de filière ou conventions dans la filière BTP en Régions, en organisant des journées économie circulaires, colloques etc.

(87) https://www.seddre.fr/wp-content/uploads/2023/10/Certifies-PEMD-v2.pdf

(88) https://www.qualirecyclebtp.com/

De nombreux acteurs engagés dans des démarches d'économie circulaire

Sur son site, l'UNICEM promeut *L'industrie responsable et le développent durable*. Sous cet onglet, on trouve en préambule un appel à la sobriété en privilégiant « l'angle du cycle de vie global des matériaux utilisés. » En effet, les entreprises de la filière extraction minérale ont assez vite compris les enjeux de la valorisation des matériaux inertes et se sont très rapidement engagées dans cette voie, à la fois pour préserver leurs capacités extractives et pour valoriser les inertes appropriés dans l'aménagement des carrières et répondre ainsi à leurs obligations réglementaires(89).

L'effet contraignant et incitatif de la réglementation a, là aussi, joué pleinement son rôle en transformant en opportunité économique une ressource qui était jusqu'alors perdue. De plus, l'obligation de réaménagement permet, à la fin du processus, de renaturer des sites qui autrefois restaient une plaie béante dans le paysage. Dans l'onglet médiathèque on trouve :
- un guide sur le réaménagement agricole des carrières, téléchargeable en PDF(90) ;
- une étude sur la biodiversité dans les carrières de roches massives(91) ;
- des retours d'expérience de réhabilitations de carrières ;
- divers articles sur les granulats recyclés.

La Charte « UNICEM entreprises engagées » a pour vocation d'assurer le pilotage des démarches de progrès « charte environnement » et « charte RSE ». L'UNICEM met à disposition de ses adhérents un centre de ressources sur la RSE, afin de les aider à mieux appréhender cet enjeu stratégique(92).

Les délégations régionales assurent l'implantation territoriale des actions de la filière.

L'Union Nationale des Producteurs de Granulats

L'UNPG représente l'ensemble des entreprises qui extraient du granulat afin d'alimenter le secteur du bâtiment et des travaux publics.

Les industriels du granulat mettent en avant des difficultés croissantes à l'obtention des autorisations d'exploiter les matériaux vierges :
- certaines régions déficitaires doivent s'approvisionner dans les départements voisins, ce qui alourdit le coût environnemental du matériau ;
- la limitation des capacités et des durées d'exploitation par les pouvoirs publics pour préserver la ressource se renforce ;
- la concurrence entre les divers usages du sol s'exacerbe ;
- les préoccupations sociétales en termes de préservation de l'environnement et de la biodiversité amènent de nouvelles contraintes (Natura 2000, parcs naturels) ;
- l'acceptabilité sociale de l'activité industrielle et extractive se réduit (effet NIMBY).

Les situations de contrainte étant génératrices de recherche de solutions alternatives, la profession s'est dirigée vers la production de granulats recyclés à partir de la filière de la déconstruction (bétons et enrobés) et artificiels à partir de sous-produits industriels (schistes houillers, laitiers, mâchefers, etc.)(93).

---

(89) https://www.unicem.fr/accueil/industrie-responsable/developpement-durable/ressource-et-recyclage/

(90) https://www.unicem.fr/wp-content/uploads/unpg-reamenagement-agricole-2019.pdf

(91) https://www.unicem.fr/les-carrieres-une-opportunite-pour-la-biodiversite/

(92) https://www.unicem.fr/wp-content/uploads/2023/07/plaquette-uee-2023.pdf

(93) https://www.unpg.fr/accueil/nos-activites/comment-sont-ils-produits/le-recyclage/

De nombreux acteurs engagés dans des démarches d'économie circulaire

Sous l'onglet *Développement Durable,* la préservation de la ressource naturelle est la première des six priorités de la profession.

En 2012, l'UNPG a fait réaliser par un bureau d'études, l'Analyse de Cycle de Vie (ACV) des granulats. Quatre modules d'information environnementale de production de granulats sont téléchargeables en PDF :
– à partir de roches massives ;
– à partir de roches meubles ;
– recyclés ;
– à partir du traitement de déchets.

Les bureaux d'études et d'ingénierie

La Fédération CINOV rassemble quatorze syndicats métiers et plus de 4 000 entreprises adhérentes de la branche BETIC qui regroupe les métiers du conseil de l'ingénierie et du numérique. Les bureaux d'études spécialisés dans les métiers du management environnemental, du développement durable et du développement des territoires, des expertises et ingénieries écologiques sont regroupés au sein du syndicat Territoires et Environnement (TEN). Dans les publications proposées par le CINOV, citons particulièrement *Bâtiments & territoires circulaires* (2020)[94] qui développe les thèmes ci-après :
– l'éco-conception d'un bâtiment ;
– la maîtrise des impacts environnementaux du chantier ;
– la bonne gestion des déchets lors de la rénovation ou de la déconstruction.

La Fédération SYNTEC représente également les branches de l'ingénierie, du numérique, du conseil et de l'événement ainsi que de la formation professionnelle.

Parmi les actions menées par cette fédération, notons « *la Charte de l'ingénierie pour le climat* ».

« Parce qu'elle intervient dès la phase de conception des projets, l'ingénierie a un impact potentiel déterminant sur l'empreinte carbone finale des infrastructures d'eau, de transport, d'énergie, de traitement des déchets, des bâtiments, des technologies, des équipements et des procédés industriels. »

Les signataires de cette charte s'engagent à :
– être force de proposition dans les missions et les projets qu'elles réalisent pour en réduire l'empreinte carbone ;
– adopter durablement des pratiques internes sobres en carbone et diminuer leurs propres émissions de gaz à effet de serre.

L'onglet *Publications* propose divers guides, tels *L'ingénierie et le développement durable partie 1 et 2*, livres blancs, études etc.[95].

(94) https://www.cinov.fr/etudes-et-publications/developpement-durable/batiment-territoires-circulaires

(95) https://www.syntec-ingenierie.fr/wp-content/uploads/2021/04/Lingenierie-et-le-developpement-durable_Partie1-Sensibilisation-des-entreprises-au-DD-et-ses-obejctifs.pdf https://www.syntec-ingenierie.fr/wp-content/uploads/2021/04/Lingenierie-et-le-developpement-durable_Partie2-Benchmark-Outils-pour-levaluation-des-ODD.pdf

De nombreux acteurs engagés dans des démarches d'économie circulaire

Les acteurs du recyclage

Les acteurs du recyclage sont de fait, engagés dans l'économie circulaire puisqu'ils permettent la transformation de déchets en matière première secondaire.

FEDEREC, fédération professionnelle des entreprises du recyclage représente 1 200 entreprises. Pour la filière BTP, elle indique 14,8 Mt de déchets de bâtiment collectés par les professionnels de la gestion des déchets, qui correspond à un taux de captage de 39 % sur le gisement global théorique estimé à 40 Mt.

La Fédération a créé avec l'organisme Labo Cert', la première certification professionnelle sur le diagnostic PEMD en 2021. Associée au SEDDRe, FEDEREC a lancé le label professionnel RECYTERRE destiné aux installations qui recyclent des terres excavées.

La FNADE[96], Fédération Nationale des Activités de la Dépollution et de l'Environnement, représente les industriels de l'environnement regroupés au sein de huit syndicats.

Aux côtés de la FFB, de la CAPEB, de la FEDEREC et de onze autres partenaires, elle a participé à l'étude de filière qui a permis d'alimenter la réflexion de mise en place de la filière REP PMCB. C'est aux côtés du SN2E[97] qu'elle a mené une étude sur le modèle économique de la filière CSR (Combustible Solide de Récupération).

2 Recherche, innovation

Les établissements publics CSTB, BRGM, CEREMA sont bien évidemment porteurs de belles avancées dans la recherche et l'innovation. Parallèlement, d'autres acteurs de la société civile, sous format associatif, entreprises ou startups, apportent leur contribution à la dynamique du mouvement de transition.

Le CERIB

Centre Technique Industriel (CTI), le CERIB est un centre de recherches et d'innovation. Il exerce son expertise dans les domaines de la construction et particulièrement pour l'industrie du béton.

L'intérêt pour la transition écologique et énergétique ainsi que l'accélération vers l'économie circulaire dans la construction font partie des six objectifs figurant au contrat signé avec la FIB et l'État (2020/2023) en position trois et cinq, respectivement.

Le CERIB a mis sur pied une charte de Développement Durable qui projette de réduire ses propres impacts environnementaux et sanitaires. La dimension « économie circulaire » est mise en tête de la rubrique *Nos expertises*.

L'onglet *Publications scientifiques* permet, entre autres, d'accéder à :
– la thèse *Formulation de bétons décarbonés à base de clinker, métakaolin et d'addition calcaire pour une application aux produits préfabriqués*, co-encadrée par le CERIB ;

(96) https://www.fnade.org/fr/fnade
(97) Syndicat National des bureaux d'Études en Environnement https://www.fedene.fr/sn2e/

– les communications lors d'un congrès Incorporation de granulats de béton recyclé ou récupéré dans les blocs ou encore Bétons bas carbone à base de liants ternaires : propriétés rhéologiques, mécaniques et de durabilité ;
– etc.[98].

Le Centre organise et participe à des congrès, webinaires, évènements divers sur les thématiques de Bâtiment Durable, gestion de l'eau, impact environnemental, décarbonation, etc.

L'IFPEB

L'Institut Français pour la PErformance du Bâtiment se décrit comme une alliance d'acteurs économiques qui s'engagent pour accélérer la transition environnementale dans la construction et l'immobilier.

Les travaux de cette association dessinent un chemin vers la neutralité carbone en proposant :
– d'intensifier l'usage des bâtiments en raisonnant en kg eqCO_2 par personne en travaillant sur la conception et l'exploitation d'un bâtiment pour en faire baisser l'empreinte carbone de leurs utilisateurs ;
– de faire mieux avec moins c'est-à-dire selon leurs termes d'essentialiser le kWh ou le matériau utile, consommer le strict nécessaire, s'engager dans la frugalité ;
– de consommer mieux en favorisant les énergies et matériaux décarbonés[99].

Le site permet d'accéder à une documentation nourrie, une « véritable boîte à outils pour permettre de massifier les meilleures pratiques ». Y sont proposées des solutions techniques, contractuelles ainsi que des clés pour accélérer la mise en œuvre opérationnelle, comme *l'École du logement social bas carbone.*

L'IFPEB est également partie prenante de l'action collective. Il porte la plateforme collaborative en partenariat avec Carbone 4 *Le Hub des prescripteurs bas carbone* à destination des donneurs d'ordre[100].

La bibliothèque de publications de l'Institut permet d'accéder à des notes de synthèses, replay de webinaires, recensement des acteurs locaux. Citons en particulier :
– l'accélération du réemploi des matériaux au cœur des territoires[101] ;
– brief biosourcés[102] ;
– favoriser le réemploi et l'économie circulaire dans les travaux de réaménagement des espaces de bureau[103].

Organisateur de plusieurs concours d'économie d'énergie, l'IFPEB a centralisé son action sous l'égide du *Championnat de France des économies d'énergie* ouvertes aux acteurs publics et privés dans diverses catégories d'actions de terrain, sous un format ludique et fédérateur.

(98) https://www.cerib.com/innovation/etudes-et-projets/publications-scientifiques/

(99) https://www.ifpeb.fr/nos-travaux/neutralite-carbone/

(100) https://www.ifpeb.fr/le-hub-lance-son-observatoire-a-loccasion-du-simi/

(101) https://www.ifpeb.fr/lacceleration-du-reemploi-des-materiaux-au-coeur-des-territoires-2/

(102) https://www.ifpeb.fr/restitution-des-messages-clefs-de-lapi-materiaux-biosources-du-hub-des-prescripteurs-bas-carbone/

(103) https://www.ifpeb.fr/reemploi-economie-circulaire/

De nombreux acteurs engagés dans des démarches d'économie circulaire

LEONARD

Leonard, plate-forme de prospective et d'accélération de projets innovants a été lancée par le groupe VINCI en 2017. « Dans un monde en transformation, Leonard détecte les tendances, accompagne l'innovation et réunit tous les acteurs du futur des villes et des territoires. ».

Étude sur les matériaux innovants (béton, science des matériaux, biomimétisme)(104), analyse des freins à lever pour encourager les développements de l'économie circulaire(105), rapport sur la *Contech* en Europe(106), etc. Vinci mobilise divers acteurs de la R&D.

Le Lab 2051

Le *Lab 2051* est un incubateur de projets urbains innovants porté par le ministère de la Transition écologique depuis 2020 : « Il s'adresse aux collectivités et aux aménageurs pour lever les obstacles à l'innovation urbaine et favoriser le passage à l'échelle. ». À partir de 2023, apparaît le *Lab' Économie circulaire et construction* qui se penche sur la thématique « comment structurer et massifier le réemploi de matériaux de construction sur un territoire ? »(107).

Les projets innovants intégrant les démarches d'économie circulaire dans la construction sont au cœur de multiples concours :
– Grand Prix de l'innovation construction durable (Domolandes) ;
– Innover pour un monde durable (Entreprises Générales de France BTP) ;
– Trophée des Bâtiments circulaires (Booster du réemploi) ;
– Grand Prix Impact (World Impact Summit) ;
– Trophées organisés par les acteurs locaux.

L'utilisation de l'impression 3D, d'outils de simulation énergétique et environnementale, bâtiments connectés intelligents et pilotables font partie des pistes de développement des techniques censées répondre aux enjeux de l'urgence environnementale.

Quelques startups

Des startups comme CAALA, CarbiCrete, Juunoo, African Bamboo, Unity Homes, Tvasta, recherchent dans des domaines aussi divers que les murs réemployables, le bambou comme matériau de substitution aux matériaux de construction conventionnels, blocs béton sans ciment, etc.(108).

La R&D est foisonnante dans le domaine des matériaux de construction durable dont certains voleront sans doute peu à peu la vedette aux matériaux classiques, s'il est avéré que leur ACV, durabilité, facilité de mise en œuvre, modèle économique de production etc. sont supérieurs à ceux qu'ils ont pour objectifs de supplanter :
– le bois ou l'aluminium transparent ;
– matériaux composite à partir de papier (Richlite) ;

(104) https://workdrive.zohopublic.eu/external/5f998a25019434ce872620053baab105c70cd1f979ec2187d00dc79fb1373b95

(105) https://fr.slideshare.net/WeAreLeonard/construire-lconomie-circulaire-ici-et-maintenant

(106) https://www.slideshare.net/WeAreLeonard/construction-tech-fr-leonard-x-sifted-report

(107) https://www.ecologie.gouv.fr/sites/default/files/Lab2051_economie%20circulaire_mai-2023.pdf

(108) https://www.saint-gobain.com/fr/magazine/changement-climatique-6-startups-qui-revolutionnent-la-construction

– le granite liquide ;
– la toile de béton ;
– etc.[109].

Pour ce qui est des matériaux composites il faut bien évidemment se poser la question de leur fin de vie et de leur recyclabilité.

3 Action associative

L'AFOCO

L'AFOCO, Association française des opérateurs sur co-produits industriels, est dédiée à la promotion des matériaux alternatifs industriels. L'association organise des journées techniques annuelles rassemblant industriels, chercheurs, entrepreneurs dans le but d'innover en faisant évoluer les techniques, valoriser en assurant performance et traçabilité afin de produire des matériaux alternatifs de qualité.

L'onglet documentation, sur le site de l'association, offre la possibilité de télécharger des retours d'expériences sur les matériaux alternatifs, chantiers expérimentaux ainsi que les documents des journées techniques[110].

Les agences d'urbanisme

Les agences d'urbanismes, organismes publics d'étude et de réflexion sur l'aménagement et le développement des grandes agglomérations françaises ont un statut d'association.

Regroupées en une Fédération Nationale, la FNAU, elles ont un ancrage territorial et partenarial. Collectivités impliquées, État et partenaires publics du développement urbain sont associés dans la réflexion. Les agences travaillent en commun à l'échelle d'un territoire dans un modèle mutualisé d'ingénierie. Leur statut, particulier, est défini par l'article L. 132-6 du Code de l'urbanisme. Elles accompagnent les collectivités dans la réalisation de leurs projets.

Les différentes agences locales proposent diverses publications sur l'aménagement de leurs territoires en prenant en compte les démarches d'économie circulaire :
– l'économie circulaire : une opportunité pour les organismes HLM[111] ;
– aménagement circulaire : évaluer le potentiel des territoires franciliens[112] ;
– etc.

Les CAUE

Le réseau des CAUE (Conseil d'Architecture, d'Urbanisme et de l'Environnement), organisme associatif investi d'une mission d'intérêt public, « aide tous les maîtres d'ouvrage et encourage la qualité de l'architecture, de l'urbanisme et des paysages. ». Les CAUE

(109) https://www.planradar.com/fr/nouveau-materiaux-construction/#1

(110) https://afoco.org/documentation/

(111) Agence d'urbanisme *Institut Paris Région* https://www.institutparisregion.fr/nos-travaux/publications/leconomie-circulaire-une-opportunite-pour-les-organismes-hlm/?#

(112) https://www.institutparisregion.fr/nos-travaux/publications/amenagement-circulaire-evaluer-le-potentiel-des-territoires-franciliens/?#

départementaux construisent localement des actions en faveur de la sensibilisation à l'économie circulaire et la gestion des déchets de chantier :
– l'architecture à l'heure de l'économie circulaire (CAUE des Hauts de Seine) ;
– réemploi : les gisements insoupçonnés du génie des lieux (CAUE de l'Yonne) ;
– récupérer, réemployer, réinventer (CAUE du Puy-de-Dôme) ;
– ceci n'est pas un déchet-[re]gardez les [re]ssources (CAUE Var) ;
– etc.

L'INEC

L'Institut National de l'Économie Circulaire (INEC), association, se fixe pour objectifs de :
– concevoir le développement de l'économie circulaire ;
– promouvoir l'économie circulaire ;
– contribuer à la construction d'un cadre juridique favorable à l'économie circulaire ;
– accompagner la mise en œuvre de démarches d'économie circulaire.

Ses membres (entreprises et organisations professionnelles, collectivités, établissements de formation, enseignement, recherche et associations d'intérêt général) partagent leurs réflexions et bonnes pratiques en vue de formuler des propositions et publier des supports d'information. L'Institut propose des prestations de services de conseil, participe à des colloques, etc.(113)

Frugalité heureuse et créative dans l'architecture et le ménagement des territoires

Le mouvement associatif *Frugalité heureuse et créative dans l'architecture et le ménagement des territoires* propose des travaux autour de cas concrets et de retours d'expérience sur des chantiers de réhabilitation frugale, renouvellement des centres anciens.

En s'appuyant « sur l'organisation et le développement de filières, de maîtres d'œuvre et d'entreprises engagés », l'association n'oublie pas que développer et fédérer une maîtrise d'ouvrage consciente et investie est tout aussi important. Dans les groupes de travail qu'elle organise, *La maîtrise d'ouvrage frugale* travaille en lien avec le groupe *Territoires frugaux*(114).

4 Les acteurs du réemploi

Dans chaque région, les acteurs du réemploi se multiplient, associations, entreprises, laboratoires d'échanges, etc. Ils concourent tous à l'efficacité de ce changement de perspective sur le déchet de chantier.

Nous citerons quelques exemples afin de permettre à chacun de conduire des recherches localement pour se rapprocher des réseaux de son territoire.

En effet, l'utilisation de matériaux ou d'équipements de réemploi ne peut se concevoir que dans une proximité géographique, dans un espace territorial pour conserver tout son sens.

---

(113) https://institut-economie-circulaire.fr/
(114) https://frugalite.org/groupes/groupes-thematiques/

De nombreux acteurs engagés dans des démarches d'économie circulaire

Les plateformes de matériaux de réemploi

Backacia se définit par « La place de marché du réemploi des matériaux et équipements du BTP ». Il s'agit d'une plateforme de vente en ligne sur laquelle l'utilisateur pourra effectuer une recherche à partir de catégories, de carte interactive, de prix, conditionnement etc.(115).

Backacia propose également des prestations de conseil et AMO.

Cycle up est également une plateforme de vente en ligne de matériaux de réemploi qui propose des matériaux en France, Belgique et Luxembourg. Une carte interactive permet à l'utilisateur de repérer les matériaux et équipements à proximité de son chantier. Il accède à une fiche indiquant type, nombre, prix et disponibilité des biens mis en ligne, caractéristiques techniques etc.(116).

Cyneo la dernière-née des plateformes digitales de réemploi, chez Bouygues, vise à accompagner « tous les acteurs du bâtiment qui ont une vision écologique, économique et locale du réemploi. ». Cyneo comprend également un centre technique ainsi que des prestations de service d'accompagnement aux filières du réemploi (ouverture fin 2023)(117).

Opalis, plateforme de réemploi de matériaux, a pour objectif de faciliter le recours à ces matériaux dans des projets de construction et de rénovation. La plateforme est organisée autour de différentes rubriques(118) :
– un annuaire d'entreprises : fournisseurs de matériaux de construction issus de déconstruction. Les entreprises référencées (carte interactive) se trouvent en Belgique, France, Luxembourg, Pays-Bas. Chaque fournisseur est présenté par une fiche ;
– de la documentation technique : produits de construction les plus courants sur le marché du réemploi, techniques de mise en œuvre, guides etc. ;
– des exemples de réalisations ;
– des liens utiles.

RotorDC est une entreprise coopérative détenue par ses salariés, basée à Bruxelles. L'entreprise collabore « avec des entrepreneurs, des organisations à but non lucratif et d'autres entreprises, et à devenir un élément central d'un écosystème régional pour la réutilisation à grande échelle des matériaux de construction. ».

Elle fait partie des pionniers des acteurs du réemploi et commercialise des matériaux provenant de leurs propres ateliers, ainsi que des matériaux provenant d'entrepreneurs de démolition et de sociétés immobilières(119).

RotorDC a dirigé un projet Interreg NWE intitulé FRCBE. (Faciliter la circulation des éléments de construction récupérés en Europe du Nord-Ouest).

Ce projet permet de fournir à l'ensemble des acteurs :
– un annuaire en ligne (plus de 1 500 opérateurs spécialisés dans le réemploi) ;
– une méthode d'audit avant démolition des éléments réutilisables ;

(115) https://www.backacia.com/marketplace
(116) https://www.cycle-up.fr/home
(117) https://cyneo-reemploi.fr/
(118) https://opalis.eu/fr
(119) https://rotordc.com/

– un ensemble de quatre méthodes innovantes de spécification des produits de récupération ;
– ainsi que d'autres outils.

Les publications sont téléchargeables sur le site du FRCBE[120].

Les communautés d'acteurs

La plateforme *Booster du réemploi* a été lancée en 2020, à l'initiative de l'*A4MT* (Action pour la transformation du marché), de l'Institut Français pour la performance du bâtiment et de Groupama Immobilier.

Elle s'est fixée pour mission de « Mobiliser les acteurs de l'immobilier pour prescrire l'utilisation de matériaux de réemploi afin d'accélérer et massifier le réemploi dans le secteur du bâtiment » et fédère une trentaine d'acteurs du secteur (Gecina, BNP Paribas, Bouygues Immobilier, Altarea…).

Structurer la demande de récupération de matériaux, pour les réutiliser ensuite lors de la construction, est une nécessité pour massifier la pratique du réemploi et sécuriser les approvisionnements des chantiers. L'objectif visé par la plateforme est de parvenir, à l'horizon 2024, à un taux de réemploi de matériaux de 15 à 20 % sur les chantiers, contre 1 % actuellement. C'est en s'appuyant sur la plateforme digitale *Looping* dédiée aux fournisseurs et maîtres d'ouvrage, que l'échange entre ces acteurs sera fluidifié. La plateforme offre également un outil de mesure d'impact.

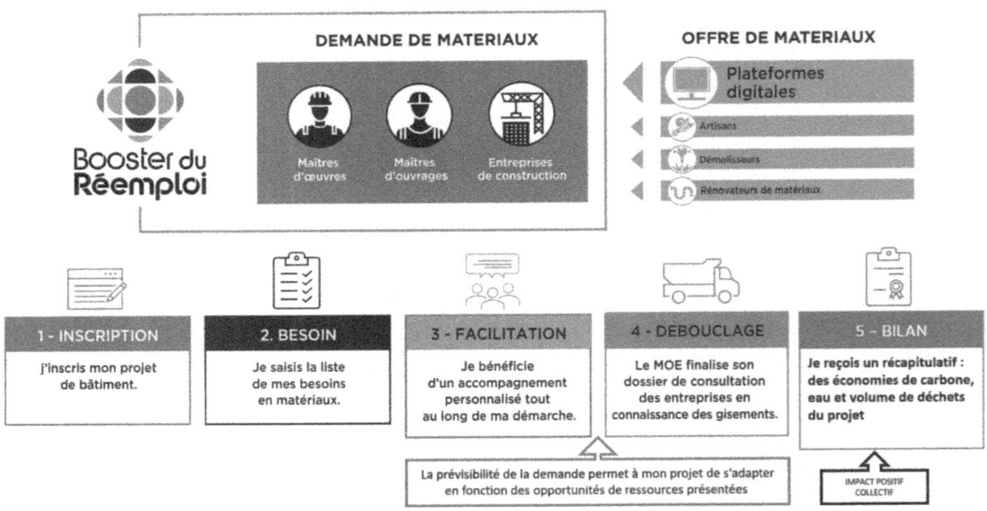

Fig. 6.03-2. Comment fonctionne la plateforme looping ?

Le Booster a également mis en place des groupes de travail, par exemple le groupe Innovation auquel participent les bureaux de contrôle technique comme Veritas Construction, qui œuvrent à la rédaction de « cahiers des charges types réutilisables par les maîtres d'ouvrages pour leurs opérations ».

(120) https://vb.nweurope.eu/projects/project-search/fcrbe-facilitating-the-circulation-of-reclaimed-building-elements-in-northwestern-europe/#tab-3

De nombreux acteurs engagés dans des démarches d'économie circulaire

Il publie des ressources issues de partages d'expériences, REX de réemploi, ainsi que des synthèses techniques. Il met également en ligne des formations et webinaires[121].

Circolab, Laboratoire de l'économie circulaire, est une association, communauté d'acteurs de l'immobilier « engagée en faveur du développement de l'économie circulaire et notamment le réemploi. ».

L'association a créé divers groupes de travail autour de ces thématiques (déconstruction et traçabilité, upcyclage, indicateurs des bénéfices du réemploi etc.) qui publient les résultats de leurs travaux. Ils sont accessibles dans l'onglet *Ressources* après création d'un compte.

L'association a lancé en 2021 le premier label réemploi du secteur du bâtiment. Il permet aux maîtres d'ouvrage, qu'ils soient publics ou privés, de mesurer de manière objective la démarche de réemploi de matériaux de leurs projets, la faire reconnaître et la valoriser.

Ce label a été élaboré par les membres de l'association au sein d'un groupe de travail, s'appuyant sur des outils construits avec des spécialistes de l'économie circulaire et la collaboration des assureurs, du CSTB, et des bureaux de contrôles[122].

Raediviva est une association qui fédère les acteurs engagés pour le réemploi dans la construction en Région PACA.

Ses objectifs :
- mettre en réseau les acteurs ;
- donner des clés pour intégrer le réemploi ;
- mettre en valeur les projets de réemploi et la filière ;
- impulser des projets, venir en appui opérationnel.

Raediviva organise des ateliers, afterworks et petits-déjeuners du réemploi, forums, etc. en lien avec des institutionnels (Région Sud, ADEME, collectivités) et des entreprises[123].

Quelques entreprises

Bellastock, entreprise coopérative « travaille une architecture expérimentale, œuvrant pour la valorisation des lieux et de leurs ressources. Travaillant en équipe sur des problématiques liées aux cycles de la matière et au réemploi, la coopérative engage la volonté de partager ses savoir-faire avec le grand public. Elle initie ainsi des projets innovants, écologiques et solidaires, et propose des alternatives à l'acte traditionnel de construire ; elle organise la matière, préfigure les transformations territoriales. ».

En 2020, Bellastock est lauréate du palmarès des jeunes urbanistes, prix décerné par le ministère de la Cohésion des territoires et le Ministère de la transition écologique[124].

L'entreprise a contribué au projet Interreg FRCBE en tant que partenaire associé. Elle organise un Festival annuel, conçu comme « un lieu d'apprentissage et de rencontres avec le déjà-là et le partage de savoir-faire. ».

R-AEDIFICARE est une SAS dont l'objectif est de « permettre de penser le projet et construire autrement en permettant aux concepteurs d'intégrer dans leurs projets des

(121) https://boosterdureemploi.immo/

(122) https://www.circolab.eu/

(123) https://raediviva.fr/

(124) https://www.bellastock.com/

matériaux issus de déconstructions, déjà identifiés et caractérisés sur le plan technique et environnemental. ».

S'appuyant sur une démarche originale d'architectes, cette entreprise est un acteur majeur en Région Sud, qui a fortement contribué au développement des pratiques de réemploi.

Le SPREC, tout nouveau Syndicat Professionnel du Réemploi dans la Construction, fondé en 2022 a pour ambition de :
– « Promouvoir et encourager l'essor de la filière du réemploi des matériaux dans le secteur du BTP ;
– Représenter les acteurs professionnels du réemploi dans le débat public ;
– Soutenir le développement et élaborer des standards de qualité dans les pratiques de réemploi. »

Comment trouver son chemin dans la jungle des informations ?

S'informer, se former

FICHE **6.04**

1 Les media techniques et professionnels

Les media du secteur construction

Dans un secteur en perpétuelle évolution, les media techniques et professionnels sont une ressource extrêmement riche d'informations sur les tendances du moment, les acteurs et leurs projets, les évolutions de la réglementation, les débats qui traversent notre société, les progrès techniques, l'actualité des entreprises. Il est général possible de s'abonner gratuitement à leur newsletter.

Les media professionnels de la construction n'ont pas tous le même niveau d'engagement au service du développement de l'économie circulaire, mais tous l'abordent de façon plus ou moins approfondie, tendances du moment obligent.

AMC Architecture(125) fait partie du groupe Moniteur. Les dossiers et articles proposés sont accessibles sur abonnement. Citons quelques sujets « Économie circulaire » abordés sous l'angle de l'architecture :
– « À travers une économie circulaire et une fabrication écologique de la ville, les architectes peuvent faire du béton existant une source de créativité » ;
– « Inventer les matériaux durables, performants et esthétiques de demain » ;
– « Éloge de la terre crue » ;

Etc.

Batiactu est un magazine d'actualité professionnelle qui se décrit comme « le portail d'information des professionnels du BTP, qui couvre l'actualité de la construction, de l'architecture et de l'immobilier en France et à l'international. » Articles de fond et documentation sont réservés aux abonnés. En revanche les anciens articles sont en accès libre. (ex : « *L'économie circulaire dans le bâtiment en 15 points* », 2018).

Au-delà des articles sur l'actualité du secteur, le magazine est une vitrine pour les fournisseurs, les fabricants et leurs produits. On y trouve bien sûr quelques références à l'économie circulaire et à ses acteurs dans la rubrique actualité, la *produithèque*, etc. mais il ne témoigne pas d'un engagement particulier en ce domaine.

Comme ses homologues, *Batirama*(126) est à la fois à vocation publicitaire et d'information sectorielle. Dossiers thématiques, magazines BTR traitent des problématiques d'innovation, de matériaux biosourcés, filière terre végétale recyclée, REP PMCB, granulats recyclés etc.

Les *Cahiers Techniques du Bâtiment (CTB)*(127) font partie du Groupe Moniteur. L'activité rédactionnelle du CTB est centrée, comme son nom l'indique, sur la culture technique de la filière. Il est également un espace publicitaire (*La Marketplace du Moniteur*) pour marques,

(125) https://www.amc-archi.com/

(126) https://www.batirama.com/

(127) https://www.cahiers-techniques-batiment.fr/

produits et équipements. L'onglet *Batiproduits* se veut « la référence des produits de la construction ». Il est possible d'y filtrer les produits contenant des matières recyclées.

La rubrique *Technipedia* propose divers dossiers sur la valorisation des terres excavées, le plâtre, le verdissement des colles, matériaux biosourcés etc. accessibles aux abonnés.

Le CTB propose également des magazines thématiques, accessibles aux abonnés. Citons, « *Tri, réemploi et recyclage* », « *Comment concilier productivité et sobriété* », etc.

La base *Coûts de Construction,* sur abonnement, est très certainement un des points forts de ce media professionnel. La transition environnementale ne sera une réussite que si le modèle économique est pertinent.

Construction21(128) se décrit comme le « média du bâtiment et de la ville durable. Véritable outil de diffusion, il transmet au plus grand nombre l'actualité et les bonnes pratiques entre les acteurs de la ville et du BTP. C'est également le réseau d'échange et de rencontre des professionnels engagés. »

Ses publications et les ressources qu'il propose, centrées sur le réemploi et l'économie circulaire, ainsi que les études de cas sont accessibles librement.

Infociments(129) est la plateforme d'information de l'industrie cimentière française. Ce secteur industriel a pour ambition de réduire de moitié ses émissions de CO_2 d'ici 2030 (année de référence 2015). C'est le sens de son engagement auprès de l'État dans le cadre de sa feuille de route. On trouvera sur son site diverses publications sur la valorisation des matériaux en place des liants hydrauliques routiers, les bétons bas carbone, réduire l'empreinte CO_2 du bâtiment, etc.

Materiauxréemploi(130) présente l'actualité du réemploi des matériaux de construction. Articles et REX (*Ils l'ont fait),* recherche de gisements de réemploi, webinaires ou moocs, les supports sont en accès libre.

Le Moniteur(131), analyse l'actualité du BTP et de la construction en laissant une bonne place à l'économie circulaire. Les articles et dossiers sont accessibles sur abonnement.

Une rubrique est dédiée aux transitions bas carbone, numérique, sobriété, économie circulaire, rénovation ainsi que matériaux biosourcés, décarbonation, innovation, etc. Les articles y sont diversifiés :

- « *Ces 18 produits du BTP sont issus du recyclage* » ;
- « *Innobio, le nouveau bloc de béton végétal* » ;
- « *Valobat n'oublie pas le réemploi* » ;
- « *Rénovation : comment prendre en compte le temps de retour carbone* » ;
- Etc.

Les media de la gestion des déchets et du recyclage

L'Écho circulaire est un site d'information généraliste dédié aux professionnels du recyclage et tous les acteurs de l'économie circulaire. Le contenu est accessible aux abonnés, certains articles sont en accès libre, surtout les articles d'archives. Il n'est pas spécialisé dans les

(128) https://www.construction21.org/france/

(129) https://www.infociments.fr/

(130) http://materiauxreemploi.com/

(131) https://www.lemoniteur.fr/

déchets du secteur de la construction, mais il permet au lecteur, par son approche généraliste, d'avoir une vision plus globale des enjeux « Déchets » de notre société.[132]

Profession recycleur, sur abonnement, « présente chaque semaine un panorama complet de l'actualité française, européenne et internationale relative à l'ensemble des familles de déchets recyclables ou non : ferrailles, métaux non-ferreux, papiers, cartons, plastiques, déchets de bois, CSR, déchets dangereux, DIB/DIS, déchets du BTP, biodéchets, etc.

Ses mercuriales de prix et de cours, puisées aux meilleures sources et quotidiennement mises à jour, font référence auprès des différentes parties concernées.

Public concerné : entreprises de collecte et de recyclage ; recycleurs – transformateurs ; industriels producteurs de déchets valorisables ou non ; négociants et distributeurs spécialisés ; collectivités locales ; services de l'État ; instituts de recherche, d'enseignement, etc. »[133].

Recyclage Récupération, comme ses homologues, propose des articles économiques et techniques, les cours des matières, actualités destinés au monde du recyclage des matières, des déchets en général, y compris les déchets de chantier. Ils sont accessibles sur abonnement[134].

Recycling International, media d'information en anglais sur l'actualité internationale des déchets propose des articles généralistes sur les avancées technologiques, le négoce, l'état de la recherche, les évènements, ainsi qu'un annuaire. La plus grande partie des articles sont en accès libre. Le magazine propose un abonnement pour des numéros spéciaux, il n'est pas spécialisé dans le secteur de la construction, il propose des articles sur ce sujet lorsque l'actualité mondiale s'y prête. En revanche, il permet d'avoir une vision globale sur les problématiques techniques et économiques des matières premières secondaires[135].

Recyclage Valorisation est un magazine trimestriel lancé par la SIM[136] qui s'intéresse tout particulièrement aux matières premières secondaires. « Dossiers, reportages, interviews, brèves d'actualité abordent les différents aspects des industries du recyclage et de la valorisation ». Les publications sont accessibles sur abonnement. Le site comporte un onglet documentation gratuite téléchargeable[137].

2 Se former

Nous n'aborderons ici que quelques exemples de formation continue.

Les besoins en nouvelles compétences sont très importants à court et moyen termes, pour remplir les objectifs affichés. Il est important que les donneurs d'ordre, les chefs d'entreprises, les structures se mobilisent pour engager résolument la formation continue de leurs équipes, que ce soit dans le secteur public ou le secteur privé. Le mouvement est lancé, sans nul doute, mais tous les secteurs n'ont pas pris la mesure de ces besoins et le taux de fréquentation des stages proposés aux programmes des organismes de formation n'est globalement pas très élevé.

(132) https://lecho-circulaire.com/
(133) https://www.profession-recycleur.fr/
(134) https://www.recyclage-recuperation.fr/
(135) https://recyclinginternational.com/
(136) Société de l'Industrie Minérale : association scientifique et technique
(137) https://lasim.org/publications/recyclage-et-valorisation.html

Les élus

Les élus ont besoin de se former aux enjeux de la transition écologique afin d'impulser une dynamique dans leur collectivité. En effet, pour prendre des décisions informées et répondre aux préoccupations des citoyens, il leur faut comprendre les enjeux complexes, et s'approprier des connaissances avec lesquelles ils ne sont pas nécessairement familiers.

Les élus locaux bénéficient d'un droit à la formation de dix-huit jours à utiliser pendant la durée de leur mandat. Elle est prise en charge par la collectivité à condition qu'elle corresponde à l'exercice du mandat.

L'ADEME(138) leur propose une formation à distance d'une durée de six heures « *Améliorer sa connaissance sur les fondamentaux de l'économie circulaire* » ainsi qu'un module plus complet « *Concevoir et animer un plan d'actions territorial sur l'Économie Circulaire* » mêlant E-learning, distanciel et présentiel en régions. Les coûts pédagogiques sont pris en charge par l'ADEME(139).

Des organismes agréés pour la formation des élus existent en nombre mais leurs catalogues de formations n'intègrent pas la démarche d'économie circulaire, ce qui de toute évidence est une lourde lacune. En revanche, les élus peuvent s'adresser à un de ces organismes pour mettre en place une formation intra qui réponde à un besoin spécifique de la collectivité ou d'un groupe de collectivités.

Au vu du poids économique que représente la commande publique dans le BTP, on ne peut que déplorer que des modules de formation sur la responsabilité du maître d'ouvrage public, le suivi de la traçabilité des déchets dont il est le producteur, l'engagement dans le réemploi ne soient pas des axes forts de la formation des élus locaux.

L'Association des Maires de France (AMF), en revanche a inscrit à son catalogue 2023, la lutte contre les dépôts sauvages et la mise en œuvre de la transition écologique sur son territoire. Elle propose également des masterclasses sur les achats responsables.

Les employés territoriaux

C'est le Centre National de la Fonction Publique Territoriale (CNFPT), qui a pour mission de former les agents publics. Il propose, à son catalogue de formation des stages en présentiel et à distance comme « *L'accompagnement des projets d'économie circulaire* », également « *La gestion des déchets de bâtiment dans les chantiers publics* », « *Pour une restauration durable sur son territoire* », ou encore « *Les travaux routiers, les déchets et l'économie circulaire* », etc.

Le CNFPT est partenaire du module de formation innovant *#MonChantierMesDéchets* qui réunit des agents territoriaux et des entreprises pour une formation commune, avec l'organisme de formation professionnelle *Batys Compétences* (voir ci-dessous pour plus de précisions).

---

(138) https://agirpourlatransition.ademe.fr/collectivites/elus-mandat-agir/formations

(139) https://formations.ademe.fr/accueil.html

Les entreprises

Le monde de la formation doit évoluer pour répondre à la demande tant en termes quantitatifs que qualitatifs. L'État a engagé une démarche en ce sens.

« L'engagement de développement de l'emploi et des compétences (EDEC) est un accord annuel ou pluriannuel conclu entre l'État et une ou plusieurs organisations ou branches professionnelles pour la mise en œuvre d'un plan d'actions négocié qui a pour objectifs d'anticiper les conséquences des mutations économiques, sociales et démographiques sur les emplois et les compétences et **d'adapter les formations et les certifications** à ces mutations. »(140).

Les entreprises d'ingénierie ont été identifiées comme des acteurs clé de la conception et la mise en œuvre de solutions répondant aux enjeux de la transition. Une étude, réalisée par l'OPIIEC fait apparaître les points suivants :
– « 42 000 ETP interviennent actuellement dans la branche des bureaux d'études sur des missions liées au changement climatique ;
– 83 % de ces actions sont liées à la lutte contre le changement climatique, et 17 % à l'adaptation ; un ratio qui devrait fortement évoluer dans les prochaines années ;
– A horizon 2025, 8 400 ETP supplémentaires seront nécessaires pour répondre aux besoins en ingénierie face aux enjeux climatiques, dont 50 % concerneront les énergies décarbonées »(141).

Un accord-cadre a été signé en 2022 entre la fédération SYNTEC et l'État.

Des initiatives privées sont également à mettre à l'honneur. Le CAFOC de Nantes, en partenariat avec la Fédération ECOCONSTRUIRE et la FFB a livré en 2021 une *Étude sur les besoins en compétences dans les filières de valorisation des déchets du bâtiment, avec un focus "réemploi de matériaux"*(142).

L'étude met en lumière des pistes d'évolution à approfondir, entre autres les impacts législatifs, réglementaires ou assuranciels, la nécessité de création et de structuration des filières d'offre et demande, le développement du numérique, la prise en compte du métabolisme urbain, etc.

Elle identifie quatre métiers qui doivent évoluer ou se renforcer car encore en émergence :
– « maintenance/mutualisation
– éco-designer/éco-concepteur
– remanufacturing/reconditionnement
– ressource manager »

et six métiers fortement impactés :
– « l'ingénieur AMO ;
– l'architecte ;
– l'économiste ;
– le coordinateur de dépose sélective ;

(140) https://travail-emploi.gouv.fr/emploi-et-insertion/accompagnement-des-mutations-economiques/appui-aux-mutations-economiques/edec

(141) https://www.opiiec.fr/etudes

(142) https://cafoc.ac-nantes.fr/wp-content/uploads/Rapport_REEMPLOI_CAFOC_ECOCONSTRUIRE_avec-FP.pdf

S'informer, se former

– l'artisan, l'entrepreneur ;
– la maîtrise d'ouvrage ».

Il existe une grande palette de propositions de stages de formation sur les déchets de chantier et l'économie circulaire, par des organismes de formation en divers lieux du territoire.

La Fédération ECOCONSTRUIRE regroupe les organismes de formation professionnelle à l'écoconstruction. Elle propose à la fois des formations longues et diplômantes, tels *Ouvrier(e) professionnel(le) en écoconstruction (OPEC)* ou encore *Technicien(ne) valoriste des ressources du bâtiment*, mais également des formations courtes comme *Design de bâtiments écologiques* ou des stages sur la mise en œuvre de divers écomatériaux.

Sur la thématique d'économie circulaire, déchets de chantier, chantier « vert » citons le Groupe AFNOR, Le Moniteur Formation, Qualitel Formation.

Le réseau national Bâtiment Durable, le CEREMA, proposent également des formations sur ces thématiques.

Les entreprises peuvent également se rapprocher de leurs organisations professionnelles pour renforcer leur engagement sur le terrain de l'économie circulaire.

À travers la plateforme tpdemain.com, la FNTP s'inscrit dans la volonté de renforcer les compétences techniques des acteurs du TP, en publiant de nombreuses ressources pédagogiques et informatives, accessibles librement. Dans la rubrique *Environnement*, on pourra par exemple approfondir ses connaissances sur les pratiques de conduite à adapter en fonction du sol, pour réduire entre autres, la consommation de carburant et limiter les émissions de GES associées, ainsi que diverses publications permettant de suivre la consommation de flottes d'engins de chantier, etc.

On trouve également sur cette plateforme des vidéos de cours plus généraux sur les enjeux d'économie d'énergie, l'écoconduite, le pré-tri des matériaux d'une plateforme de recyclage, la gestion de flotte de véhicules, etc.

L'organisme de formation Batys Compétences sous l'égide de la Fédération Française du Bâtiment est engagé sur les problématiques environnementales. Citons en exemple le module de formation *#MonChantierMesDéchets*, qui réunit agents territoriaux et entreprises au sein d'un même stage, afin que les acteurs de l'acte de construire, qu'ils appartiennent au public ou au privé, puissent « Croiser les regards ». Dispositif original et innovant, cette formation est fondée sur le partenariat entre deux organismes de formation : le CNFPT et Batys Compétences. C'est une première dans le monde de la formation professionnelle continue.[143]

Sur la thématique du diagnostic PEMD et du réemploi :
– SEDDRe et CSTB ont construit le « Titre diagnostiqueur PEMD », formation reconnue par l'État ;
– FEDEREC et Labo Cert ont également conçu une formation certifiante « Diagnostiqueur PEMD » ;
– Cycle Up propose des formations réemploi, par exemple, « Intégrer le réemploi des matériaux de construction à son projet »[144].

(143) Formation #MCMD MonChantierMesDechets (reseau-preci.org)

(144) https://site.cycle-up.fr/formations/ https://site.cycle-up.fr/integrer-le-reemploi-des-materiaux-de-construction-a-son-projet/

Les MOOCs[145] permettent à chacun de développer ses compétences. France Université Numérique propose des Moocs (FUN MOOC), sur de très nombreux sujets, également sur les problématiques d'économie circulaire :
– « *Entreprendre dans l'économie circulaire* »[146] ;
– « *Construire et recycler* »[147].

D'autres acteurs ont également investi le champ du MOOC. La Région Sud avec sa proposition « *Économie Circulaire sur les chantiers* »[148], l'ADEME avec « *Le réemploi : Matières à bâtir* »[149], la FNTP avec « *Recycleurs académie : plateforme de valorisation* »[150].

(145) Massive Open Online Course.

(146) https://www.fun-mooc.fr/fr/cours/entreprendre-dans-leconomie-circulaire/

(147) https://www.fun-mooc.fr/fr/cours/construirecycler/

(148) https://mooc-batiment-durable.fr/fr/formations/mooc-comment-integrer-leconomie-circulaire-dans-les-operations-d/

(149) https://formations.ademe.fr/formations_batiment_mooc-le-reemploi-:-matieres-a-batir_s5007.html

(150) https://www.my-mooc.com/fr/mooc/recycleurs-academie-plateforme-de-valorisation-tp-demain/

Index

A

Acteurs du réemploi
– communautés 274
– plateformes de matériaux de réemploi 273
ADEME 241, 242, 243
AFOCO 271
Amiante
– catégories 116
– conditionnement 117
– définition 116
– traitement 117
– vitrification 118
AMO
– Environnement 209
– réemploi 208
Analyse du cycle de vie 22
Architecte
– responsabilités 219
– suivi du chantier 221

B

Bases de données et statistiques 250
Béton
– empreinte carbone 136, 137
– valorisation 137, 138
Bois de bâtiment
– classe A 152
– classe B 153
Bois traités
– définition 128
– traitement 128
BRGM 243, 244, 245

C

CAPEB 259
Cartons 160
CAUE 271
CEREMA 245
CERIB 268
CINOV 267
Circuit de traçabilité 186
CNEC 246
CSTB 248
Cycle de vie
– ACV 22
– définition 22

D

Déchets chimiques
– aérosols 124
– définition 122
– filière REP 123
– PCB 125
– peintures 122
Déchets dangereux
– amiante 116
– définition 113
– transport 115
Déchets de chantier
– classification 91
– construction d'une filière de valorisation matière 99
– matières premières primaires 94
– matières premières secondaires 94
– recyclage chimique 96
– recyclage mécanique 95
– recyclage organique 97
– tri 93
– valorisation énergétique 97
Déchets d'équipements électriques et électroniques (DEEE)
– définition 119
– filière REP 120
Déchets inertes
– béton 136
– classification 131
– définition 131
– ICPE 133
– laitiers sidérurgiques 146
– mâchefers 145
– terres cuites 139
– terres excavées et sédiments 142
– valorisation sur site 132
– verres 140

Déchets non dangereux non inertes (DNDNI) 33
– bois 151
– définition 149
– laines minérales 158
– membranes bitumeuses 160
– métaux 150
– plastiques 153
– plâtre 157
Déchets organiques 161
Déchets radioactifs 129
Déconstruction
– curage 65
– diagnostic amiante 64
– diagnostic PEMD 64
– diagnostic plomb 64
– diagnostic structurel 63
– intérêt 62
– méthodologie 65
– rédaction des documents de marché 64
Diagnostic amiante
– obligation 44, 45, 64
– organisme certificateur 47
– protection des salariés 44
– rapport de repérage 46
Diagnostic des atteintes au bois
– mérule 48
– obligation 48
– termites 48
Diagnostic plomb 47, 64
Diagnostic Produits, Équipements, Matériaux, Déchets (PEMD)
– assurance 50
– champ d'application 49, 64
– méthodologie 50
– obligations 51
Diagnostiqueur PEMD 207
Documents de marché
– CCTP 205
– chartes 204
– clauses environnementales 203
– critères 205
– préambule 200
– variantes 204

E

Eaux traitées 170
Eaux usées
– réseau d'assainissement public 169
Écologie industrielle et territoriale 19
Économie circulaire
– définition 15
– documents de marché 200
– écologie industrielle et territoriale 19
– économie de la fonctionnalité 20
– obstacles 16
– recyclage 18
– réemploi 18, 57
– stratégie 38
Économie de la fonctionnalité 20
Économies d'eau 163
Économies d'énergies 163
Éco-organismes
– Ecomaison 107
– Ecominéro 108
– OCA Bâtiment 107
– Valdelia 109
– Valobat 109
Effluents industriels
– eaux de nettoyage 168
– eaux d'exploitation 166
– eaux pluviales 169
EGF-BTP 260

F

FDMC 261
FFB 261
FIB 263
FNTP 264
Formation continue 279
France Ciment 260

I

IFPEB 269
INEC 272
INERIS 249

L

Lab 2051 270
Labels environnementaux 210
Laines minérales
– cartons 160
– déchets organiques 161
– définition 158
– laine de verre 159
– recyclage 159

Laitiers sidérurgiques
– définition 146
– valorisation 147
LEONARD 270
Loi
– AGEC 194
– Climat et résilience 194

M

Mâchefers
– définition 145
– valorisation 145
Maîtrise d'œuvre
– architecte 217
– bureau de contrôle technique 224
– économiste de la construction 223
– Moe réemploi 224
– OPC 223
– rôle 216
Maîtrise d'ouvrage
– AMO Environnement 209
– AMO réemploi 208
– attributions 199
– certifications 210
– diagnostiqueur PEMD 207
– documents de marché 200
– information 212
– labels environnementaux 210
– pratiques illégales 234
– responsabilités 198
– traçabilité 233
Matériaux bio sourcés 26, 28
Média techniques et professionnels 277
Membranes bitumeuses 160
Mémoire technique 226

O

Objectifs de collecte et de valorisation 36
OPPBTP 250

P

Plastiques
– liste 155
– recyclage 153
Plateforme PEMD 185
Plâtre
– gypse 157
– recyclage 157
Plomb/métaux lourds
– définition 127
– traitement 128
PNAD 2022-2025 194
Production de déchets
– estimation 40
– suivi 41

R

Recyclage
– chimique 96
– mécanique 95
– organique 97
Réduction de l'empreinte environnementale
– bétons bas carbone 24
– ciments 24
– matériaux bio et géo sourcés 26
– matière première secondaire 26
Réduction des déchets 227
Réemploi
– acceptabilité 68
– augmentation de la durée de vie 57
– ciblage des familles de matériaux 71
– contrôleurs techniques 74
– conventions de cession 77
– déconstruction 62
– entretien 60
– maintenance 60
– organisation du chantier 85
– planning de démolition 81
– plateforme PEMD 72
– produit reconditionné 68, 70
– produits concernés 85
– référentiels techniques 74
– responsabilité décennale 73
– réversibilité 59
– VALOBAT 80
Registre des déchets
– contenu 175
– dématérialisation 177
– obligation 175
Registre national des déchets terres excavées et sédiments (RNDTS)
– contenu 180
– exemptions de déclaration 181
– sortie du statut de déchet 182
Réseau Bâtiment Durable 256
Responsabilité élargie du producteur
– définition 102
– éco-organisme 107

– liste des produits, matériaux de construction du bâtiment (PMCB) 104
– mise en œuvre 103
Réversibilité
– constructive 60
– démontabilité 60
– fonctionnelle 59

S

SEDDRe 264
SOGED
– contenu 188
– définition 188
SOSED
– contenu 188
– définition 188
SYNTEC 267

T

Terres cuites
– briques et tuiles 139
– céramique 140
– définition 139
Terres excavées
– valorisation 39, 40
Terres excavées et sédiments
– déchets 142
– définition 142
– pollués 144
– valorisation 142
Traçabilité des déchets
– aménagement/réhabilitation d'un terrain 174
– décharge illégale 174
– dépôt sauvage 174
– loi AGEC 175
– registre 175
– responsabilités 173
Trackdéchets 183
Tri et collecte
– déchets dangereux 232
– déchets d'emballage 231
– déchets inertes 230
– méthodes 93

U

UNICEM 265
UNPG 266

V

Verres
– définition 140
– traitement 141

Table des matières

Sommaire 5

Remerciements 7

Préface 9

Introduction 11

CHAPITRE 1 **Anticiper** 13

Fiche 1.01 **Économie circulaire ? Élémentaire !** 15

Fiche 1.02 **Le cycle de vie du bâtiment** 22

Fiche 1.03 **Les chiffres du secteur de la construction** 31

Fiche 1.04 **Évaluer, estimer pour réduire et optimiser** 38

Fiche 1.05 **Diagnostiquer avant démolition ou réhabilitation** 44

CHAPITRE 2 **Le réemploi au cœur de l'économie circulaire** 55

Fiche 2.01 **Augmenter la durée de vie** 57

Fiche 2.02 **Déconstruire pour réemployer** 62

Fiche 2.03 **Matériaux de réemploi et reconditionnés : de nombreux avantages** 68

Fiche 2.04 **Logistique et modèle économique du réemploi** 79

CHAPITRE 3 **Mieux connaître les déchets de chantier et leurs filières de traitement** 89

Fiche 3.01 **Déchets de chantier, un monde complexe** 91

Fiche 3.02 **La filière REP Produits, Matériaux de Construction du Bâtiment** 102

Fiche 3.03 **Les déchets dangereux (DD)** 113

Fiche 3.04 **Les déchets inertes DI** 131

Fiche 3.05 **Les déchets non dangereux non inertes DNDNI** 149

Fiche 3.06 **Gestion des fluides** 163

CHAPITRE 4 **Les outils de la traçabilité** 171

Fiche 4.01 **L'obligation de traçabilité des déchets** 173

Fiche 4.02 **Plateformes et outils du chantier** 180

CHAPITRE 5 **Construire avec les différents acteurs un projet cohérent, performant et vertueux** 191

Fiche 5.01 **La réglementation, une puissante incitation à agir pour une maîtrise d'ouvrage exemplaire** 193

Fiche 5.02 **La maîtrise d'ouvrage** 198

Fiche 5.03 **L'équipe de maîtrise d'œuvre** 216

Fiche 5.04 **Les entreprises** 226

CHAPITRE 6 **Comment trouver son chemin dans la jungle des informations ?** 237

Fiche 6.01 **L'État et les structures nationales** 239

Fiche 6.02 **Les territoires** 255

Fiche 6.03 **De nombreux acteurs engagés dans des démarches d'économie circulaire** 258

Fiche 6.04 **S'informer, se former** 277

Index 285

EDITIONS
LE MONITEUR

Une marque du groupe
infoprodigital

Le groupe Infopro Digital, certifié ISO 14001,
est engagé dans une démarche environnementale.
Cet ouvrage est imprimé en France sur un papier issu de forêts gérées durablement.

Achevé d'imprimer sur les presses SEPEC Numérique
"les Bruyères", 01960 Péronnas France
Dépôt légal : mai 2024

PEFC 10-31-3532 / **Certifié PEFC** / Ce produit est issu de forêts gérées durablement et de sources contrôlées. / pefc-france.org